全国专业技术人员新职业培训教程

# 物联网工程技术人员 初级

## 物联网系统集成与管理

人力资源社会保障部专业技术人员管理司　组织编写

中国人事出版社

**图书在版编目（CIP）数据**

物联网工程技术人员：初级．物联网系统集成与管理／人力资源社会保障部专业技术人员管理司组织编写．--北京：中国人事出版社，2023

全国专业技术人员新职业培训教程

ISBN 978-7-5129-1794-1

Ⅰ.①物… Ⅱ.①人… Ⅲ.①物联网-系统管理-技术培训-教材 Ⅳ.①TP393.4 ②TP18

中国版本图书馆 CIP 数据核字（2022）第 208959 号

---

### 中国人事出版社出版发行

（北京市惠新东街 1 号　邮政编码：100029）

\*

保定市中画美凯印刷有限公司印刷装订　　新华书店经销

787 毫米 ×1092 毫米　16 开本　21.75 印张　328 千字

2023 年 2 月第 1 版　　2023 年 2 月第 1 次印刷

**定价：52.00 元**

营销中心电话：400-606-6496

出版社网址：http://www.class.com.cn

**版权专有　　侵权必究**

如有印装差错，请与本社联系调换：（010）81211666

我社将与版权执法机关配合，大力打击盗印、销售和使用盗版图书活动，敬请广大读者协助举报，经查实将给予举报者奖励。

举报电话：（010）64954652

# 本书编委会

### 指导委员会

主　　任：梅　宏

副 主 任：左仁贵

委　　员：陈继欣　郑　磊　丁恩杰　金　莹　郑轶群　张　晖　周治平

### 编审委员会

总 编 审：谭志彬

副总编审：邓　立　林金龙

主　　编：林世舒

副 主 编：龚玉涵　王欣欣　刘　治

编写人员：侯榕婷　李　嘉　刘昆宏　安　健　李　骏　邢　键　谢永华
　　　　　林建新　田宏伟　丁　飞　罗汉江　黄　杰

主审人员：杨　光　王　力

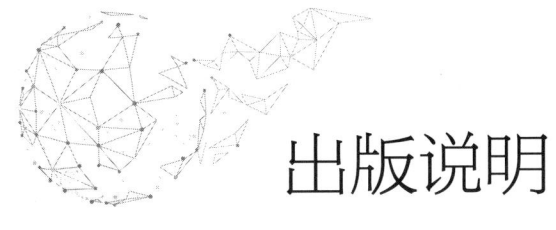

# 出版说明

当今世界正经历百年未有之大变局,我国正处于实现中华民族伟大复兴关键时期。在全球经济低迷,我国加快形成以国内大循环为主体、国内国际双循环相互促进的新发展格局背景下,数字经济发挥着提振经济的重要作用。党的十九届五中全会提出,要发展战略性新兴产业,推动互联网、大数据、人工智能等同各产业深度融合,推动先进制造业集群发展,构建一批各具特色、优势互补、结构合理的战略性新兴产业增长引擎。"十四五"期间,数字经济将继续快速发展、全面发力,成为我国推动高质量发展的核心动力。

近年来,人工智能、物联网、大数据、云计算、数字化管理、智能制造、工业互联网、虚拟现实、区块链、集成电路等数字技术领域新职业不断涌现,这些新职业从业人员通过不断学习与探索,将推动科技创新、释放巨大能量,推动人们生产生活方式智能化、智慧化、数字化,推动传统产业转型升级,为经济高质量发展注入强劲活力。我国在技术、消费与应用领域具备数字经济创新领先优势,但还存在数字技术人才供给缺口较大、关键核心技术领域自主创新能力不足、数字经济与实体经济融合的深度和广度不够等问题。发展数字经济,推进数字产业化和产业数字化,推动数字经济和实体经济深度融合,急需培育壮大数字技术工程师队伍。

人力资源社会保障部会同有关行业主管部门将陆续制定颁布数字技术领域国家职业标准,坚持以职业活动为导向、以专业能力为核心,遵循人才成长规律,对从业人员的理论知识和专业能力提出综合性、引导性培养标准,为加快培育数字技术人才提供基本依据。根据《人力资源社会保障部办公厅关于加强新职业培训工作的通知》(人社厅发〔2021〕28号)要求,为提高新职业培训的针对性、有效性,进一步发挥新职业培训促进更好就业的作用,人力资源社会保障部专业技术人员管理司组织相关领域的专家学者编写了全国专业技术人员新职业培训教程,供相关领域开展新职业培训使用。

本系列教程依据相应国家职业标准和培训大纲编写,划分初级、中级、高级三个等级,有的职业划分若干职业方向。教程紧贴数字技术人员职业活动特点,定位于全国平均水平,且是相关数字技术人员经过继续教育或岗位实践能够达到的水平,突出该职业领域的核心理论知识、主流技术及未来发展要求,为教学活动和培训考核提供规范和引导,将帮助广大有意或正在从事数字技术职业人员改善知识结构、掌握数字技术、提升创新能力。

希望本系列教程的出版,能够在加强数字技术人才队伍建设、推动数字经济快速发展中发挥支持作用。

# 目 录

## 第一篇 物联网设备安装与调试

### 第一章 物联网设备检测 003
第一节 设备与配件检测 005
第二节 网络通信设备检测 012
第三节 设备版本检查与升级 019

### 第二章 物联网设备安装 025
第一节 物联网设备安装 027
第二节 网络搭建 033
第三节 服务器设备安装与配置 037

### 第三章 物联网设备调试 045
第一节 无线网络设备调试 047
第二节 有线网络设备调试 055

## 第二篇 物联网系统部署

### 第四章 系统服务器搭建 065
第一节 服务器操作系统安装与配置 067

第二节　网络地址规划 …………………………… 072
第三节　运行环境搭建 …………………………… 079
第四节　网络安全策略 …………………………… 085

**第五章　系统数据存储及处理** ………………………… 093
第一节　安装与配置关系型数据库 ……………… 095
第二节　安装与配置非关系型数据库 …………… 100
第三节　关系型数据库控制语句脚本编写 ……… 104
第四节　非关系型数据库控制语句脚本编写 …… 111

**第六章　应用程序安装与配置** ………………………… 121
第一节　应用程序安装 …………………………… 123
第二节　应用程序权限管理 ……………………… 129

# 第三篇　物联网系统运行与维护

**第七章　设备运行监控** ………………………………… 139
第一节　运行监控与分析 ………………………… 141
第二节　故障定位与记录 ………………………… 148
第三节　异常上报与处理 ………………………… 156

**第八章　设备故障维护** ………………………………… 161
第一节　备件管理 ………………………………… 163
第二节　设备故障定位 …………………………… 166
第三节　设备巡检与维护 ………………………… 172

**第九章　系统运行维护** ………………………………… 177
第一节　系统故障定位 …………………………… 179
第二节　网络通信故障排查 ……………………… 183
第三节　数据定时备份 …………………………… 188

第四节 操作系统定时备份……194
第五节 系统软件和功能组件升级与维护……199

## 第十章 系统安全管理……205
第一节 身份鉴别……207
第二节 安全性测试……215
第三节 安全事件响应与取证……218

# 第四篇 物联网技术咨询与服务

## 第十一章 技术咨询……227
第一节 咨询服务……229
第二节 技术文档编制……236

## 第十二章 技术支持……241
第一节 产品宣读和解决方案展示……243
第二节 技术解决方案提供……247
第三节 问题跟踪处理……251

# 第五篇 智能展厅监控系统项目

## 第十三章 需求调研与方案设计……257
第一节 需求调研……259
第二节 项目方案设计……265

## 第十四章 设备安装与调试……275
第一节 物联网设备开箱与验收……277
第二节 物联网设备安装与调试……281

## 第十五章 系统部署……291
第一节 云平台上部署与呈现（真实设备）……293

第二节 云平台上部署与呈现（虚拟设备）……… 305

**第十六章 运行与维护**…………………………… 317
第一节 软件系统运行与维护……………………… 319
第二节 硬件设备运行与维护……………………… 325

**参考文献**………………………………………… 333

**后记**……………………………………………… 335

# 第一篇
# 物联网设备安装与调试

物联网设备安装与调试是指利用各种检测仪器或专用工具，对物联网设备以及服务器进行安装、配置与调试。物联网设备安装与调试始于设备进场检测，是项目施工阶段的主要工作。物联网设备安装与调试前，项目组提交项目开工报审相关资料，包括《项目开工申请表》及其附件（包括施工进度计划、现场组织结构及主要人员、施工技术方案等内容），并经项目监理审批同意、下发开工令后，方可实施。物联网系统集成项目在设备安装与调试过程中应遵循相关国家标准、行业规范，施工过程还应按照安装行业标准规范和监理单位要求，以符合项目资料验收相关要求。

# 第一章
# 物联网设备检测

物联网设备检测是指利用检测工具或专用工具对物联网设备进行检测,为项目施工做好准备。常见的物联网设备检测工具包括:多用表、网线检测器、串口调试助手、网络调试助手等。与设备检测工作相关的过程文档包括:《工程设备进场开箱验收单》《设备安装调试记录表》《隐蔽工程报审表》《工程照片档案》等。对物联网设备进行检测可以保障项目的施工质量,规范项目的管理工作,保证项目计划得以实施。

- **职业功能:** 物联网设备安装与调试。
- **工作内容:** 物联网设备检测。
- **专业能力要求:** 能检查进场设备与配件的完好性;能使用专用测试工具对物联网设备进行检测;能完成设备固件的版本检查和升级。
- **相关知识要求:** 硬件测试工具使用知识,调试软件使用知识,固件检查与升级知识。

第一章 物联网设备检测

# 第一节 设备与配件检测

本节介绍了设备开箱验收的基本流程以及物联网设备的检测工作,并以RS-485型设备、数字量/开关量设备的检测为例,说明常见物联网设备的检测步骤,使读者能够通过设备开箱验收规程了解验收过程中的注意事项,根据设备类型,完成RS-485型设备、数字量/开关量设备的电流、电压等特性的基本检测,确认设备的完好性。

**考核知识点及能力要求:**

- 了解物联网设备开箱验收的注意事项。
- 了解物联网设备检测的目的与指标内容。
- 了解常见的RS-485型设备以及Modbus协议的基本工作原理。
- 能够通过发送指令检测RS-485型设备的端口是否正常。
- 能够通过发送指令检测数字量/开关量设备的端口是否正常。

## 一、设备开箱与验收

当设备运抵现场后,应及时进行设备的开箱验收工作。开箱验收工作由项目建设单位(发包方)、监理单位、承建单位(承包方)、供货单位四方人员共同按照设备装箱清单和项目相关文件进行检验、登记后,签字鉴证并移交保管单位(通常为承建单位)进行保管。

### 1. 设备开箱验收规范

设备开箱验收工作应细致严谨,确保一次性准确清点完毕。因此,设备开箱验收应遵循如下规范。

（1）开箱验收全过程应确保项目建设单位、监理单位、承建单位、供货单位四方的负责人员在场共同见证。

（2）清单中有需要即时进行仪器、仪表检验的设备时，应提前准备相关仪器、仪表并确保其状态良好。

（3）开箱验收单如图 1–1 所示，应根据各行业相关规范以及监理单位要求编制。

**工程设备进场开箱验收单**

合同名称：智能展厅监控项目　　　　编号：ZNZTJCXM-2022-KXYS-01

<table>
<tr><td colspan="12">智能展厅监控项目设备于 2022 年 2 月 1 日到达 F市博物馆 施工现场，设备数量及开箱验收情况如下</td></tr>
<tr><td rowspan="2">序号</td><td rowspan="2">名称</td><td rowspan="2">规格/型号</td><td rowspan="2">数量/单位</td><td colspan="7">检查</td><td rowspan="2">开箱日期</td></tr>
<tr><td>外包装情况（是否良好）</td><td>开箱后设备外观质量（有无磨损、撞击）</td><td>备品备件检查情况</td><td>设备合格证</td><td>产品检验证</td><td>产品说明书</td><td>备注</td></tr>
<tr><td>1</td><td>路由器</td><td>……</td><td>1套</td><td colspan="7">外包装良好，开箱后设备外观质量无磨损、撞击，合格证、检定证书、说明书等随箱附件齐全</td><td>2022.2.1</td></tr>
<tr><td>2</td><td>物联网网关</td><td>……</td><td>1套</td><td colspan="7">外包装良好，开箱后设备外观质量无磨损、撞击，合格证、检定证书、说明书等随箱附件齐全</td><td>2022.2.1</td></tr>
<tr><td>3</td><td>……</td><td>……</td><td></td><td colspan="7">……</td><td>……</td></tr>
<tr><td colspan="12">备注：经发包人、监理机构、承包人、供货单位四方现场开箱，进行设备的数量及外观检查，符合设备移交条件，自开箱验收之日起移交承包人保管</td></tr>
<tr><td colspan="3">发包人：N公司<br>代表：NA<br>日期：2022年2月1日</td><td colspan="3">承包人：L公司<br>代表：LA<br>日期：2022年2月1日</td><td colspan="3">监理机构：J公司<br>代表：JA<br>日期：2022年2月1日</td><td colspan="3">供货单位：G公司<br>代表：GA<br>日期：2022年2月1日</td></tr>
</table>

说明：本表一式4份，由监理机构填写。发包人、承包人、监理机构、供货单位各1份。

**图 1–1　工程设备进场开箱验收单**

（4）开箱验收时，应轻拿轻放，不可暴力开箱，避免物品损坏。

（5）开箱验收时，应确认设备和配件的实际型号数量与装箱单、合同文件相符。

（6）开箱验收时，应确认设备和配件外观无变形损坏。

（7）开箱验收时，应对配套资料进行核对，设备应至少具有出厂合格证，需要入网的设备还应具备入网许可证，其他资料包括设备清单和说明书、设备总图、基础外形图和荷载图、性能曲线、使用维护说明、出厂检验和性能试验记录等。

（8）最终清点后如果发现有缺陷、缺件、设备及附件与装箱单不符、装箱资料不齐全等情况，应在设备开箱检验记录单上如实做好记录，要求供货单位及时提供所缺设备或资料，更换与装箱单不符的设备。

（9）在开箱清点完毕后，应由在场见证的三方或四方人员共同在开箱验收单上签字，填写相关意见。

（10）拍照记录方面，应按现场实际要求进行。通常会和实施过程中拍照的记录文件一同整理，形成照片档案进行存档。一般情况下，要求提供电子文档和按规定尺寸印刷的纸质版文件各1份。

（11）开箱验收后，未立即安装的设备和配件应妥善存放、保管。

**2. 设备开箱验收流程**

设备开箱验收需要遵照一定的流程，通常建设单位会制定相应的流程规范，在具体开箱验收实施过程中的流程具有共性，通常如下。

（1）检查设备包装质量是否完好。

（2）设备开箱，找出装箱单，核对装箱单与合同相关文件是否相符合。

（3）清点设备、配件及相关配套资料。检查设备、配件数量、型号、外观及配套资料。

（4）对必须在现场检测的设备使用相关仪器、仪表进行检测。

（5）填写设备进场开箱验收单，四方确认签字并填写意见。

## 二、RS-485 型设备检测

设备检测一般是指采用各类检测仪器对设备各项指标进行检测，以保障设备能够安全使用。在物联网体系结构中，感知层设备的检测内容包括：电源适应性、噪声、安全性、电磁兼容性、环境适应性、可靠性、外观与结构、功能与性能、电性能、空口接口、传输协议等。RS-485 型设备是指使用 RS-485 技术的设备，对 RS-485 型设备进行检测时，可以通过 RS-232 与 RS-485 转换器将 RS-485 型设备连接到个人计算机（personal computer，PC）串口，使用串口调试助手等软件进行检测，如图 1-2 所示。

图 1-2　RS-485 型设备检测方法

### （一）常见 RS-485 型设备

RS-485 型设备如图 1-3 所示，其不局限于 RS-485 串口服务器、RS-485 I/O 控制器和变送器，还包括集线器、中继器、输入/输出（input/output）和物联网中心网关等。

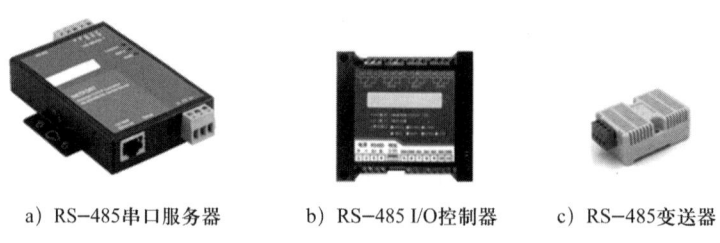

a) RS-485 串口服务器　　b) RS-485 I/O 控制器　　c) RS-485 变送器

图 1-3　RS-485 型设备

RS-485 串口服务器如图 1-3a 所示，用于将多路分散、低速、不同标准的串口设备的信号转换成以太网信号进行集中管理，可以通过安装虚拟串口实现串口数据的远程读取。市面上的 RS-485 串口服务器通常支持多种工作模式，如传输控制协议（transmission control protocol，TCP）模式、用户数据报协议（user datagram protocol，UDP）模式、Modbus TCP 模式、Modbus 远程终端单元（remote terminal unit，RTU）模式，允许用户通过传输控制协议/网际协议（transmission control protocol/internet protocol，TCP/IP）和端口号访问串行设备，被广泛应用于机房监控、能源工厂、化工厂、楼宇自动化等环境。

RS-485 I/O 控制器如图 1-3b 所示，用于开关量的输入与继电器的控制，采集数字量传感器的状态，并可以控制数字量执行器。一般情况下，I/O 控制器会提供配套测试软件，与 PC 相连用于测试 DI（数字输入）口与 DO（数字输出）口。

RS-485 变送器如图 1-3c 所示，是较为常见的一款变送器，其采用 RS-485 技术，通过RS-485接口接入监控主机，由监控主机上传至云平台；或者直接通过RS-232与RS-485转换器连入PC，具备实时数据显示、历史数据查询、数据导出等功能。RS-485变送器可以选择两线或四线方式。

（二）Modbus协议概述

Modbus是一种国际标准的通信协议，用于不同厂商之间的设备交换数据。Modbus协议分为Modbus RTU、Modbus ASCII、Modbus TCP三种模式。前两种所用的物理硬件接口为RS-232、RS-422和RS-485；而Modbus TCP模式的硬件接口为以太网口。

Modbus是开放式通信系统互联参考模型的第7层（应用层）报文传输协议，它在连接至不同类型总线或网络的设备之间提供客户机/服务器通信。从1979年开始，Modbus作为工业串行链路的事实协议，使成千上万的自动化设备能够通信。Modbus是一个请求/应答协议，并且提供功能码规定的服务。Modbus功能码是Modbus请求/应答协议数据单元的元素。目前，可以通过EIA/TIA-232、EIA-422、EIA/TIA-485-A、光纤等有线方式和无线方式实现异步串行传输。

（三）指令帧接收与读取

PC与RS-485型设备的通信可以通过RS-232与RS-485转换器实现，可通过串口调试助手发送指令给RS-485 I/O控制器，以达到查询DI口状态和控制DO口的测试目的。RS-485型设备的通信指令一般从厂商提供的产品说明书中获得。

从产品说明书中获知某款RS-485 I/O控制器的部分指令如图1-4所示。

根据产品说明书所提供的指令，即可如图1-2所示，连接检测设备与PC，并通过发送指令测试设备是否正常。串口调试助手是嵌入式和单片机开发中不可缺少的调试工具，可以通过串口调试助手实现PC与RS-485型设备的通信，通过指明串口号、波特率、校验位、数据位、停止位实现与RS-485型设备的连接，并根据设备提供的指令实现通信。从图1-4可知，向RS-485 I/O控制器发送"FE 01 00 00 00 04 29 C6"指令时，如设备运行正常应返回以"FE 01 01"开头的指令，如图1-5所示，串口调试助手返回"FE 01 01 03 21 9D"指令。其中，指令第4字节"03"转换为二进制值"0000 0011"，表示第一路继电器、第二路继电器当前状态为开。

**5.2、继电器状态**

继电器查询（4 路继电器）

| 字段 | 含义 | 备注 |
|---|---|---|
| FE | 设备地址 | 这里为广播地址 |
| 01 | 01 指令 | 查询继电器状态指令 |
| 00 00 | 起始地址 | 要查询的第一个继电器寄存器地址 |
| 00 04 | 查询数量 | 要查询的继电器数量 |
| 29 C6 | CRC16 | 前 6 字节数据的 CRC16 校验和 |

发送指令码：*FE 01 00 00 00 04 29 C6*

继电器卡返回信息：

返回码：FE 01 01 00 61 9C

| 字段 | 含义 | 备注 |
|---|---|---|
| FE | 设备地址 | |
| 01 | 01 指令 | 返回指令：如果查询错误，返回 0x81 |
| 01 | 字节数 | 返回状态信息的所有字节数。1+(n-1)/8 |
| 00 | 查询的状态 | 返回的继电器状态。<br>Bit0:第一个继电器状态<br>Bit1:第二个继电器状态<br>……<br>Bit7:第八个继电器状态 |
| 61 9C | CRC16 | 前 6 字节数据的 CRC16 校验和 |

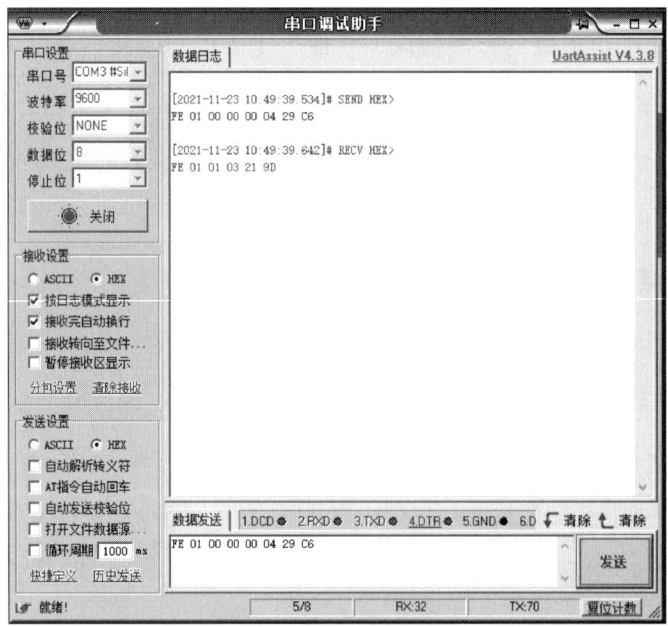

图 1-4　RS-485 I/O 控制器部分指令

图 1-5　串口调试助手

## 三、数字量 / 开关量设备检测

数字量是指在时间和幅度上都是断续变化的离散信号，是由 0 和 1 组成的连续的经过编码后的数据，通常是经过编码后有规律的信号。开关量是数字量的一种，只有 0 和 1 两种状态，代表着开 / 关、分 / 合、通 / 断。多路开关量在数字电路中能够以二进制数字表示，所以又叫数字量，每一个多位数字量可以分解成多个位宽更小的数字量，也能和别的数字量组成大位宽的数字量。模拟量是指一些连续变化的物理量，如电压、电流、压力、速度、流量等，如电压信号为 0 ~ 10 V，电流信号为 4 ~ 20 mA，可以用可编程逻辑控制器（programmable logic controller，PLC）的模拟量模块进行数据采集，其经过抽样和量化后可以转换为数字量。

多用表可以用于检测直流电流、直流电压、交流电流、交流电压、电阻等。

### （一）常见数字量/开关量设备

数字量/开关量设备（如开关量传感器）是最基本、最典型的一种传感器。开关量传感器可以作为开关量输入采集/输出控制模块，如 I/O 控制器、开关量 I/O 采集控制器的输入设备；开关量执行器则可以作为输出设备，如警示灯。常见的数字量/开关量设备如图 1-6 所示。

a）接近开关　　b）RS-485 I/O 控制器　　c）开关量 I/O 采集控制器　　d）警示灯

**图 1-6　数字量/开关量设备图**

输入采集/输出控制模块一般都会指明传输方式与通道数量。

### （二）数字量设备检测

某 RS-485 I/O 控制器可用于接收开关量传感器的信号，也可用于控制开关量的执行。它依据该产品说明书完成 RS-485 I/O 控制器检测接线如图 1-7 所示，再用串口调试助手通过指令收发来检测设备输入端状态。

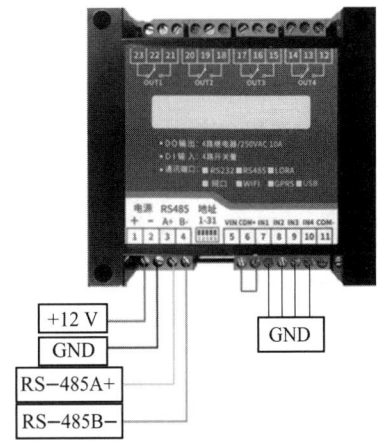

**图 1-7　RS-485 I/O 控制器检测接线**

# 第二节　网络通信设备检测

本节介绍了网络通信设备的检测工作，通过列举常见的网络通信设备（包括物联网中心网关与无线路由器设备）的检测方法，使读者能够了解网络通信设备的功能，并能利用常见检测工具完成网络通信设备的检测。

**考核知识点及能力要求：**

- 了解物联网常见的网络通信设备。
- 了解物联网中心网关与无线路由器的工作原理。
- 掌握 Docker 常用命令的使用。
- 能够通过 PuTTY 工具远程登录物联网中心网关验证设备是否正常。
- 能够通过无线路由器的基本操作测试 WAN 口与 LAN 口的基本使用。

## 一、物联网中心网关设备检测

物联网中心网关设备既可用于广域网互联，也可用于局域网互联。此外，物联网中心网关还需要具备设备管理功能，以便运营商通过物联网中心网关管理感知层中的感知节点。

随着社会对物联网提出越来越高的要求，物联网智能网关应运而生。物联网智能网关不仅具有感知和数据采集功能，还能对数据进行处理和传输，并生成相应的执行方案。物联网中心网关上联链路与网络接口相连接，下联链路连接传感网络。由于行业应用的不同、厂商的不同、功能的不同，市面上的物联网中心网关不尽相同，如云智能通信网关、边缘计算网关、智能家居网关等，如图1-8所示。

a）云智能通信网关　　　　b）边缘计算网关　　　　c）智能家居网关

图 1-8　物联网中心网关

检测物联网中心网关可以从产品外观与结构、产品功能两方面来分别进行检测：

➢ 产品外观与结构检测：是产品检测中的第一步，也是最常见的检测项目。产品外观与结构检测的依据通常为企业产品的设计文件或说明书，其中产品外观与结构说明书可能涉及产品的外观尺寸、表面平整度、质量及结构组成。

➢ 产品功能检测：是指根据产品特征、操作描述和用户方案，测试产品的特性和可操作行为，以确定它们是否满足设计需求。

### （一）PuTTY 工具使用与物联网中心网关登录

通过远程连接工具可连接到服务器并进行操作，远程连接工具如 SecureCRT、XShell、PuTTY、FinallShell、TeamViewer 以及 Windows10 操作系统自带的 PowerShell 等。

PuTTY 工具是安全外壳协议（Secure Shell，SSH）和 Telnet 客户端，最初用于 Windows 操作系统平台使用，支持 Windows、Linux、MacOS 操作系统，全面支持 SSH1 和 SSH2。PuTTY 工具可在官网直接下载，目前最新版本为 0.76。PuTTY 工具的安装比较简单。当登录远程服务器时，需知道服务器的 IP 地址、远程连接端口号，以及登录的用户名和密码。

某物联网中心网关内置 Linux 操作系统，使用 PuTTY 工具可以实现远程连接至该物联网中心网关。远程连接时应设置 Host Name（或 IP address），在 PuTTY 工具中输入物联网中心网关的 IP 地址、Port 端口（使用 SSH 访问时默认端口号为 22），如图 1-9 所示。

输入正确的用户名与密码即可登录至物联网中心网关。登录成功后可对物联网中心网关进行操作，如使用"cat /etc/issue"命令查看 Linux 操作系统版本；使用"netstat-tlnp|grep 22"命令查看 22 端口号状态，如图 1-10 所示。

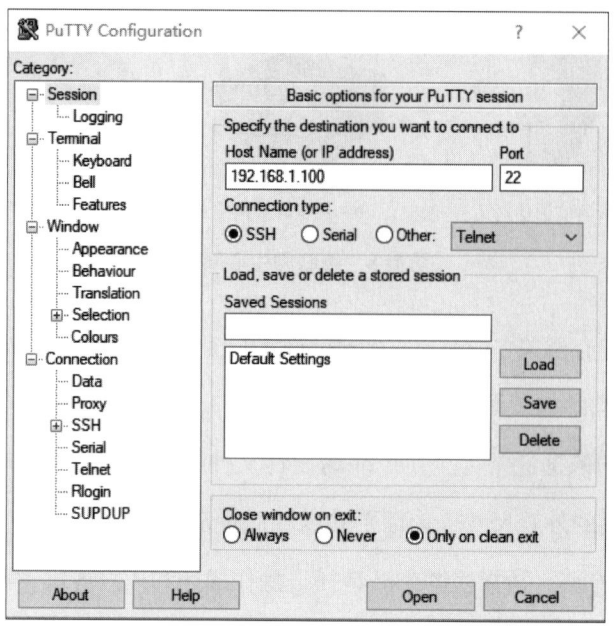

图 1-9　使用 PuTTY 工具连接至物联网中心网关

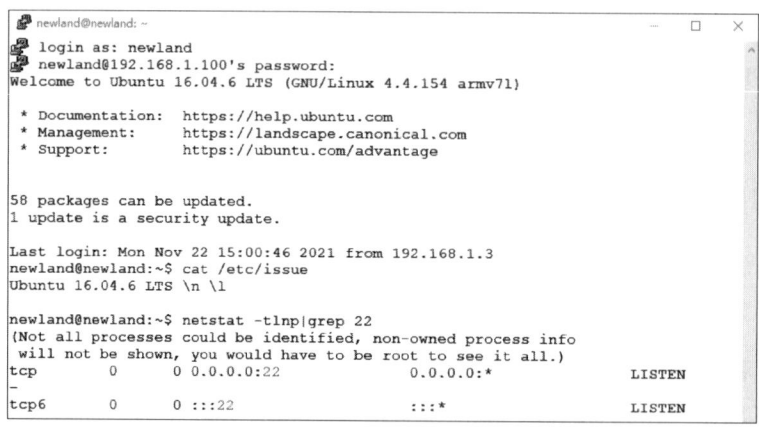

图 1-10　远程登录物联网中心网关及操作

### （二）容器运行状态查询

Docker 是基于 Go 语言实现的开源容器项目，诞生于 2013 年。现在主流的 Linux 操作系统都已经支持 Docker，如 Ubuntu14.04 以上的操作系统都已经在软件源中默认带有 Docker 软件包。Docker 的构想是要实现 "Build, Ship and Run Any App, Anywhere"，即通过对应用的封装、分发、部署、运行生命周期进行管理，达到应用组件"一次封装,到处运行"的目的。Docker 的三大核心组件为:镜像、容器与仓库。容器是用镜像创建的运行实例,它可以被启动、开始、停止、删除。每个容器都是相互隔离的、保证安全的平台。

常用的 Docker 命令见表 1-1。

表 1-1　　　　　　　　　　　常用 Docker 命令

| 命令 | 说明 | 命令 | 说明 |
| --- | --- | --- | --- |
| docker run | 创建一个新的容器并运行一个命令 | docker search | 从 Docker Hub 查找镜像 |
| docker start | 启动一个或多个已经被停止的容器 | docker images | 列出本地镜像 |
| docker stop | 停止一个运行中的容器 | docker rmi | 删除本地一个或多个镜像 |
| docker restart | 重启容器 | docker top | 查看容器中运行的进程信息 |
| docker kill | 去掉一个运行中的容器 | docker pull | 从镜像仓库中拉取或者更新指定镜像 |
| docker rm | 删除一个或多个容器 | docker push | 将本地的镜像上传到镜像仓库,要先登录到镜像仓库 |
| docker ps | 列出容器 | | |

某物联网中心网关使用 Docker 构建应用程序平台,使用 Docker 命令可以查询容器、镜像的名称、状态等,可以使用 "docker ps -a" 命令列出物联网中心网关中所有容器。该命令将返回容器相关信息,其中,CONTAINER ID 指容器 ID 唯一标识码、IMAGE 指镜像名称、NAMES 指容器名称、CREATED 指创建时间、STATUS 指容器健康运行状态、PORTS 指容器的端口信息和使用的连接类型,如图 1-11 所示。STATUS 取值可以为:Created(已创建)、Restarting(重启中)、Running/Up(运行中)、Removing(迁移中)、Paused(暂停)、Exited(停止)、Dead(死亡)。

```
newland@newland:~$ sudo docker ps -a
CONTAINER ID   IMAGE                                                      COMMAND              CREATED       STATUS              PORTS
                                  NAMES
80d7c76f1914   dockerhub.nlecloud.com/gateway/nletbclient_rk3288:v1.0.0   "/bin/bash -c 'cd /h…"   3 days ago    Up 7 hours
                                  NLETBClient_5
d371b06b14c1   dockerhub.nlecloud.com/gateway/nlecloudclient_rk3288:v1.1.14   "/bin/bash -c 'cd /h…"   4 weeks ago   Exited (137) 7 hours ago
                                  NLECloudClient_2
0cfc253f769c   dockerhub.nlecloud.com/gateway/nleconfig_rk3288:v1.2.6     "/bin/bash -c 'cd /u…"   7 weeks ago   Up 7 hours          0.0.0.0
:6666->6666/tcp, 0.0.0.0:8888->8888/tcp   NLEConfig
```

图 1-11　容器相关信息查询

## 二、无线路由器设备检测

路由器属于网络层的互联设备,用于连接多个逻辑上分开的网络,所谓逻辑网络就是拥有独立网络地址的网络。路由器主要功能有:网络互联、路由选择、分组转发、拆包和包装数据包、拥塞控制、网络管理。其中,网络互联主要用于连接局域网和广域网。由于组网方式以及协议版本的不同,市面上常用的路由器有 Mesh 版无线路由器、智能路由器、Wi-Fi6 无线路由器等,如图 1-12 所示。

a) Mesh版无线路由器　　　　b) 智能路由器　　　　c) Wi-Fi6无线路由器

图 1-12　路由器种类

无线路由器是指采用无线通信方式的路由器,其"像 PC 一样,具有独立的操作系统,可以由用户自行安装、自行控制带宽、自行控制在线人数、自行控制浏览网页、自行控制在线时间"等。无线路由器检测项与物联网中心网关相同,即从产品外观与结构、产品功能两方面分别进行检测。

将无线路由器的 LAN 口连接至 PC 网口、WAN 口连接至光猫或上级路由器,如图 1-13 所示。读者可自行根据实际无线路由器型号完成 WAN 口与 LAN 口检测。

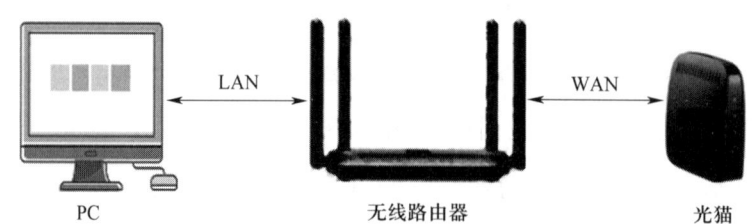

图 1-13　无线路由器连接

### (一) WAN 口网络检测

WAN 是 wide area network 的缩写,即广域网。WAN 口是指连接光猫或者上级路由器通往外部网络的接口。

某无线路由器的联网方式选择项有：宽带拨号、动态 IP、静态 IP。宽带拨号适用于使用宽带账号和宽带密码上网的用户；动态 IP 适用于 PC 不需要任何配置就可以上网的用户；静态 IP 适用于使用固定 IP 地址上网的用户。联网成功则无线路由器将会提示"已联网！您可以上网了"，如图 1–14 所示。

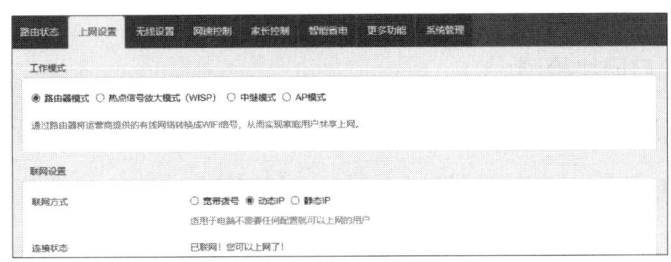

图 1–14　无线路由器 WAN 口设置

当 PC 与无线路由器处于同网段时，可以使用 PC 操作系统自带的命令行工具，输入 "ping 无线路由器 IP 地址"命令检测 PC 与无线路由器的连通性，如图 1–15 所示。

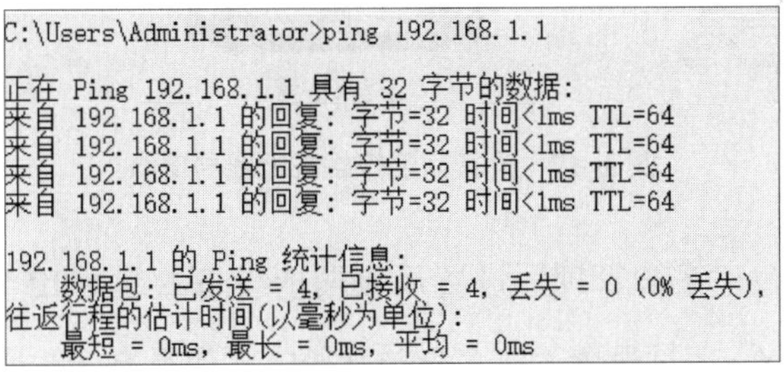

图 1–15　无线路由器与 PC 连通性测试

图 1–15 中，ping 命令构建了一个固定格式的控制报文协议请求数据包（大小为 32 bit）来测试能否连接到 IP 地址为 192.168.1.1 的无线路由器，连接成功则将收到 192.168.1.1 设备返回的信息。如未能连接成功，则返回"request timed out"等类型提示信息。ping 命令可以用于测试设备间的连通性，也可以检测 PC 与无线路由器能否连通外部网络。同理，在 PC 命令行工具输入"ping www.baidu.com"命令检测外网连通性，如图 1–16 所示。也可以在浏览器打开任意网站页面，或打开 QQ、微信进行测试。

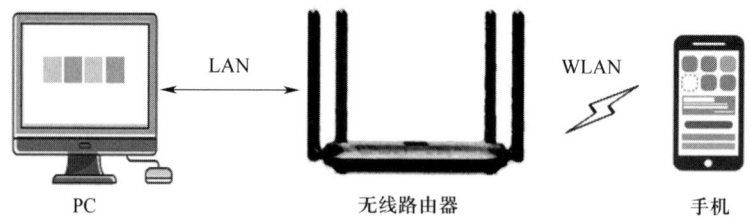

图 1-16　外网连通性测试

## （二）LAN 口网络检测

LAN 是 local area network 的缩写，即局域网。LAN 口是指连接要上网设备的接口，连接到 LAN 口的多个设备组成局域网，可直接相互访问。WLAN 即 Wireless LAN，也就是无线局域网。无线路由器的天线发射无线信号，使同网段设备组成 WLAN。如图 1-17 所示，PC、无线路由器、手机（移动端设备）组成了无线局域网。

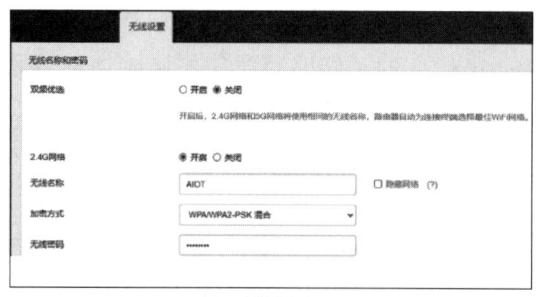

图 1-17　设备间连接组成无线局域网

无线路由器通过"系统管理"设置局域网内设备的起始 IP 与结束 IP，"无线设置"用于设置 WLAN，通过设置无线名称与加密方式使具有无线通信功能的设备（如移动端设备）接入局域网，如图 1-18 所示。

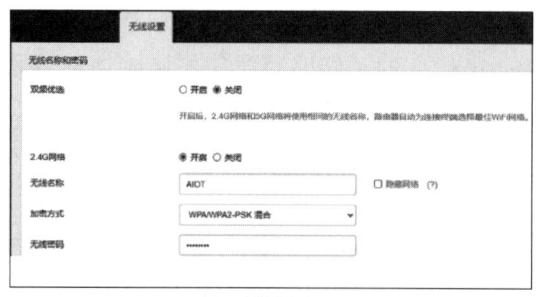
a) 无线设置

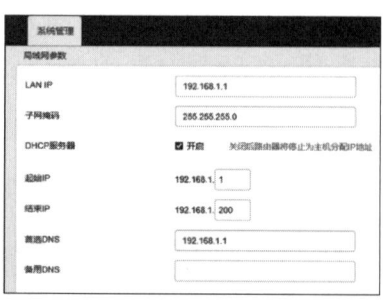
b) 系统管理

图 1-18　无线路由器设置

移动端设备可以通过 WLAN 寻找无线名称，并输入连网密码实现 WLAN 的接入。同时，可以查看到无线路由器为移动端设备分配的 IP 地址以及子网掩码，如图 1-19 所示。

当移动端设备接入 WLAN 后，可以在浏览器打开任意网站页面进行测试，也可打开 QQ 或微信进行测试。

图 1-19　无线局域网信息

# 第三节　设备版本检查与升级

本节介绍了物联网设备版本的检查与升级的步骤。通过列举物联网中心网关与无线路由器设备的版本检查与升级，使读者能够学习物联网设备的版本更新操作步骤；通过升级前的版本检测，完成对应固件与软件的升级，实现功能测试。

**考核知识点及能力要求：**

- 掌握物联网中心网关与无线路由器的版本查询方法。
- 能够通过烧写工具完成物联网中心网关的固件升级。
- 能够在线完成物联网中心网关的公有仓库设置与镜像更新操作。
- 掌握无线路由器的在线升级与本地升级操作步骤。

## 一、物联网中心网关版本检查与升级

物联网中心网关组件包括主控芯片、通信接口、发光二极管指示灯、蓝牙天线、无线通信天线、电源模块等，当前物联网中心网关迅速向智能化的推进提高了物联网的通信高效性、服务安全性与操作简易性。随着物联网业务需求的增加，物联网中心网关的版本升级周期越来越短，通过不断对版本进行改造与升级，可以在实现高版本修复低版本部分缺陷的同时，扩展新功能，以适应用户需求。为了顺利实现版本升级工作，升级前需进行版本检测，必要时应对升级前后的版本性能进行差异化评估，便于后续验证功能测试结果。物联网中心网关的版本升级后，传感网系统能够更有效地完成对传感设备的数据解析处理，并将设备数据传输至云平台，实现云平台与各传感设备的连接。

（一）物联网中心网关版本检查

在物联网中心网关版本升级前需完成对旧版本的检查，确认其是否需要升级，并记录现有版本的运行情况，以便与升级完成后的新版本进行比较。升级时，需根据新版本装载时间，结合业务实际情况，选择在业务空闲时段进行升级。

以某款物联网中心网关"由 Gateway v1.2.1 版本固件升级到 Gateway v1.2.9 版本"为例。该物联网中心网关默认 IP 地址为 192.168.1.100，打开物联网中心网关登录界面，右下角显示物联网中心网关当前版本为 Gateway v1.2.1，如图 1-20 所示。

图 1-20 物联网中心网关版本检查

（二）物联网中心网关固件升级

采用烧写程序升级物联网中心网关固件版本，依赖 micro 数据线配合烧写工具完成物联网中心网关升级工作，可参考以下步骤：①利用 micro 数据线完成 PC 与物联网中心网关的连接；②完成"瑞芯微驱动助手"程序的安装，如图 1-21a 所示，实现操作系统对物联网中心网关的操作管理；③使用"瑞芯微开发工具"烧写工具导入新版本配置并执行，如图1-21b所示；④重新打开物联网中心网关登录界面，查看物联网中心网关新版本号，如图1-22所示。

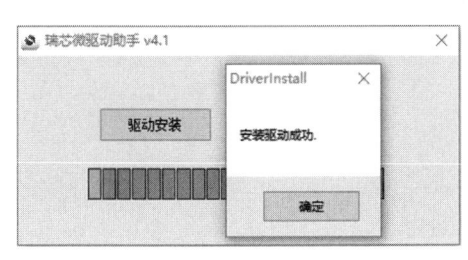
a）瑞芯微驱动安装

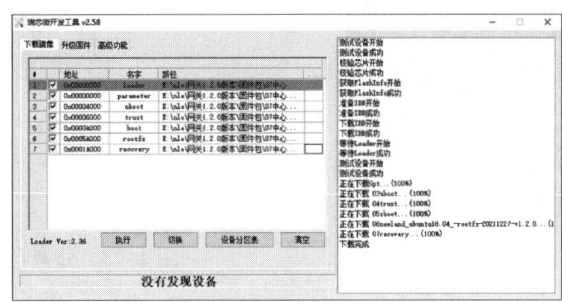
b）瑞芯微开发工具导入执行

图1-21 物联网中心网关固件升级操作

图1-22 物联网中心网关新版本查询

### （三）公有仓库设置与镜像更新

版本更新完成后，利用账号密码登录物联网中心网关，通过"配置—设置Docker库地址"选择仓库类型为Docker公有仓库，完成公有仓库设置，自动获取最新版本镜像，实现镜像更新，如图1-23所示。

利用Windows操作系统自带的PowerShell工具，登录物联网中心网关设备，使用"sudo docker images"命令列出本地镜像，查看镜像版本信息，如图1-24所示。

图1-23 公有仓库设置

```
PS C:\Users\94670> ssh newland@192.168.1.100
newland@192.168.1.100's password:
newland@newland:~$ sudo docker images
[sudo] password for newland:
REPOSITORY                                                TAG       IMAGE ID        CREATED        SIZE
dockerhub.nlecloud.com/gateway/nlecloudclient_rk3288      v1.1.14   280d5c853b7d    5 hours ago    120MB
dockerhub.nlecloud.com/gateway/nleconfigtoolcontain_rk3288 v1.2.9   9bea93a1667c    2 months ago   434MB
dockerhub.nlecloud.com/gateway/nleconfig_rk3288           v1.2.9    789da0422009    2 months ago   185MB
```

图1-24 镜像更新查询

## 二、无线路由器版本检查与升级

无线路由器作为物联网主要的节点设备，提供无线热点方式接入互联网服务，将WAN口接入互联网，LAN口与局域网互联实现接入设备的上网需求，无线路由器的基本入网设置方式包括拨号、动态主机配置协议（dynamic host configuration protocol，DHCP）自动获取与静态配置三种方式。无线路由器软件作为嵌入硬件的应用程序，软件升级按照优化准则寻找最满足用户需求的升级方案。为满足用户在不同场景下的使用需求，升级方法分为在线升级与本地升级两种方式供用户选择。

### （一）无线路由器版本查询

无线路由器版本升级需登录Web管理界面，终端需采用有线或无线方式连接到本地无线路由器，以便登录无线路由器Web管理界面查询无线路由器版本信息，读者可自行根据实际无线路由器型号完成版本升级。

以某款无线路由器"由V15.03.06.28_cn版本升级到V02.03.01.21_cn版本"为例。利用该无线路由器默认IP地址为192.168.0.1，打开无线路由器Web管理界面，通过

"系统管理—设备管理—软件升级"查看无线路由器软件当前版本号,如图 1-25 所示。

图 1-25　无线路由器版本查询

### (二)无线路由器软件升级

完成无线路由器软件版本查询后,可以利用"在线升级"选项检测是否存在需要更新的版本。若提示"当前已是最新版本",则无需升级操作;若提示存在更新版本,可选择本地升级与在线升级两种方式更新。

选择在线升级方式选项,等待无线路由器自动升级即可;选择本地升级方式选项,从官网下载最新升级版本并上传至无线路由器进行版本升级。

升级过程中需保证无线路由器处于通电状态,完成升级后设备自动重启并验证无线路由器升级版本,如图 1-26 所示。

图 1-26　无线路由器新版本查询

思考题

1. 参考图 1-4 RS-485 I/O 控制器部分指令，RS-485 I/O 控制器是否有可能返回"FE 01 01 10 60 50"指令？

2. 参考图 1-7 RS-485 I/O 控制器检测接线，若 4 路开关量 IN1、IN2、IN3、IN4 均接至 GND（地），当发送"FE 02 00 00 00 04 6D C6"指令时，应接收什么指令？

3. 容器查看命令中"-a"参数的含义是什么？

4. 移动端设备（如手机）是否会因加入不同局域网而导致 MAC 地址发生改变？

5. 案例当中的网关固件升级需准备什么工具？

6. 无线路由器软件版本升级有哪几种方式？

7. 设备版本升级前进行版本检查操作有什么意义？

# 第二章
# 物联网设备安装

物联网设备安装前，施工人员应仔细查看施工工程图纸，并仔细阅读设备出厂安装说明材料。不同设备、不同厂商对接线方式、接线柱位置、安装位置、安装角度的要求各不相同，应根据现场情况参照厂商说明进行安装。设备安装流程一般包括设备安装选点、设备配置、设备安装。安装方式包括立杆式安装、壁挂式安装、吊顶式安装、导轨式安装等。物联网设备安装属于项目实施阶段。

- **职业功能：** 物联网设备安装与调试。
- **工作内容：** 物联网设备安装。
- **专业能力要求：** 能根据项目实施方案完成设备的安装；能根据项目实施方案完成传感网络的搭建；能根据项目实施方案，完成有线、无线、混合网络的搭建；能根据项目实施方案完成服务器设备的安装与配置。
- **相关知识要求：** 安装图纸知识，硬件设备安装知识，网络搭建知识，服务器安装与配置知识。

# 第一节　物联网设备安装

本节介绍了物联网设备安全用电的注意事项。通过列举设备的安装方式，使读者能够根据设备特性选择合适的安装方式，并以机架式工业交换机为例，梳理物联网设备安装的完整流程。

**考核知识点及能力要求：**

- 了解常见设备的安全用电原则。
- 能够通过电器产品使用说明书正确完成产品的安装与使用。
- 了解常见的设备安装方式与安装注意事项。
- 掌握物联网设备的安装操作步骤。

## 一、设备安全用电

国家于 2017 年发布《用电安全导则》（GB/T 13869—2017）。里面规定了电气设备在设计、制造、安装、使用和维护等阶段的用电安全基本原则和基本要求，其目的是规范安全用电的行为，并为相关人员的人身及财产提供安全保障。

用电产品应按照制造商要求的使用环境条件进行安装，如果不能满足制造商的环境要求，应该采取附加的安装措施。例如，为用电产品提供防止外来电气、机械、化学和物理应力的装置。选择用电产品，应确认其符合产品使用说明书规定的环境要求和使用条件，并根据产品使用说明书的描述，了解使用时可能出现的危险及应采取的预防措施。用电产品检修后重新使用前应再次确认。用电产品应在规定的使用寿命期限内使用，超过使用寿命期限的应及时报废或更换，必要时按照相关规定延长使用寿命。

### （一）用电产品的安装与使用

随着物联网的发展，智能家居产品走进寻常百姓家。智能家居通过物联网技术将家中的各种设备（如照明系统、窗帘控制、安防系统等）连接到一起，提供照明控制、暖通控制、防盗报警等多种功能。以智能家居产品中较常见的智能扫拖机器人为例，介绍用电产品的安装与使用。

从正规渠道购买的用电产品均配有产品使用说明书。使用说明书内容包含产品介绍（含产品及配件清单）等，如图 2-1 所示。

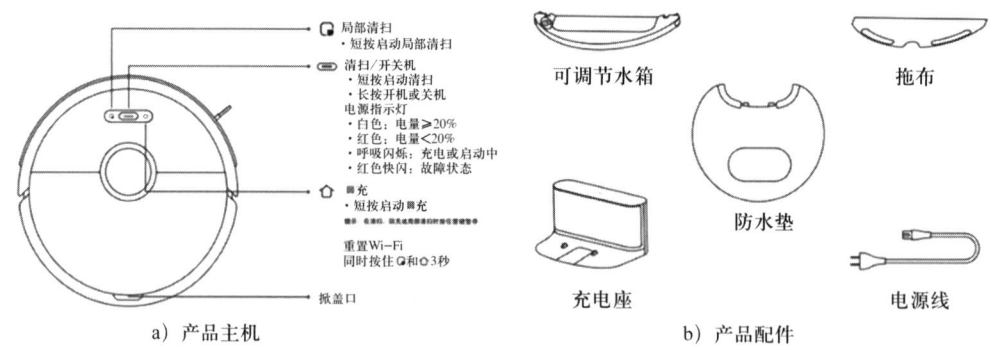

图 2-1 产品介绍

首先，按照说明书中的清单核对产品及其配件，查看说明书的技术参数是否符合本地用电要求，家庭供电能力是否满足要求，特别是配线容量、插头、插座、熔丝、电能表是否满足要求。然后要了解产品的绝缘性能，如果是靠接地作漏电保护的，则接地线必不可少。此外，带有电动机类的产品还应了解其耐热水平，是否能长时间持续运行。

其次，明确产品说明书中对安装环境的要求，尽量避免置于湿热、多尘、易燃、易爆、腐蚀性气体的环境中。凡要求有保护接地或保护接零的用电产品，都应采用三脚插头和三眼插座，不得用双脚插头和双眼插座代替，造成接地（或接零）线空档。

确认硬件参数符合产品说明书要求后，参考产品说明书的方法，将充电座卡入防水垫凹槽内，充电座水平靠墙旋转并插入墙壁插座上。为水箱注水并依次安装水箱、拖布等。智能扫拖机器人主机的沿墙传感器应贴合充电座的回充传感器，以便为主机充电。下载厂商相应的 App，加入 WLAN，可在 App 中设置清扫模式、扫拖区域等，如图 2-2 所示。

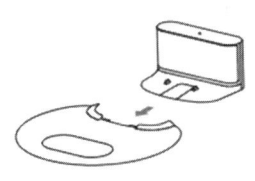
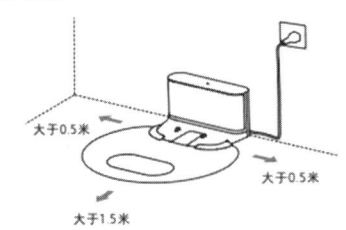
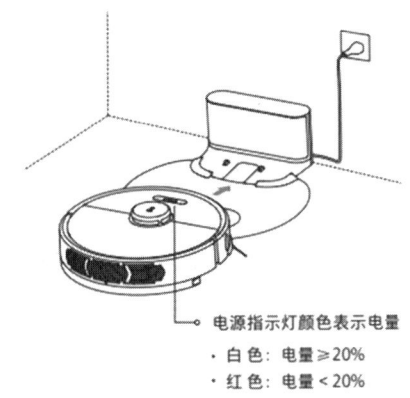

图 2-2　产品说明书

### （二）安全用电原则

施工现场的用电设备接地、接零、漏电保护等应根据工程特点、实际情况、规模和地质环境特点以及操作维护情况来确定保护方式，以达到保障人身安全的目的。

**1. 接地保护原则**

接地保护原则是指在中性点不接地的低压系统中，各种用电设备不带电的金属外露部分、电能供应设备外壳都应做接地（特殊规定例外）保护。如电机、变压器、携带式或移动式用电设备的金属底座和外壳，配电、控制、保护屏（柜、箱含铁制配电箱）及铆焊操作平台的金属框架和底座等，都应做接地保护。

**2. 接零保护原则**

接零保护原则是指在施工现场的用电设备不带电的外露导电部分应做接零保护。如安装在电力杆线上的开关、电容器等电气装置的金属外壳及支架，以及潮湿场所

（如锅炉房、食堂、地下室及浴室、电缆隧道）的用电设备必须采用接零保护。保护零线应单独敷设，不作他用。保护零线不得装设开关或熔断器。

**3. 漏电保护原则**

漏电保护原则是指在施工现场的用电设备须在设备负载线的首端处设置漏电保护器。用电设备漏电时，将呈现异常的电流或电压信号，漏电保护器通过检测、处理此异常电流或电压信号，促使执行机构动作。漏电保护器分为电流型漏电保护器和电压型漏电保护器。电流型漏电保护器根据故障电流动作，电压型漏电保护器根据故障电压动作。

## 二、设备安装方式

常见设备安装方式有立杆式安装、壁挂式安装、机架式安装、导轨式安装等，其中壁挂式安装、机架式安装、导轨式安装如图 2-3 所示，通常选择厂家配备的构件进行安装，立杆式安装通常根据现场情况以及设备安装规范的要求选择不同的立杆标准。

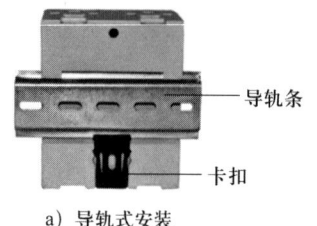
a) 导轨式安装
b) 壁挂式安装

c) 机架式安装

图 2-3 设备安装方式

在安装前，需掌握设备的原理、构造、技术性能、装配关系以及安装质量标准，要详细检查各零部件的状况，不得有缺损，要制定好安装施工计划，做好充分准备，以便安装工作顺利进行。安装前要认真阅读设备说明书，一定要遵守说明书中要求的安全注意事项，要按图纸要求使用线缆。

设备的安装要在断电的情况下进行，要正确连接电源正负极和信号线，所有部件安装到位并确认连线正确后方可上电，要防止因为连线错误导致设备的损坏。固定设备的螺丝、垫片应该按照规格要求进行选择，要将设备固定紧实，防止因为设备脱落造成不必要的人员受伤或设备损坏。

### （一）导轨式安装

导轨式安装是指借助导轨条，将设备安装至导轨条上，如图 2-3a 所示。DIN 导轨式安装是工业电气元件的一种安装方式，支持此标准的电气元件在安装时可方便地卡在导轨上，其维护也很方便。常用导轨宽度是 35 mm。一些新型空气开关、接触器、断路器、小型继电器等都采用了这种标准。使用导轨式安装应先确认安装设备背面是否有安装卡扣，导轨条是否固定结实，是否有合适的设备安装位置。

### （二）壁挂式安装

壁挂式安装在生活中随处可见，如家中墙壁上的热水器、电视灯等一般都采用壁挂式安装。顾名思义，壁挂式安装即借助壁挂支架，将设备安装至墙壁上，如图 2-3b 所示。壁挂式安装应先将膨胀螺栓打入墙壁内，把支架固定在安装位置并确认水平垂直性，再将设备挂在支架上。壁挂式安装可以节约安装空间，所选的墙面应为承重墙，不同厂商的安装方法也会有所不同。

### （三）机架式安装

机架式安装常见于服务器机架、网络设备机架。以服务器机架为例，它是专门用来存放和组织信息技术（information technology，IT）设备的机架。行业标准中的服务器机架有一个 19 in（约合 482.6 mm）的前面板，有三种标准宽度：19 in（约合 482.6 mm）、23 in（约合 584.2 mm）、24 in（约合 609.6 mm）。而服务器机柜则是将安装面板、插件、插箱、电子元件、器件和机械零件与部件组合成一个整体的安装箱。不具备封闭结构的机柜称为机架。当服务器安装在机架中时，通常允许服务器滑入和滑出机架，以方便维护，如图 2-3c 所示。

## 三、设备安装示例

各厂商设备安装方法不尽相同，以 H3C IE 系列机架式工业交换机安装为例。

### （一）安装前准备

设备安装前应按文档提供的经纬度、采购设备的特性和现场实际情况，明确设备安装的位置和安装方法。设备安装就是按图纸和工程质量规范标准将设备进行安放和装配，使其能按预定的要求工作。安装前需认真阅读设备说明书，一定要遵守说明书中的安全注意事项，要按图纸要求使用合适的线缆。安装前要详细检查各零部件的状况，不得有缺损。

（二）机柜安装

对于需要安装机柜的交换机应先准备匹配的机柜，目前市场上大小为 19 in（约合 482.6 mm）的机柜为标准机柜。

将工业交换机安装至机柜可参考以下步骤如图 2-4 所示：①检查机柜的接地与稳定性；②用螺钉将安装挂耳固定在交换机前面板两侧；③将交换机放置在机柜的一个托架上，沿机柜导槽移动交换机至合适位置；④用螺钉将安装挂耳固定在机柜两端的固定导槽上，确保交换机稳定地安装在机柜槽位的托架上。

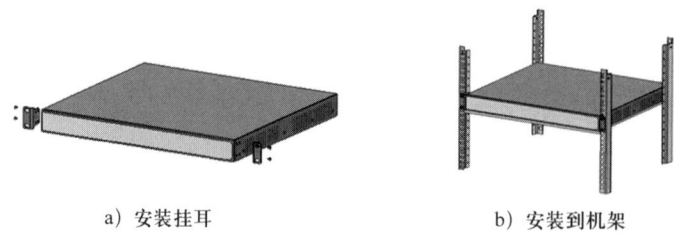

a）安装挂耳　　　　　　　　b）安装到机架

图 2-4　机柜安装步骤

（三）线缆连接

H3C IE 系列机架式工业交换机线缆分为配置线缆和电源线缆。配置线缆的一端插入交换机的配置接口，另一端插入要对交换机进行配置的 PC 串口上。电源线缆的一端准确插入交换机的交流电源插孔上，并安装电源线卡扣防止电源线缆脱落，另一端插入交流电源插座，如图 2-5 所示。

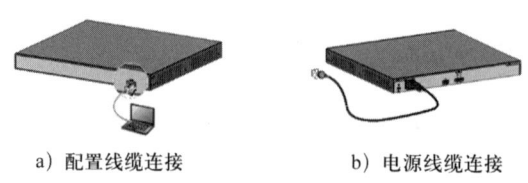

a）配置线缆连接　　　　　　b）电源线缆连接

图 2-5　线缆连接

第二章 物联网设备安装

# 第二节　网　络　搭　建

本节通过介绍 ZigBee 与无线局域网（wireless fidelity，Wi-Fi）的通信概念，说明常见网络协议设备的组网原理，并基于 ZigBee 与 Wi-Fi 完成网络搭建的示例，使读者能够学习到基本的网络环境搭建方法，实现物联网设备间的网络通信。

**考核知识点及能力要求：**

- 了解 ZigBee 通信原理。
- 了解 Wi-Fi 通信原理。
- 能够通过设备连接图完成基础网络实验环境的搭建。
- 掌握基于 ZigBee 与 Wi-Fi 的网络环境搭建方法。

## 一、ZigBee 设备组网

ZigBee 是与蓝牙类似的一种短距离无线通信技术，国内也有人将其翻译成"紫蜂"。ZigBee 的标准化组织包括 IEEE 802.15.4 标准工作组和 ZigBee 联盟。目前，ZigBee 联盟已推出 ZigBee3.0，统一了各种 ZigBee 应用层协议，可以让智能对象协同工作。在 IEEE 802.15.4 标准中共规定了 27 个信道。ZigBee 网络拓扑结构有：星形网络、树形网络、网状网络。不同的网络拓扑结构对应不同的应用领域，在 ZigBee 无线网络中，不同的网络拓扑结构对网络节点的配置也不同，网络节点的类型包括 ZigBee 协调器、ZigBee 路由节点和 ZigBee 终端节点。

## （一）ZigBee 通信原理

ZigBee 无线网络具有低功耗、低成本、时延短、网络容量大、工作频段灵活、兼容性好、安全性高、有效范围小和数据传输速率低等特点。一个 ZigBee 设备可以与 254 个设备相连接，一个 ZigBee 网络可以容纳 65 535 个节点，一个区域内可以同时存在 100 个 ZigBee 网络。在有节点加入、移动或失效时，网络具有自适应功能。ZigBee 的工作频段为 2.4 GHz（全球）、868 MHz（欧洲）、915 MHz（美国），且均为 ISM 免执照频段。

ZigBee 协调器是每个独立的 ZigBee 网络的核心设备，主要负责建立和配置网络，即选择 1 个信道和 1 个网络 ID 启动整个 ZigBee 网络。一旦 ZigBee 网络建立完，整个网络的操作就不再依赖 ZigBee 协调器了，它与普通的 ZigBee 路由节点也没什么区别了。

ZigBee 路由节点允许其他设备加入网络，多台路由器协助终端设备通信。一般情况下，ZigBee 路由节点需一直处于工作状态，且必须使用电力电源供电。但当使用树形网络拓扑结构时，可允许 ZigBee 路由节点间隔一定时间操作一次，此时 ZigBee 路由节点可以使用电池供电。

ZigBee 终端节点入网过程和 ZigBee 路由节点一样，大部分情况下处于空闲或者低功耗休眠模式。因此，ZigBee 终端节点可以由电池供电。

## （二）基于 ZigBee 网络搭建示例

目前市场上 ZigBee 芯片提供商（2.4 GHz）主要有：TI、JENNIC 等，ZigBee 技术提供方式有三种：①ZigBee RF+MCU，如 TI 公司的 CC2420+MSP430 微控制器；②单芯片集成 SOC，如 TI 公司的 CC2430/CC2431（8051 内核）；③单芯片内置协议栈 + 外挂芯片，如 JENNIC 公司的 JN5121+EEPROM。

以某款 ZigBee 模块完成网络搭建为例，实现 ZigBee 协调器接收 ZigBee 终端节点数据，并在 PC 上显示接收的数据。实验环境如图 2-6 所示。

在 ZigBee 网络中，网络节点扮演 ZigBee 协调器与 ZigBee 终端节点两种不同角色，不同角色、不同节点需要烧写不同的 hex 文件，烧写软件以 Flash Programmer 为例，如图 2-7a 所示。ZigBee 协调器接收 ZigBee 终端节点发送过来的指令，并通过串口发送给 PC（波特率为 115 200），指令为 "CC 01 07 01 01 00 01 D7" 即为 ZigBee 终端节点

1发送过来的指令，指令为"CC 01 07 01 02 00 02 D9"即为 ZigBee 终端节点 2 发送过来的指令，如图 2-7b 所示。

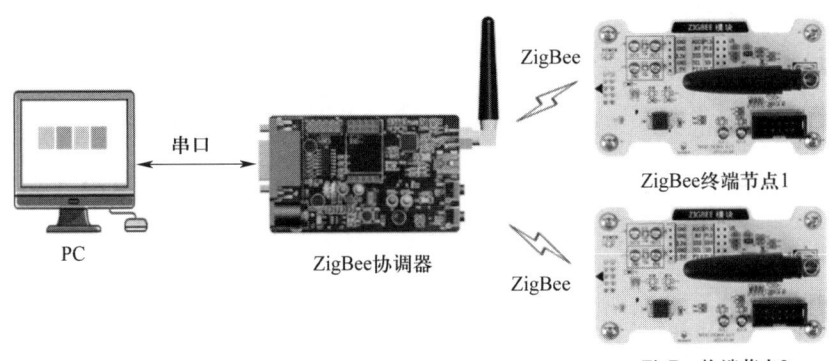

图 2-6　某 ZigBee 网络实验环境

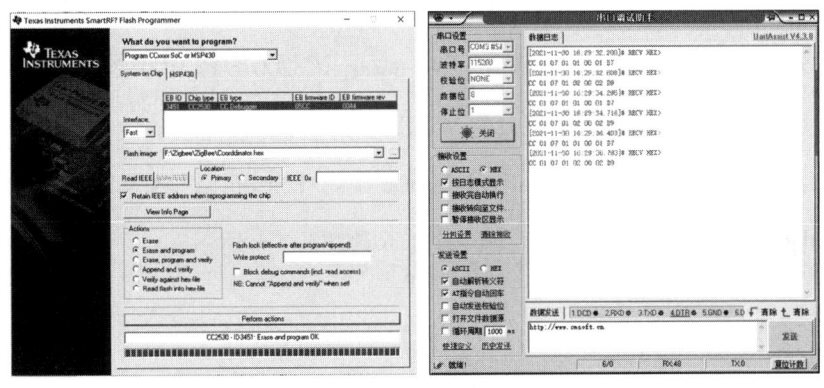

a）Flash Programmer　　　　　　　b）串口调试助手

图 2-7　ZigBee 网络搭建

## 二、Wi-Fi 设备组网

Wi-Fi 是无线保真的缩写，在无线局域网范畴指"无线兼容性认证"，实质上是一种商业认证。目前，Wi-Fi 也被看作 WLAN 的代名词。同时也是一种无线联网，与蓝牙技术一样，同属于在办公室和家庭中使用的短距离无线技术。同蓝牙技术相比，它具备更高的传输速率，更远的传播距离，已经广泛应用于 PC、手机、汽车等领域中。主流的标准是 IEEE 802.11b、IEEE 802.11g、IEEE 802.11n（亦称为 Wi-Fi4）、IEEE 802.11ac（亦称为 Wi-Fi5）和 IEEE 802.11ax（亦称为 Wi-Fi6）。它们之间是向下兼容的。IEEE 802.11ac 理论最快速率可以达到 6.9 Gbit/s，IEEE 802.11ax 理论最快速率为 10 Gbit/s 左右。

### （一）Wi-Fi 通信原理

Wi-Fi 组网结构包括一对多和点对点。最常用的 Wi-Fi 组网结构是一对多，即一个接入点（如无线路由器）、多个接入设备。Wi-Fi 组网结构还可以采用点对点，如两台 PC 不经过无线路由器，直接用 Wi-Fi 连接。2.4 GHz 的 Wi-Fi 划分为 14 个信道，每个信道的带宽为 20 ~ 22 MHz。目前，常用的 Wi-Fi 加密方式有 WEP、WPA、WPA2。

### （二）基于 Wi-Fi 网络搭建示例

目前的笔记本电脑通常都自带无线网卡，即可以通过连接 Wi-Fi 实现外网或内网连接。部分台式电脑则不具备无线网卡，当台式电脑要连接 Wi-Fi 上网，则需购买无线网卡。目前市面上的无线网卡按接口不同分为 PCI-E、NGFF、USB3.0、USB2.0；按天线安置方式分为内置与外置；按规格分为 Wi-Fi6、AC3200、AC2100、AC1900、AC1200、AC1300、AC650 等；按支持的标准分为 Wi-Fi4、Wi-Fi5、Wi-Fi6。

下面以某款通用串行总线（universal serial bus，USB）无线网卡为例，介绍实现一台笔记本电脑双无线网卡连网的过程。实验环境如图 2-8 所示。

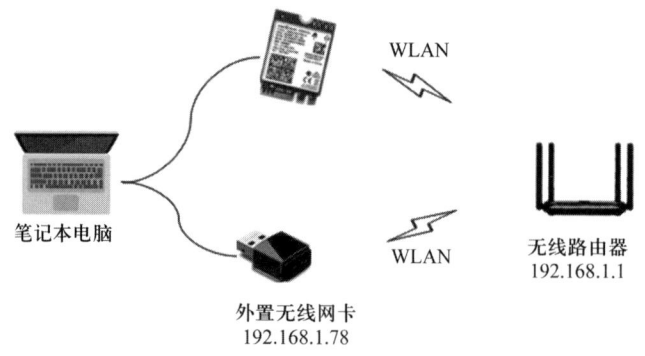

图 2-8 Wi-Fi 网络实验环境

免驱款 USB 无线网卡只需插入笔记本电脑的 USB 接口即可使用，需要驱动的 USB 无线网卡在使用前应先安装驱动，操作较为简单。之后，可在"控制面板—网络和 Internet—网络连接"中看到两个 WLAN 图标，USB 无线网卡的设备名称中会有"USB"单词。将两个无线网卡同时接入一个无线信号，均选择自动获得 IP 地址、自动获得域名系统（domain name system，DNS）服务器地址，如图2-9所示为双无线网卡配置信息。

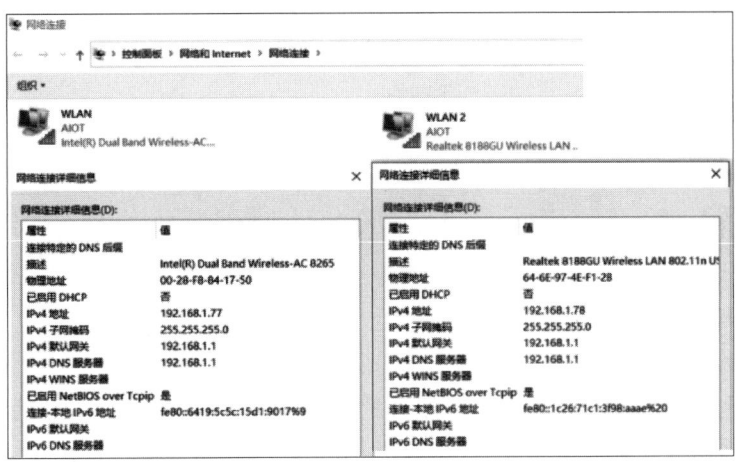

图 2-9　双无线网卡配置

查看无线路由器的设备列表，可看到 IP 地址为 192.168.1.77 和 192.168.1.78 的设备（同一台笔记本电脑）。也可在命令行工具输入"ping 192.168.1.77""ping 192.168.1.78"命令进行测试。此时，笔记本电脑的内置网卡、外置网卡与路由器处于同一个 WLAN 中。

## 第三节　服务器设备安装与配置

本节介绍了常见服务器设备的特性，列举了机架装配式服务器的安装，介绍了安装准备工作与安装工具的使用方法，说明了服务器设备安装的工作流程，讲解了服务器系统的安装管理与 IP 地址配置。

**考核知识点及能力要求：**

- 了解常见的服务器设备。
- 了解服务器的安装工具。
- 掌握服务器的安装流程与注意事项。
- 能够通过启动盘完成服务器系统的安装。
- 掌握服务器系统的管理与 IP 地址的配置操作。

# 一、常见的服务器设备

服务器也称伺服器，是提供计算服务的设备。由于服务器需要响应服务请求并对此进行处理，因此应具备承担服务、保障服务的能力。服务器按外形分为塔式、刀片式、机架式；按指令集分为 CISC、RISC、EPIC；按功能分为计算型、存储型、I/O 型和其他类型；按应用类型分为文件服务器、数据库服务器、应用程序服务器等。

## （一）机架式服务器

机架式服务器可以一台一台地分别放到固定机架上，多被服务器数量较多的大型企业使用。常见的是 1U 服务器、2U 服务器、4U 服务器，是服务器外部尺寸的单位，规定的是服务器的宽与高。宽为固定值，即标准机柜的宽，为 19 in，合 482.6 mm；高为 44.45 mm 的倍数，即 1U 的服务器高为 44.45 mm，2U 的服务器高为 88.90 mm，以此类推。在实际使用当中，1U 或者 2U 服务器是最常见的。机架式服务器受内部空间限制。

## （二）刀片式服务器

刀片式服务器是指其形状像刀片一样，一片片地叠放在机柜上。刀片式服务器应用于大型的数据中心，或需要大规模计算的领域，是机架式服务器的再进化。刀片式服务器比机架式服务器更省空间，但扩展性差。

## （三）塔式服务器

塔式服务器的主机机箱比较大，正面看起来像 PC。常见于入门级和工作组级服务器，性能可以满足大部分中小企业用户的要求。塔式服务器的主板扩展性较强，机箱内部往往会预留很多空间,以便进行硬盘、电源等冗余扩展。

## 二、机架装配式服务器安装

各厂商服务器安装方法不尽相同,本节以某机架装配式服务器安装为例。

### (一)设备及附件准备

安装前应先确认服务器及随附的套件,如图 2-10 所示,准备好安装所需的工具,如十字形旋具、梅花形旋具、标记笔、胶囊、切刀、重型剪刀等。

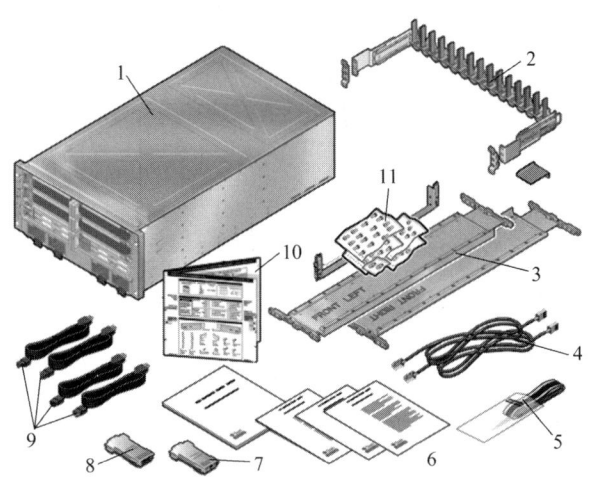

图 2-10 产品套件

1—服务器 2—CMA(连续的内存分配器) 3—机架装配工具包 4—以太网电缆 5—防静电手腕带
6—印刷文档包 7—RJ-45 转 DB-9 交叉适配器 8—RJ-45 转 DB-25 交叉适配器
9—交流电源线 10—机架装配模板 11—紧固件

### (二)安装机架装配工具包

安装机架前应先确认机架的兼容性,如机架滑轨安装孔大小、机架深度、结构等。确认机架安装所需的硬件,确认机架中是否有足够的垂直空间,并标记前机/后机框滑轨的装配孔。

安装机架装配工具包中的机框滑轨可参考以下步骤:①将机框滑轨放在标记位置;②使用标配螺钉固定后机框滑轨托架顶部和底部的孔、机框滑轨前部中心的孔;③将卡式螺母插入机框滑轨托架顶部正上方的孔中。

## （三）安装服务器到机柜

安装服务器前应先从箱子中取出服务器，将服务器的中央处理器模块、主要模块、电源和风扇模块移除，并将服务器置于机械式升降装置上。组件应置于防静电物体的表面（如放电垫、防静电袋或一次性防静电垫表面）。对服务器进行握持时，应先戴上连接至机箱金属表面的接地带。确保机架上部署防倾倒护杆，并按从下到上的顺序将设备装入机架内。

安装服务器可参考以下步骤：①将服务器向上抬升至正确的高度，确保服务器的底部边缘已脱离机框滑轨的底部；②将服务器滑入机架，并使用螺钉将服务器固定到前面板；③装回所移除的所有组件。

## 三、服务器操作系统安装与配置

服务器操作系统实现对计算机硬件和软件的直接控制和管理协调，目前主要分为：Windows Server、Netware、UNIX、Linux 四大派系。

Windows Server 是在 2003 年 4 月 24 日推出的 Windows 的服务器操作系统，其核心是 Microsoft Windows Server System（WSS），每个 Windows Server 都与其家用（工作站）版对应（2003 R2 除外）。目前最新版本是 Windows Server 2022，该版本可以直接在官网下载。

Netware 操作系统最重要的特征是基于基本模块设计的开放式系统结构。Netware 是一个开放的网络服务器平台，对不同的工作平台、网络协议环境提供了一致的服务。

UNIX 操作系统于 1969 年开发，被广泛用于服务器、工作站，是多用户、多任务的分时操作系统，其采用单一根文件的树状存储，所有数据以纯文本形式存储。

Linux 操作系统的基石是 UNIX 内核，其设计基于 UNIX 的基本特点及单独的 UNIX 规范标准。Linux 是多用户、多任务的操作系统，其程序可以包含一个或多个进程，每个进程可能有一个或多个线程。

### （一）操作系统安装

传统的操作系统安装方法使用光盘安装，但现在更多是将 U 盘制作成启动盘，并使用 U 盘安装系统。大部分计算机的默认启动方式都是本地硬盘启动，使用光盘或 U

盘安装需在基本输入输出系统（basic input output system，BIOS）中设置第一启动项为光驱或 USB。不同的操作系统安装方法各不相同，在安装前都应事先下载系统文件，而在此之前应先明确所要安装的操作系统。

以安装 Windows 11 操作系统为例，建议在安装前先到官网查看该系统对 PC 的最低硬件要求，也可以使用 PC 健康状况检查用来评估其兼容性。如官网建议安装 Windows 11 操作系统的 PC 处理器应为 1 GHz 或支持 64 位的处理器或系统单芯片；内存应大于 4 Gibyte；系统硬盘存储空间应大于 64 Gibyte；显卡应支持 DirectX 12 或更高版本，并支持 WDDM 2.0 驱动程序。由此推断，如果是内存刚好 4 Gibyte 的 PC 则不建议安装 Windows 11 操作系统。

Windows 操作系统的安装较为简单，在安装过程中需选择语言、时间和货币格式、键盘和输入方法、产品版本、安装方法，最后需对磁盘进行分区。如已购买产品密钥，可在安装过程中输入产品密钥，或者待系统安装成功后再输入产品密钥。安装成功后还需做些基本设置，如创建 Microsoft 账户、设置登录密码等。

从技术上来看，Linux 操作系统只是一个提供设备驱动、文件系统、进程管理、网络通信等功能的系统软件，并不是一套完整的操作系统，它只是操作系统的核心。一些组织或厂商将 Linux 内核与各种软件、文档包装起来，再提供一些系统安装界面和系统配置、设定与管理工具，就构成了 Linux 操作系统的发行版本。Linux 操作系统的发行版本大体分为两类：一类是商业公司维护的发行版本，以 Red Hat 为代表；一类是社区组织维护的发行版本，以 Debian Linux 为代表。

以 Ubuntu 18.04 操作系统安装为例，其安装过程可以选择"试用 Ubuntu"，即从光盘尝试安装而不对 PC 做任何更改。安装过程需选择键盘布局、安装类型、地区等，并创建用户名和密码，要注意此用户名非 root 用户。

### （二）操作系统管理

以 Windows Server 2019 操作系统为例，其操作系统管理包括服务器管理器，本地用户账户、组账户管理，本地安全策略，域及其他用户等。

当 Administrators 组的成员登录到服务器时，默认情况下，服务器管理器将在服务器上自动启动。服务器管理器是 Windows Server 操作系统中的管理控制台，可帮助 IT

专业人员在桌面预配和管理基于本地和远程操作系统的服务器，而无需物理访问服务器，也无需启用每个服务器的远程桌面协议进行连接。服务器管理器可以管理角色，如 DHCP 服务器、DNS 服务器、Web 服务器、打印服务器等；也可以管理功能，如 Windows PowerShell、Telnet 服务器、Telnet 客户端、SAN 存储管理器等。

Windows Server 操作系统包含两种账户：用户账户和组账户。Windows Server 操作系统通过建立账户并赋予账户合适的权限来保证其使用网络和计算机资源的合法性，以确保数据访问、存储和交换服从安全需要。组账户是计算机的基本安全组件，是用户账户的集合，但组账户并不能用于登录 PC，只可用于组织用户账户。通过使用组账户，管理员可以同时向一组用户分配权限，组织用户账户。系统管理员可以通过本地安全策略确认服务器的安全，如限制用户如何设置密码、通过账户策略设置账户安全性、通过锁定账户策略避免他人登录 PC、指派用户权限等。可以通过"gpedit.msc"命令打开本地安全策略。

域是活动目录（active directory，AD）的核心单元，是共享同一活动目录的一组 PC 集合，是 Windows Server 操作系统的逻辑管理单位，一个域就是一系列的用户账户、访问权限和其他各种资源的集合。每个域都有它自己的安全策略和安全关系。域默认的用户账户有 Administrator 和 Guest。Administrator 具有对域的完全控制权，可以为其他域用户指派用户权限和访问控制权限。Administrator 账户是 AD 中 Administrator、Domain、Admins 等几个组账户的默认成员。Guest 账户是为域中没有实际账户的人临时设置的内置账户，并未设置密码。默认情况下，Guest 账户是被禁用的。

Linux 操作系统管理包括文件和目录管理、磁盘管理、用户和组管理、软件包管理。Linux 操作系统文件系统采用层次式的树状目录结构，最上层是根目录（/），在根目录下默认的目录有 bin、boot、dev、etc、home、lib、mnt、opt、root、sbin、tmp 等，与文件相关的常用命令有 cat、more、less、head、tail、grep、find、locate、wc、comm、diff、cp、mv、rm 等，与目录相关的常用命令有 mkdir、rmdir、cd、pwd、ls 等。

Linux 操作系统最传统的磁盘文件系统使用 EXT2。基本上所有实体磁盘的文件名都被模拟成 /dev/sd［a-p］的格式，如第一个磁盘文件名为 /dev/sda，而分区槽的档名以第一个磁盘为例模拟为 /dev/sda［1-128］。虚拟机的磁盘通常为 /dev/vd［a-p］，若使用 LVM 时，其档名则为 /dev/VGNAME/LVNAME 等格式。常用的磁盘管理工具有 fdisk、mkfs、e2fsck 等，常用命令有 mount、umount 等。

Linux 操作系统用户分为根用户和普通用户，每个用户都有一个唯一的身份标识，即用户身份证明（user identification，UID）。与用户相关的文件有 /etc/passwd、/etc/shadow 及 /home 目录下的文件。Linux 操作系统组是具有相同特征用户的逻辑集合，每个组都有一个唯一的身份标识，即组身份证明（group identification，GID），与组相关的文件有 /etc/group、/etc/gshadow。常用的用户管理命令（普通用户）有 useradd、userdel、usermod、passwd 等；常用的组管理命令有 groupadd、groupdel、groupmod 等。

各发行版本的 Linux 操作系统的软件包管理器略有不同，常用的有 apt、rpm、yum，其中使用 apt 管理器的有 Debian Linux、SUSE Linux、KNOPPIX、Ubuntu 等，使用 rpm 管理器的有 Fedora Core、CentOS、Mandriva 等。使用 yum 管理器软件包应先配置 yum 仓库，使用 apt 管理软件包应先更新源。

## （三）配置系统静态 IP 地址

使用 DHCP 为 PC 自动分配地址时，IP 地址有可能发生变动，而配置静态 IP 地址有利于管理员管理 PC，也可避免因 IP 地址频繁变化而触发服务器保护机制，影响网络运行。

Linux 操作系统配置静态 IP 地址的方法有 ifconfig 命令、neat 命令、netconfig 命令、配置文件修改、nmtui 图形工具、nm-connection-editor 图形工具等。各发行版本的 Linux 操作系统的网卡配置文件路径略有不同。Ubuntu 18.04 操作系统的网卡配置文件为 /etc/network/interfaces。Ubuntu 操作系统静态 IP 地址配置项包括 IP 地址（address）、子网掩码（netmask）、网关（gateway）、开机自启动（auto）等，如图 2-11 所示。IP 地址配置后应重启系统或网络服务。

```
# interfaces(5) file used by ifup(8) and ifdown(8)
auto lo
iface lo inet loopback

auto enp0s3
iface enp0s3 inet static
address 192.168.1.79
netmask 255.255.255.0
gateway 192.168.1.1
```

**图 2-11　Ubuntu 18.04 操作系统配置文件**

## 思考题

1. 物联网设备安装方式中的壁挂式安装方法的注意事项有哪些？

2. 内置网卡与外置网卡有什么区别？

3. 能否为同一个外置网卡配置两个 IP 地址？

4. apt、yum、rpm 三者的区别是什么？

5. yum 仓库类型有哪些？

# 第三章
# 物联网设备调试

物联网设备调试是指利用检测工具或调试工具对设备进行调试，是项目施工阶段和售后服务阶段的主要工作内容。物联网设备调试包括单设备的调试、设备间网络的调试等工作内容，以期排除设备故障，或在设备安装前对其进行检测。物联网工程技术人员可使用数字多用表、网线检测器或其他软件（如串口调试助手）对设备或模组进行调试。

- **职业功能：** 物联网设备安装与调试。
- **工作内容：** 物联网设备调试。
- **专业能力要求：** 能根据项目实施方案，完成传感网络的调试；能根据项目实施方案，完成有线、无线、混合网络的调试；能根据项目实施方案，完成设备的联调。
- **相关知识要求：** 网络调试知识，设备联调知识。

# 第一节  无线网络设备调试

本节介绍了 ZigBee 与 WLAN 无线网络的基本概念，通过案例讲解 ZigBee 协调器与终端节点的配置，说明 ZigBee 网络的通信原理，并利用联网设置、WLAN 设置与移动热点配置技术阐述了 WLAN 联调的操作原理与步骤。

**考核知识点及能力要求：**

- 了解 ZigBee 网络通信原理。
- 了解 WLAN 网络通信原理。
- 掌握 ZigBee 协调器与终端节点的参数配置。
- 掌握 WLAN 的联网设置、WLAN 设置与移动热点配置操作。

## 一、ZigBee 网络联调

ZigBee 网络中各 ZigBee 设备可扮演的角色有：ZigBee 协调器、ZigBee 路由节点、ZigBee 终端节点。ZigBee 协调器是一个具有增强功能的汇聚节点，ZigBee 路由节点主要实现路径选择和数据转发功能，ZigBee 终端节点负责监测区域内数据的采集和处理。ZigBee 终端节点通常包括能量供应模块、传感器模块、处理器模块、无线通信模块和嵌入式软件系统 5 部分。

ZigBee 网络支持星形、树形和网状网络共 3 种拓扑结构。星形网络由 1 个 ZigBee 协调器和多个 ZigBee 终端节点设备组成；树形网络由 1 个 ZigBee 协调器和 1 个或多个星形网络结构连接而成，设备可与自己的父节点或子节点进行点对点直接通信，其他节点通过路由器完成信息传输；网状网络在树形网络的基础上实现，它允许网络中所有具有路由功能的节点直接连接，依据路由器中的路由表实现消息的传输。

TI 公司推出某些射频芯片的同时，还向用户提供了 ZigBee 的 Z-Stack 协议栈。Z-Stack 是被很多企业广泛采用的一种商业级协议栈，由物理层、介质访问控制层、网络层、应用层组成。其中，物理层、介质访问控制层由 IEEE 802.15.4 标准定义。物理层定义了物理无线信道和 MAC 子层之间的接口，提供物理层数据服务和物理层管理服务；介质访问控制层负责处理所有的物理无线信道访问，并产生网络信号、同步信号；网络层实现节点加入或离开网络、接收或抛弃其他节点、路由查找及传送数据等功能；应用层包括应用支持层、ZigBee 设备对象和应用对象。IEEE 802.15.4 标准中共分配了 27 个具有 3 种速率的信道：在 2.4 GHz 频段共有 16 个信道，信道传输速率为 250 kbit/s；在 915 MHz 频段共有 10 个信道，信道传输速率为 40 kbit/s；896 MHz 频段共有 1 个信道，信道传输速率为 20 kbit/s。ZigBee 使用一个 16 位的个域网络标识符（personal area network ID，PAN ID）来标识一个网络。Z-Stack 协议栈允许用两种方式配置 PAN ID。PAN ID 一般是在确定信道以后出现。所有节点的 PAN ID 唯一，即一个网络只有一个 PAN ID，它由 ZigBee 协调器生成，用来控制 ZigBee 路由节点和 ZigBee 终端节点加入的网络。

以某款 ZigBee 模块完成无线网络调试为例，实现 ZigBee 协调器接收 ZigBee 终端节点（即 ZigBee 传感器）数据，并在 PC 上显示接收的数据。实验环境如图 3-1 所示。

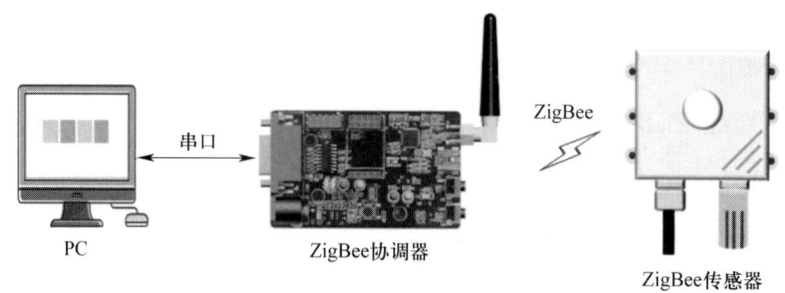

图 3-1　某 ZigBee 网络实验环境

**（一）ZigBee 协调器参数配置**

ZigBee 终端节点与 ZigBee 协调器在配置过程中，二者的 PAN ID 应一致，以便

ZigBee 终端节点能加入 ZigBee 协调器所在的网络，且二者的 Channel 也应一致（用于声明节点在 2.4 GHz 频段下所使用的信道）。在对 ZigBee 协调器参数配置前应先烧写 ZigBee 协调器的 hex 文件。烧写完成后，使用配置工具对 ZigBee 协调器进行 PAN ID 配置和 Channel 选择，如图 3-2 所示。在配置过程中，ZigBee 协调器 Short Address 默认值为 0000、Baud Rate 默认值为 9600、Data Bits 默认值为 8 bits、Check Bit 默认值为 None、Stop Bit 默认值为 1 bits。Modbus Slave ID 参数表示使用 RS-485 技术通信时的从节点地址，对于 ZigBee 协调器的 Modbus Slave ID 可设置为 0，即无需配置。

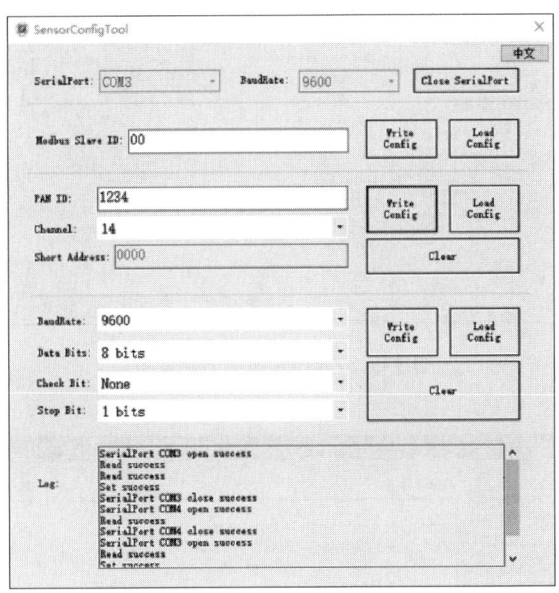

图 3-2　ZigBee 协调器配置

### （二）ZigBee 终端节点参数配置

ZigBee 传感器作为 ZigBee 终端节点，向 ZigBee 协调器上报传感数据。ZigBee 终端节点 hex 文件烧写方法与 ZigBee 协调器相同，烧写完成后再使用配置工具进行配置。如图 3-3 所示，依据 ZigBee 协调器完成 ZigBee 终端节点的 PAN ID 与 Channel 的配置，将 PAN ID 值设为 1234，Channel 值设为 14，Baud Rate、Data Bits、Check Bit、Stop Bit 均使用默认值，若 Short Address 值为 445F 代表入网成功。

当 ZigBee 协调器与 ZigBee 终端节点设置成功后，将 ZigBee 终端节点重新上电，并使用串口调试助手查看 ZigBee 终端节点向 ZigBee 协调器主动送的传感器值，如

图 3-4 所示。其中，光照度传感器范围为 1 ~ 65 535、单位为 lux；噪声传感器范围为 10 ~ 120、单位为 dB。

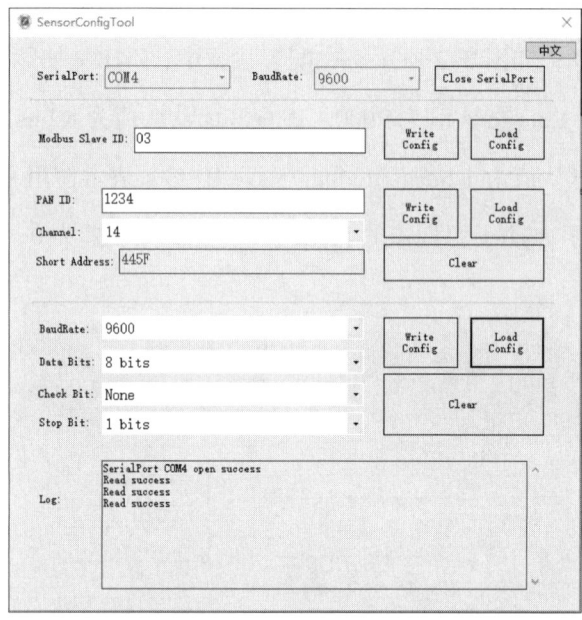

图 3-3  ZigBee 终端节点配置

图 3-4  串口调试助手

## 二、WLAN 联调

目前 TCP/IP 网络之间，全部是通过路由器连接起来的，因特网（Internet）就是成千上万个 IP 子网通过路由器连接起来的国际性网络。这种网络称为以路由器为基础的网络，并形成了以路由器为节点的网间网。在网间网中，路由器不仅负责对 IP 分组的转发，还要负责与别的路由器进行联络，共同确定网间网的路由选择和路由表的维护。路由器为每个端口分配 IP 地址，例如，某路由器连接着三个 C 类网络（192.168.1.0、192.168.2.0、192.168.3.0），则需要三个接口。

以一台 PC、一部手机入网、一台无线路由器组建局域网并连接外网为例。PC 在网络中同时扮演接入点和站点角色，即 PC 通过无线路由器连接外网，同时将 PC（操作系统为 Windows 10）设置成热点为手机提供连接外网的功能。实验环境如图 3-5 所示。

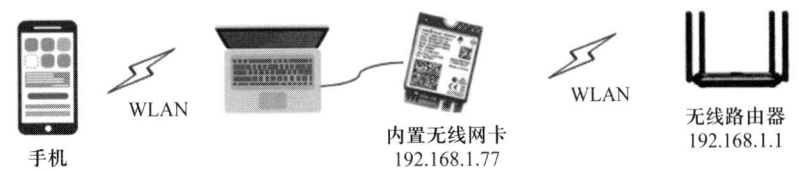

图 3-5　Wi-Fi 网络实验环境

### （一）联网设置

路由器连接外网需要完成联网设置，联网方式可以选择宽带拨号、动态 IP 或静态 IP。

宽带拨号上网（又称为 PPPoE 上网）是指 PC 或路由器使用通信运营商提供的宽带账号密码拨号上网。如果使用路由器连接外网，需将宽带线连接到路由器的 WAN 口，并输入宽带运营商提供的账号和密码。根据入户线路的不同，宽带可以分为电话线、光纤和网线三种接入方式，不同宽带接入方式的设置略有不同。动态 IP 是指 IP 地址由上一级设备动态分配，只要上一级设备可以连接外网，则路由器也能连接外网。静态 IP 是指 IP 地址由用户自行设置，设置内容包括 IP 地址、子网掩码、默认网关、首选 DNS 和备用 DNS。

以某无线路由器为例，读者可自行根据实际无线路由器型号完成联网设置。可在

"上网设置"界面设置为动态 IP 地址,也可以设置其静态 IP,不确定 IP 地址范围时建议先将其设置为动态 IP 地址,并参考上一级设备所分配的地址,再设置静态 IP 地址的参数。如图 3-6 所示,设置为动态 IP 地址后可在"系统信息"处查看到上一级设备所分配的地址(如 WAN IP 为 192.168.67.125,默认网关为 192.168.67.254,首选 DNS 为 192.168.30.5,备用 DNS 为 192.168.30.4),可以将这些信息作为静态 IP 配置的参考数据。

a)动态IP地址配置信息　　　　　　　　　b)静态IP地址配置信息

图 3-6　路由器联网设置

## (二)WLAN 设置

WLAN 是一种以无线通信为传输方式的局域网,它以微波、激光与红外线等无线电波作为传输介质,部分或全部代替传统局域网中的有线传输介质,实现了移动计算机网络中移动节点的物理层与数据链路层功能,并为移动计算机网络提供了物理接口。WLAN 按传输技术分为红外线局域网、扩频无线局域网和正交频分多路复用(orthogonal frequency division multiplexing,OFDM)局域网。扩频无线局域网的数据传输有两种基本技术:跳频扩频与直接序列扩频。跳频扩频使用的是免申请的扩频无线电频率,包括 902 ~ 928 MHz(915 MHz 频带)、2.4 ~ 2.485 GHz(2.4 GHz 频带)、5.725 ~ 5.825 GHz(5.8 GHz 频带)三个频带。直接序列扩频使用工业、科学与医药专用的 2.4 GHz 频段。因此,在对无线路由器设置无线网络时一般选用 2.4 GHz 频段,同时建议选择 WPA/WPA2-PSK 混合加密方式,并设置无线密码以提高安全性,如图 3-7a 所示。目前 WLAN 广泛使用的标准是 IEEE 802.11 协议。已经发布的 IEEE 802.11 系列的标准包括:IEEE 802.11、IEEE 802.11a、IEEE 802.11b、IEEE 802.11g、IEEE 802.11n、

IEEE 802.11i、IEEE 802.11ac、IEEE 802.11ax。2.4 GHz 网络划分为 14 个信道，每个信道的带宽为 20～22 MHz。在设置 WLAN 时可自选网络模式、无线信道、无线频宽，如图 3-7b 所示。

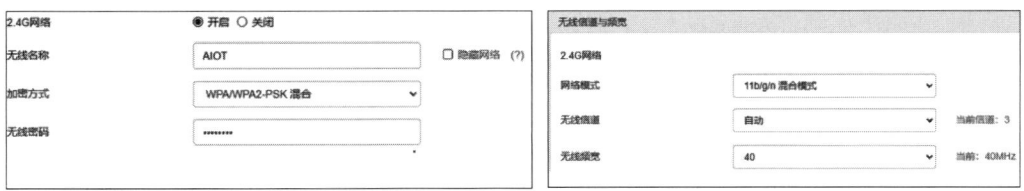

a) 无线名称和密码设置　　　　　　　b) 网络模式、无线信道、无线频宽设置

图 3-7　WLAN 设置

WLAN 内的接入点和若干移动主机都需分配 IP 地址，用于标识主机。WLAN 的一般结构如图 3-8 所示，是由一个访问接入点和若干移动主机组成一个基本服务集，多个基本服务集组成一个扩展服务集。其中，接入点一般通过有线方式与后端网络或 Internet 互联，如将无线路由器的 WAN 口接入上一级设备或信息插座。

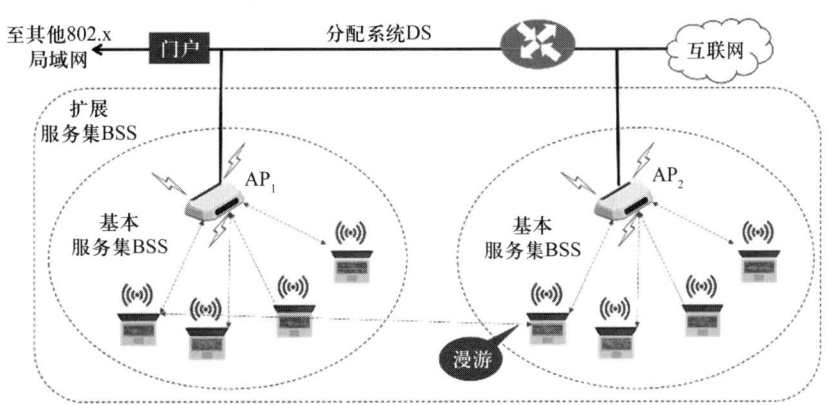

图 3-8　WLAN 的一般结构

同一个基本服务集的接入点和移动主机 IP 地址应设置为同一网段。在无线路由器局域网参数设置界面约定接入点和其他终端（无线路由器的局域网参数配置不局限于移动主机，还包括使用有线介质接入路由器的所有终端设备）的 IP 范围，即起始 IP 到结束 IP 中的所有地址为终端的 IP 地址范围。一般会将无线路由器的 IP 地址设为 192.168.1.1，此时，无线路由器充当网关角色，如图 3-9 所示。

图 3-9 局域网参数设置

WLAN 设置完成后，通过设置 PC 的 WLAN 可使 PC 终端接入 WLAN，同时，可通过 "ping 无线路由器 IP 地址"命令测试其连通性。

（三）移动热点配置

Windows 10 操作系统提供了"移动热点"功能，可在"设置—移动热点"将 PC 设置为移动热点，与手机等其他终端组成 WLAN。设置时需约定网络名称、网络密码，如图 3-10 所示。

图 3-10 Windows 10 操作系统移动热点设置

在手机端寻找名称为 MyAP 的无线网络，并输入密码即可与 PC 组成 WLAN，此时 PC 将存在至少两个 IP 地址，并分别扮演接入点和站点角色。当 PC 为站点时，无线路由器则为WLAN中的接入点,为PC分配IP地址,PC的IP地址为192.168.1.$X$;当PC为接入点时,PC充当无线路由器为手机分配IP地址,PC的IP地址为192.168.$X$.1。

# 第二节　有线网络设备调试

本节介绍了以太网与Modbus通信协议的基本概念,通过案例讲解了PC以太网口与物联网中心网关以太网口的调试,说明了以太网口的调试方法,并利用示例说明RS-485从节点单机调试与RS-485主节点数据获取的操作原理与步骤。

**考核知识点及能力要求:**

- 了解以太网的工作原理。
- 了解RS-485主从节点设备的工作原理。
- 掌握PC以太网口的调试方法。
- 掌握物联网中心网关以太网口的调试方法。
- 掌握RS-485主从节点通信的配置步骤。

## 一、以太网节点设备联调

以太网的原意为"无所不在的网络"。它的核心技术是共享总线的介质访问控制方法,即载波侦听多路访问/冲突检测(carrier sense multiple access/collision detection,CSMS/CD),用于解决多个节点共享总线的随机访问问题。1982年发布了IEEE 802.3协议,成为现在以太网的通用协议。除此以外,与以太网相关的协议还有IEEE 802.1、

IEEE 802.2、IEEE 802.3、IEEE 802.4、IEEE 802.5。IEEE 802.3 系列协议包括 IEEE 802.3、IEEE 802.3u、IEEE 802.3i、IEEE 802.3z、IEEE 802.3ae 等。

快速以太网是指数据率为 100 Mbit/s 的以太网，在 1995 年正式批准快速以太网协议为 IEEE 802.3u，即 100 Base-T 协议。100 Base-T 协议支持多种传输介质，包括 100 Base-TX、100 Base-T4、100 Base-FX。100 Base-TX 协议使用 2 对 5 类非屏蔽双绞线，采用全双工方式工作；100 Base-T4 协议使用 4 对 3 类非屏蔽双绞线，采用半双工方式工作；100 Base-FX 协议使用 2 条光纤，采用全双工方式工作。通常桌面系统采用传输率为 10 ~ 100 Mbit/s 的以太网，部门级网络系统采用传输率为 100 Mbit/s 的快速以太网，企业主网络系统采用传输率为 1 Gbit/s 的千兆级以太网。

### （一）PC 以太网口调试

目前 90% 的局域网采用以太网组网。以太网的传输速率高、组网设备价格低廉，传输链路可采用光纤、同轴电缆、铜缆双绞线等物理媒体。PC 一般配有网口，也称为 RJ-45 接口，该接口为以太网双绞线的接口。PC 机实现外网连接时，可直接将双绞线的另一端接入路由器、光猫等设备，如图 3-11 所示，将 PC 的 RJ-45 接口通过一根双绞线接至无线路由器的 LAN 口上。

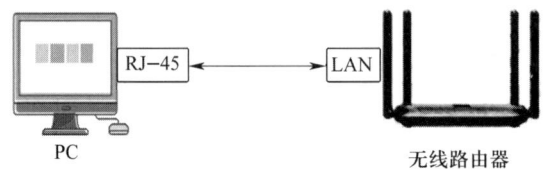

图 3-11　PC 与无线路由器连接

RJ 是 registered jack 的缩写，意思是"注册的插座"。RJ-45 连接器分为插头和插座两部分，RJ-45 插座如 PC 上的 RJ-45 接口，如图 3-12a 所示。RJ-45 插头又称水晶头，如图 3-12b 所示。RJ-45 插座支持 10 Mbit/s、100 Mbit/s、1 000 Mbit/s 三种速率。RJ-45 插头内压双绞线（常见的有五类、超五类和六类双绞线），其中，五类双绞线传输率为 100 MHz，用于语音传输和最高传输速率为 10 Mbit/s 的数据传输，如图 3-12c 所示；超五类双绞线传输率为 100 ~ 1 000 MHz，线外皮标注 "CAT5e"；六类双绞线传输率为 1 000 MHz，线外皮标注 "CAT6"。

　　a）RJ-45 接口　　　　　　　b）RJ-45 水晶头　　　　c）五类双绞线

图 3-12　RJ-45 相关接口与双绞线

　　双绞线是把两根互相绝缘的铜导线并排放在一起，用规则的方法绞合而成，绞合的目的是减少对相邻导线的电磁干扰。双绞线的制作标准主要有 T568-A、T568-B 两种。T568-A 的线序是：白绿、绿、白橙、蓝、白蓝、橙、白棕、棕；T-568B 的线序是：白橙、橙、白绿、蓝、白蓝、绿、白棕、棕。使用双绞线连接 PC 的 RJ-45 口与无线路由器的 LAN 口即可实现设备间的物理连接。一般情况下，无线路由器厂商均会提供固定域名或 IP，该 IP 为无线路由器的默认 IP 地址（有可能是 192.168.0.1 或 192.168.1.1 等类型地址）。PC 如需连接外网，应将以太网的 IP 地址设为与无线路由器同网段 IP 地址，也可将 PC 的以太网 IP 地址设置为自动获取 IP 地址，无线路由器会为其分配同网段 IP 地址。PC 上的以太网口应事先装好对应的驱动程序，如能正常使用，将出现以太网图标，如图 3-13 所示。

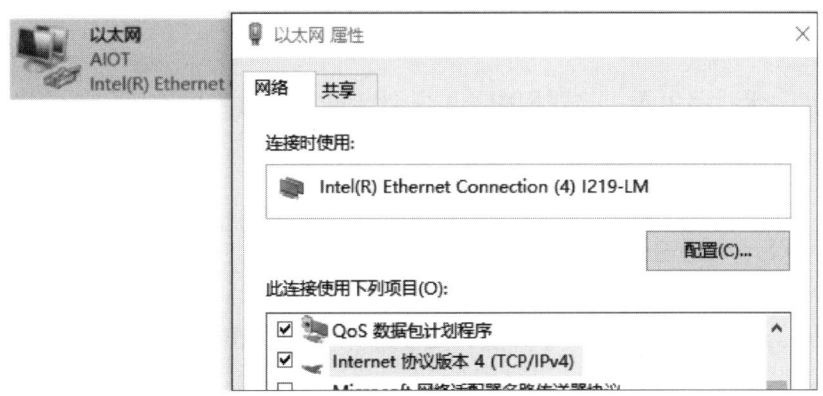

图 3-13　以太网属性

　　以太网以有线的方式实现外网连接，但其对 TCP/IPv4 的配置方法则与 WLAN 是相同的。PC 可设置静态 IP 地址，也可由无线路由器动态分配，当 PC 与无线路由器处于同网段时，使用 ping 命令可以测试网络连通性。

## （二）物联网中心网关以太网口调试

物联网中心网关作为协议转换以及传输的中心设备，应具备连接外网功能。当其与无线路由器处于同网段，且无线路由器可连接外网，则物联网中心网关也可连接外网。市面上的物联网中心网关一般会在出厂前提供默认的 IP 地址，可将其 IP 地址修改为与无线路由器同网段的 IP 地址来实现外网接入。

以某款物联网中心网关为例，该设备默认 IP 地址为 192.168.1.100，修改其 IP 地址可通过以下步骤操作：①设置 PC 的 IP 地址为 192.168.1.99，并使用双绞线连接 PC 的 RJ-45 接口与物联网中心网关的 RJ-45 接口；②登录物联网中心网关，将其 IP 地址修改为与无线路由器同网段的 IP 地址；③将 PC 的 RJ-45 接口、物联网中心网关的 RJ-45 接口一起接入无线路由器的 LAN 口；④设置 PC 为自动获得 IP 地址，登录无线路由器查看 PC 和物联网中心网关的设备状态，如图 3-14 所示。

图 3-14　无线路由器设备运行状态

当 PC、无线路由器、物联网中心网关处于同网段时，可使用 ping 命令测试其连通性，并通过域名访问物联网中心网关、无线路由器等设备。

## 二、RS-485 主从节点设备联调

Modbus 通信协议在 1979 年开发，是全球第一个真正用于工业现场的总线协议。Modbus 是一种单主多从的通信协议，即在同一段时间内总线上只能有 1 个主节点，但可以有 1 个或多个（最多 247 个）从节点。主节点是指发起通信的设备，从节点是接收请求并做出响应的设备。主节点发送的请求报文包括从节点地址、功能码、数据段以及差错检测字段；从节点的响应信息包括主节点地址、功能码、数据段和差错检测字段。

### (一) RS-485 从节点单机调试

以某款支持 Modbus 协议的传感器（RS-485 从节点）为例，使用串口调试助手，通过发送指令查看 RS-485 从节点返回的数据。该设备提供实验环境如图 3-15 所示。

RS-485 从节点（传感器）产品说明书提供了部分调试指令，具体见表 3-1。

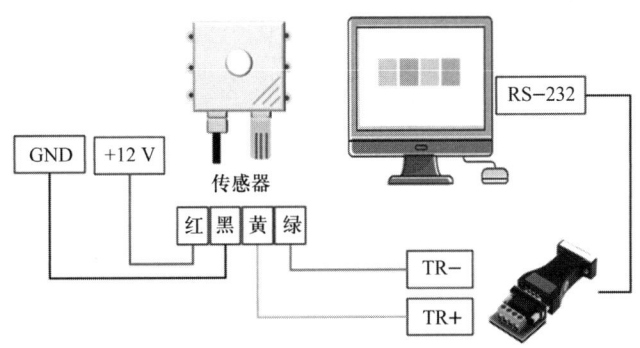

图 3-15　RS-485 从节点调试实验环境

表 3-1　　　　　　　　RS-485 从节点（传感器）产品调试指令

| 功能 | 请求指令 | 响应指令示例 | 说明 |
| --- | --- | --- | --- |
| 读取 Modbus Slave ID | 55 AA 00 00 80 0A C1 F5 | 55 AA 00 01 80 0A 00 03 01 FB | 响应指令中第 8 个字节（如 03）为 Modbus Slave ID |
| 读取噪声传感器值 | 03 04 00 65 00 01 20 37 | 03 04 02 00 35 00 E7 | 响应指令中第 4、5 字节（如 00 35）为噪声数据 |
| 读取光照度传感器值 | 03 04 00 64 00 01 71 F7 | 03 04 02 00 24 C0 EB | 响应指令中第 4、5 字节（如 00 24）为光照数据 |

参考产品说明书，通过向传感器发送十六进制指令查看 RS-485 从节点的 ID、传感器的状态，具体操作步骤如下：①发送"55 AA 00 00 80 0A C1 F5"指令，查看 RS-485 从节点的 Modbus Slave ID，响应指令为"55 AA 00 01 80 0A 00 03 01 FB"，其中"03"为 Modbus Slave ID，"01 FB"为 CRC16 校验和；②发送"03 04 00 65 00 01 20 37"指令，查看 RS-485 从节点噪声传感器值，响应指令为"03 04 02 00 35 00 E7"，其中"00 35"为噪声传感器值十六进制值，转换成十进制值为 53；③发送"03 04 00 64 00 01 71 F7"指令，查看 RS-485 从节点光照度传感器值，响应指令为"03 04

02 00 24 C0 EB",其中"00 24"为光照度传感器值十六进制值,转换成十进制值为 36。

### (二)RS-485 主节点数据获取

Modbus 通信协议在不同的物理链路上的消息帧是不同的,以串行链路上的 Modbus 消息帧为例,它包括 ASCII 和 RTU 两种模式的消息帧。Modbus 主设备发送的报文中需指明从设备的地址、功能码、数据段以及差错检测字段。功能码用于告知被选中的从设备要执行何种功能。Modbus 功能码可分为位操作与字操作两种类型。部分常用的 Modbus 功能码见表 3-2。

表 3-2　　　　　　　部分常用的 Modbus 功能码

| 代码 | 功能码名称 | 位/字操作 | 操作数量 |
| --- | --- | --- | --- |
| 01 | 读线圈状态 | 位操作 | 单个或多个 |
| 02 | 读离散输入状态 | 位操作 | 单个或多个 |
| 03 | 读保持寄存器 | 字操作 | 单个或多个 |
| 04 | 读输入寄存器 | 字操作 | 单个或多个 |
| 05 | 写单个线圈 | 位操作 | 单个 |
| 06 | 写单个保持寄存器 | 字操作 | 单个 |
| 15 | 写多个线圈 | 位操作 | 多个 |
| 16 | 写多个保持寄存器 | 字操作 | 多个 |

以某款支持 Modbus 协议的传感器(RS-485 从节点)与物联网中心网关(RS-485 主节点)之间通信为例,在 RS-485 主节点数据监测界面查看 RS-485 从节点返回数据。该设备提供实验环境如图 3-16 所示。

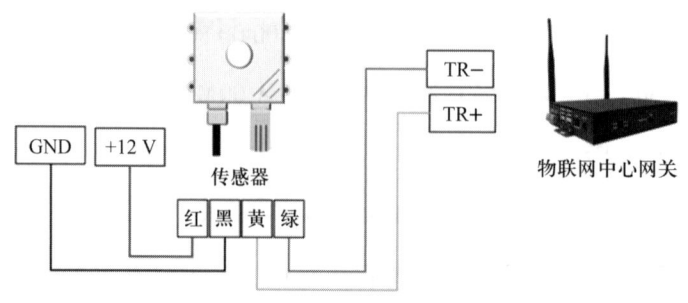

图 3-16　RS-485 主从节点调试实验环境

RS-485 从节点（传感器）产品说明书提供了部分寄存器地址等参数信息，具体见表 3-3。

表 3-3　　　　　　　　　RS-485 从节点（传感器）产品参数信息

| 传感器名称 | 功能码 | 寄存器地址 | 单位 |
| --- | --- | --- | --- |
| 噪声传感器 | 04 | 0x0065 | dB |
| 光照度传感器 | 04 | 0x0064 | lux |

该款物联网中心网关提供串口连接器，物联网通过 RS-232 或 RS-485 或串口服务器可连接到物联网中心网关，连接器下可挂载 RS-485 从节点，具体配置见表 3-4，其中"从机地址"即为 RS-485 从节点地址。

表 3-4　　　　　　　　　　　物联网中心网关配置表

| 连接器名称 | 连接器设备类型 | 设备接入方式 | 波特率 | 串口名称 | 采集间隔 |
| --- | --- | --- | --- | --- | --- |
| 二合一传感器 | MODBUS-RTU SERVER | 串口接入 | 9 600 | /dev/ttyS3 | 3 s |
| 一级设备 | 一级参数 | 一级设备 | 一级参数 | | |
| 噪声传感器 | 传感名称：噪声传感器<br>标识名称：noise<br>传感类型：modbus rtu 传感器<br>从机地址：03<br>功能号：04（输入寄存器）<br>起始地址：0065<br>数据长度：0001<br>采样公式：无<br>设备单位：dB | 光照度传感器 | 传感名称：光照度传感器<br>标识名称：light<br>传感类型：modbus rtu 传感器<br>从机地址：03<br>功能号：04（输入寄存器）<br>起始地址：0064<br>数据长度：0001<br>采样公式：无<br>设备单位：lux | | |

正确配置物联网中心网关（RS-485 主节点）后，将在数据监控界面看到 RS-485 从节点（传感器）的值，如图 3-17 所示。

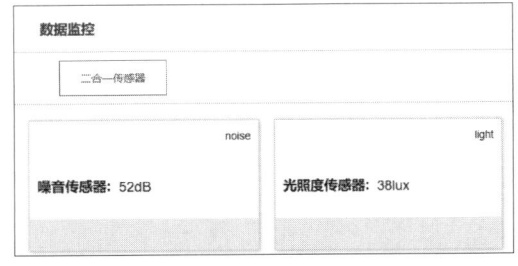

图 3-17　物联网中心网关数据监控界面

## 思考题

1. IPv4 与 IPv6 的区别是什么?

2. 当手机等移动终端加入 WLAN 后,如何查看信道?

3. 请列举无线路由器的其他功能。

4. 请列举 Modbus 功能码为 02 的实际应用?

5. 请列举 Modbus 通信协议的版本有哪些?

6. 当 PC 同时提供 RJ-45 接口网卡和内置无线网卡时,两个网卡能否接入同个局域网?

# 第二篇
# 物联网系统部署

提及服务器操作系统，多数人都会想到 Linux 操作系统与 Windows 操作系统。作为主流的服务器操作系统，在操作系统上安装应用尤为重要。使用数据库存储数据可为大数据提供数据基础。数据库管理系统分为关系型数据库与非关系型数据库，其中，关系型数据库管理软件（如 MySQL）、非关系型数据库管理软件（如 Redis）都是较为常见的数据库管理软件。对数据库的操作包括增、删、改、查、编写脚本、执行脚本。

# 第四章
# 系统服务器搭建

服务器操作系统一般是指安装在大型服务器上的操作系统，是企业IT系统的基础架构平台，可以实现对电脑硬件与软件的直接控制和管理。目前的服务器操作系统分为4大派系：Windows Server、Netware、UNIX和Linux。本节主要介绍Windows Server和Linux操作系统版本中的Ubuntu操作系统的安装。系统服务器搭建属于项目实施阶段。

- **职业功能：** 物联网系统部署。
- **工作内容：** 系统服务器搭建。
- **专业能力要求：** 能根据系统环境要求，完成服务器操作系统的安装与设置；能根据网络拓扑要求，完成网络地址规划与配置；能根据系统环境要求，完成软件运行环境的安装配置；能根据系统安全要求，配置系统的网络安全策略。
- **相关知识要求：** 网络地址规划与配置知识，网络安全策略知识，软件安装知识。

# 第一节 服务器操作系统安装与配置

本节介绍了服务器操作系统的基本概念，通过案例讲解了如何使用第三方软件安装 Windows Server 操作系统，说明了 Windows Server 操作系统 IP 地址的配置方法，又利用案例说明了安装 Ubuntu 操作系统的方法，并介绍了 IP 地址的配置方法。

**考核知识点及能力要求：**

- 了解 Windows Server 与 Ubuntu 操作系统的工作原理。
- 掌握 Windows server 和 Ubuntu 操作系统的安装方法。
- 掌握 Windows serve 和 Ubuntu 操作系统 IP 地址的配置方法。

## 一、Windows Server 操作系统安装与 IP 地址配置

操作系统是计算机中最基本、最重要的基础性系统软件，为用户提供各种服务、登录的界面或接口，也是各个模块和单元之间的联系者。操作系统分为：类 UNIX 操作系统（如 Linux、MacOS、Android、iOS）、非 UNIX 操作系统（如 Windows、Symbian）。Windows 操作系统在日常生活中最为常见。Windows Server 操作系统可以使用制作启动盘工具，搭配一个 8 Gibyte 大小的 U 盘即可轻松完成操作系统的安装或备份。操作系统安装后建议配置 IP 地址，既可完成系统补丁的安装，也可完成硬件驱动程序的安装。

### （一）使用启动盘安装 Windows Server 操作系统

安装操作系统一般按"制作系统盘—安装操作系统—系统配置"三步进行。制作系统盘一般分为光盘刻录与 U 盘制作，光盘刻录需要有光驱，现在市场上的电脑并非

都配有光驱,而U盘制作则只需要一个容量8 Gibyte的U盘。使用U盘安装系统可参考如下步骤:①设置BIOS,将第一启动盘设置为U盘;②准备一个至少8 Gibyte的空白U盘,将U盘制作成启动盘;③进入启动盘系统,选择要安装的系统文件,ghost、iso文件等;④在系统安装过程中,输入产品密钥、用户密码等信息;⑤系统安装成功后,使用第三方软件安装硬件驱动程序。

BIOS和统一可扩展固件接口(unified extensible firmware interface,UEFI)的最主要的功能是初始化硬件和提供硬件的软件抽象。传统的BIOS运行流程为"开机—BIOS初始化—BIOS自检—引导操作系统—进入操作系统";UEFI运行流程为"开机—UEFI初始化—引导操作系统—进入操作系统"。

以BIOS为例,可以通过修改相关设置来调整硬件的工作方式和参数,如:将U盘设置为启动盘。在BIOS中将U盘设为第一启动盘,如图4-1所示,Boot Priority Order即启动优先顺序,第一条USB FDD即可将U盘设置为第一启动盘。各厂商PC进入BIOS的快捷键各有不同,BIOS的布局也不相同。

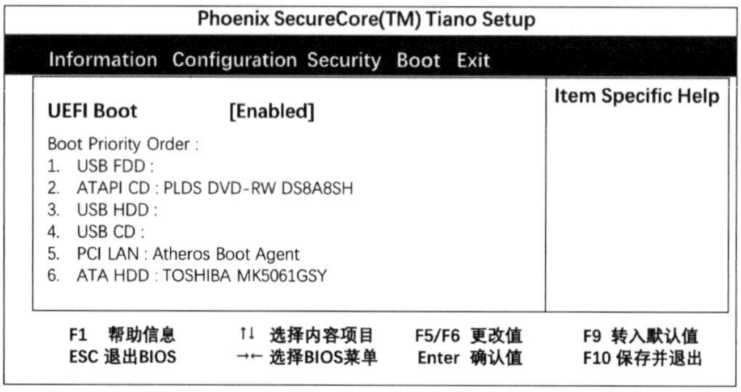

图4-1 BIOS中设置启动盘

## (二)IP地址配置

TCP/IP配置是网络连接配置中最主要的部分。TCP/IP协议栈包括大量的服务和工具,便于管理员应用、管理和调试TCP/IP协议。Windows Server操作系统提供图形化管理界面用于配置,配置项包括IP地址、子网掩码、默认网关、DNS服务器等。设置IP地址和子网掩码后,主机就可与同网段的其他主机进行通信,若与不同网段的主机进行通信还需设置默认网关地址。一般局域网内的网关地址为路由器的IP地址,PC通过路由器连接网络时，可将 DNS 配置为路由器 IP 地址，或 8.8.8.8 与 114.114.114.114 通过服务器管理器或者控制面板打开要设置 TCP/IP 的网络连接的属性设置窗口。可从列表中选择"Internet 协议版本 4（TCP/IPv4）"或"Internet 协议版本 6（TCP/IPv6）"（这两个组件分别用于配置 IPv4 和 IPv6）。PC 的 IP 地址可以选择"自动获得 IP 地址"，如图 4-2a 所示，也可选择"使用下面的 IP 地址"，手动设置 PC 的 IP 地址。自动获得 IP 地址要求上一级设备应具备 DHCP 功能，一般为路由器。单个网络适配器可分配多个 IP 地址，即多重逻辑地址。最常见的是 PC 在 Internet 上用作服务器，让每个 Web 站点都有自己的 IP 地址，这是一种典型的虚拟主机解决方案，如图 4-2b 所示。

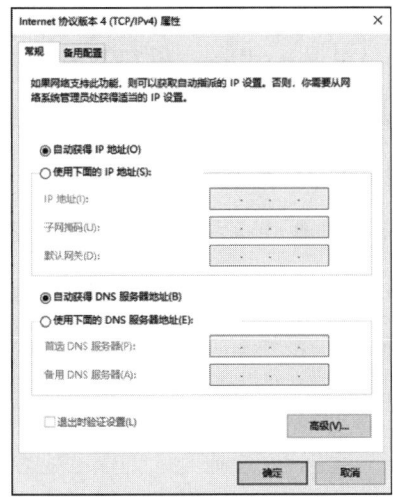 

a) 自动获得IP地址　　　　　　　　　　b) 多个IP地址

图 4-2　IP 地址配置

## 二、Ubuntu 操作系统安装与 IP 地址配置

Linux 操作系统具有软件自由、良好的兼容性、良好的界面、丰富的网络功能、支持多种平台的特点，Ubuntu 作为 Linux 操作系统中的一个版本，同时具备这些特点。获取 Ubuntu 操作系统最直接的方法就是从网络上下载，许多站点都提供该操作系统及其相关的程序，并且绝大部分都是免费的。安装 Ubuntu 操作系统可以从本地安装，也可以从网络安装。从本地安装即安装程序保存在本地光盘或本地硬盘中；从网络安装即安装程序保存在网络服务器中并以超文本传输协议（hyper text transfer protocol，HTTP）/ 文件传输协议（file transfer protocol，FTP）/ 网络文件系统（network file system，NFS）协议提供安装。安装过程可以是手动安装，也可以是自动安装。手动安装即在安装过程逐一回答安装程序所提出的问题；自动安装即以应答文件自动回答安装程序所提出的问题。操作系统安装完成后建议先设置 IP 地址使其连上外网，以便操作系统、组件更新或在线安装 PC 硬件的驱动程序。

（一）使用虚拟机安装 Ubuntu 操作系统

软件虚拟化就是利用软件技术，在现有的物理平台上实现对物理平台访问的截获和模拟，分为完全虚拟机、硬件辅助虚拟化、部分虚拟化和操作系统层虚拟化。常用的硬件辅助虚拟化软件有 VMware、VirtualBox 等。VirtualBox 为开源虚拟机软件，可直接在官网上下载，其正式名称为 Oracle VM VirtualBox，可在 Windows、Linux、Macintosh 和 Solaris 操作系统主机上运行。VirtualBox 的安装步骤较为简单，只需选择"下一步"，并默认安装 Oracle Corporation 通用串行总线控制器即可。

在 VirtualBox 虚拟机上安装操作系统，需先"新建虚拟电脑"，即设置虚拟电脑的名称、文件夹、类型、版本，如图 4-3a 所示，并指明分配给虚拟电脑的内存大小、硬盘大小等。如使用 iso 镜像文件安装操作系统还应"设置存储介质"，如图 4-3b 所示，该操作等同于将光盘放入光驱。

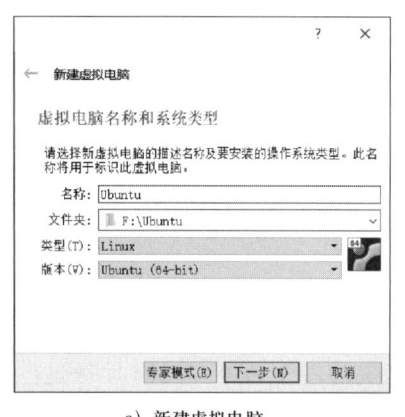
a）新建虚拟电脑

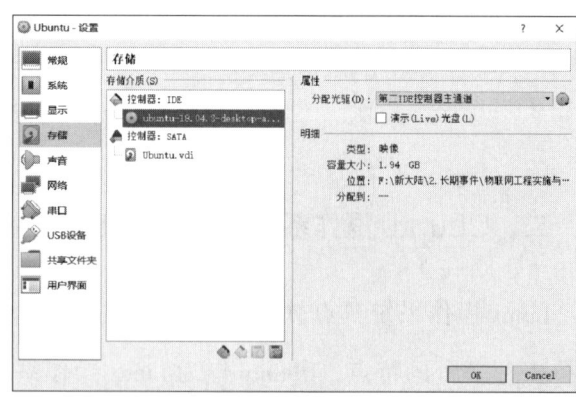
b）设置存储介质

图 4-3　虚拟电脑的创建

各个版本的 Linux 操作系统安装方法不尽相同。以 Ubuntu 18.04 版本的操作系统为例，在安装过程中需设置区域、用户名、密码等，有些安装文件可以不安装操作系统而直接使用操作系统，如图 4-4a 所示，可以选择"Try Ubuntu"选项直接进入 Ubuntu 18.04 操作系统的 GNOME 桌面。并非所有操作系统安装都是图形化选择的，也有命令行安装方法。有的 Linux 操作系统较为复杂，如 Red Hat Enterprise Linux 8，在安装过程中要求选择语言、键盘、时间和日期、安装源、软件、安装目的地等。特别需要强调的是，安装目的地配置即进行磁盘分区，如图 4-4b 所示。

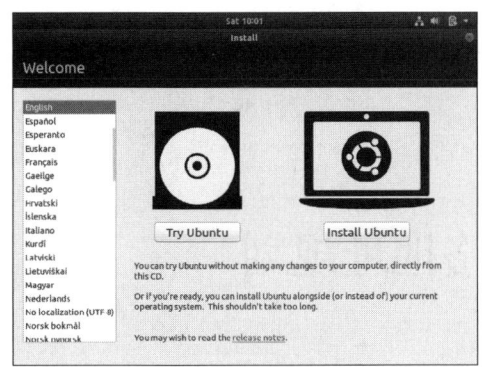
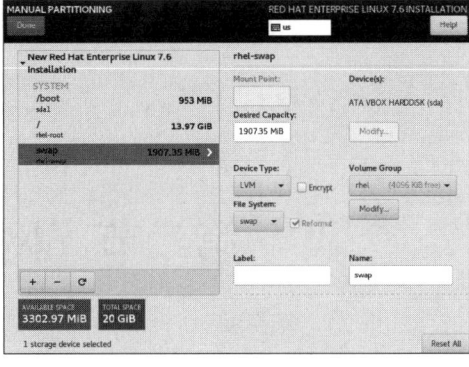

a）安装盘欢迎界面　　　　　　　　　　　b）磁盘分区

图 4-4　Ubuntu 操作系统安装

## （二）IP 地址配置

Ubuntu 操作系统的配置一般可通过 ifconfig 命令、编辑网卡配置文件、nmtui 图形管理、操作系统提供的图形配置工具等进行，如图 4-5 所示。不论采用哪种配置方式，都建议重启服务或操作系统。

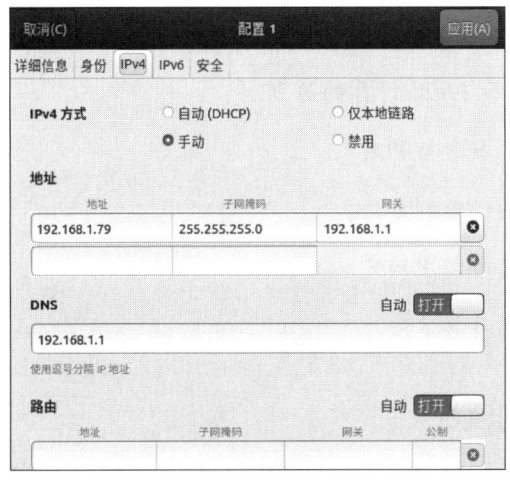

图 4-5　Ubuntu 操作系统提供的图形配置工具

配置文件因操作系统版本不同使得路径不同、文件名也不同。以 Ubuntu 18.04 操作系统为例，其网卡配置文件为 /etc/network/interfaces；而 Red Hat Enterprise Linux 7 操作系统网卡配置文件为 /etc/sysconfig/network-scripts/ifcfg-ens33，其中 ens33 为网卡名称，可通过 ifconfig 命令查看网卡名称。Red Hat Enterprise Linux 7 操作系统网卡配置文件内容一般包括引导协议、IP 地址、子网掩码、网关、DNS 等。

# 第二节　网络地址规划

本节介绍了 IP 地址规划原则，包括 IP 地址的分类以及子网掩码的概念，讲解了综合布线的定义与系统构成，列举了总线形、星形与混合形网络拓扑结构的绘制，旨在让读者能够根据项目需求完成网络层次模型与子网参数的规划与设计。

**考核知识点及能力要求：**

- 了解 IP 地址的分类。
- 了解 IP 子网掩码与地址计算的原则。
- 了解综合布线的概念与构成。
- 掌握网络拓扑图的绘制方法。
- 能够依据项目任务需求确定层次模型、绘制网络拓扑图。
- 掌握子网参数的计算方法。

## 一、IP 地址规划原则

IP 地址能否合理规划决定着物联网项目能否顺利运行，因此，物联网工程项目的实施过程中需要对 IP 地址进行有效规划。IP 地址的规划需要结合网络的拓扑环境,并参照实际使用规模有效控制 IP 地址空间,以达到在合理利用各个 IP 地址的同时又能够满足未来业务拓展的目的。规划过程需遵循唯一性、可管理性、扩展性、层次性、节约性等原则。

### (一) IP 地址分类

IPv4 地址作为目前使用最为广泛的一类 IP 地址,其空间为 0.0.0.0—255.255.255.255,它采用 4 个字节进行划分,每个字节由 8 位二进制数组成,最终转换为 4 个十进制数表示。IP 地址由网络地址与主机地址组成,为了更灵活地使用 IP 地址,可将 IP 地址分为 A、B、C、D、E 五类,其对应的网络数与主机数各不相同。如图 4-6 所示,地址 192.168.1.1 的 IP 地址为 C 类地址,其前 3 个字节为网络地址,第 4 个字节为主机地址。

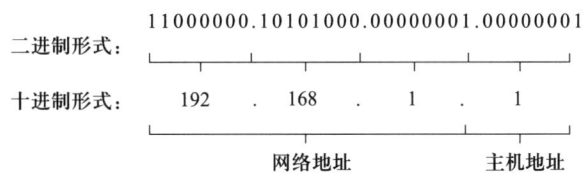

图 4-6　地址 192.168.1.1 的 IP 地址结构

**1. A 类地址**

A 类地址第 1 个字节为网络地址,后 3 个字节为主机地址,地址的二进制代码最高位应为 1,因此地址区间为 1.0.0.0—126.255.255.255(127.0.0.0—127.255.255.255 的 IP 地址为预留地址,主要用于测试)。

**2. B 类地址**

B 类地址前 2 个字节为网络地址,后 2 个字节为主机地址,地址的二进制代码最高 2 位应为 10,因此地址区间为 128.0.0.0—191.255.255.255。

**3. C 类地址**

C 类地址前 3 个字节为网络地址,后 1 个字节为主机地址,地址的二进制代码最高 3 位应为 110,因此地址区间为 192.0.0.0—223.255.255.255。

**4. D 类地址**

D 类地址不区分网络地址与主机地址,地址的二进制代码最高 4 位应为 1110,因此地址区间为224.0.0.0—239.255.255.255，主要作为组播地址。

**5. E类地址**

E类地址不区分网络地址与主机地址，地址的二进制代码最高4位应为1111，因此地址区间为240.0.0.0—255.255.255.255，主要用于科学研究。

**（二）子网掩码及地址计算**

为了灵活进行IP地址分配，需利用子网掩码进行子网划分。子网掩码采用4个字节的8位二进制数组成，用连续的1表示网络位、连续的0表示主机位。子网掩码与IP地址进行"与"运算后可以区分网络号与主机号。例如，C类地址192.168.1.77的子网掩码为255.255.255.0，则网络地址计算方式如下：①将十进制形式192.168.1.77转换为二进制形式11000000.10101000.00000001.01001101；②将十进制形式255.255.255.0也转换为二进制形式11111111.11111111.11111111.00000000；③采用按位"与"运算，计算出网络地址为11000000.10101000.00000001.00000000。

## 二、综合布线

综合布线是物联网基础设施的重要一环，其将语音、图像等多媒体设备用统一的规划布线方式进行整合，构成了完整的一套综合布线系统（包括监控系统、网络系统、多媒体系统等），适应信息化发展需求，是目前市面上通用的信息传输系统。综合布线的耗材主要包括电缆、光缆、配线设备、信息插座、连接器、主机设备、安防配线设备等。

**（一）综合布线定义**

综合布线指的是建筑物内部或建筑群内部通信的传输通道，它利用光缆、电缆等硬件材料组成布线系统，其作为一种预布线，可以将语音、数据、图像、多媒体等设备按一定秩序彼此连接而形成一个系统，进而实现内部设备与外部通信网络的连接。

**（二）综合布线的优点**

传统的布线是独立的传输媒介，参与各个子系统间的信息传递，这样会导致施工和后期维护难度大。而现有的综合布线按照国际通信标准进行部署实施，作为开放式布线系统，其优势可概括为兼容性、灵活性、先进性、经济性和可靠性。

**1. 兼容性**

适用国际通信标准的各厂商设备,支持热门厂商的通信协议。

**2. 灵活性**

所有信息点都支持多种类型终端设备连接,面对网络拓扑变化或用户需求变化无需重新规划部署,只需跳线即可。

**3. 先进性**

综合布线系统遵循国际通信标准,适应后续通信网络发展,便于扩展设备,满足10年内通信使用需求。

**4. 经济性**

规划施工简单,降低了部署人工费用的同时,也减少了后期管理人员成本。

**5. 可靠性**

采用同类型传输介质实现链路运行冗余备份,某一链路故障不影响其他链路的传输,同时还便于进行故障排查。

### (三)综合布线系统构成

综合布线系统采用开放式拓扑结构,主要由6个子系统组成:工作区子系统、水平子系统、管理子系统、垂直干线子系统、设备间子系统、建筑群子系统。

**1. 工作区子系统**

工作区主要放置终端设备,由信息插座、连接线缆以及所连接的终端设备组成。常用终端设备包括PC、电话、报警探头、摄像机、监视器、音箱等。

**2. 水平子系统**

水平子系统的功能区域从同一楼层的工作区信息插座到管理子系统的配线架,主要由工作区信息插座、楼层管理间的配线设备等组成。

**3. 管理子系统**

管理子系统主要作为垂直干线子系统和水平子系统设备的媒介,功能区域位于楼层配线的房间,由配线设备、连接器组成。

**4. 垂直干线子系统**

垂直干线子系统主要作为管理子系统和设备间子系统的媒介,由设备间子系统与管理子系统之间的布线电缆和光缆组成。

**5. 设备间子系统**

设备间主要放置综合布线支撑硬件，通常位于网络中心机房，由设备连接电缆、主机设备、安防配线设备等组成。

**6. 建筑群子系统**

建筑群子系统作为一个建筑物和另一个建筑物的媒介，由两个或两个以上的建筑物多媒体应用系统组成，主要由建筑物之间的光缆和配线设备组成。

### 三、网络拓扑图绘制

网络拓扑图将网络中各个设备间的连接情况用物理布局的方式表现出来。在网络拓扑图当中，所有设备模拟成点，通信线路模拟成线，这样可以更直观地反映出网络的层次结构。常见的网络拓扑结构包括总线形、星形和混合形等。

网络拓扑图的绘制方式主要分为软件绘制与手工绘制两种。手工绘制，顾名思义，是利用物理绘图工具进行绘制；软件绘制，即利用图标模板进行绘制，绘制软件包括Microsoft Office Visio、Microsoft Office PowerPoint、亿图图示、迅捷画图等。

**（一）总线形网络拓扑图绘制**

总线形网络拓扑中所有节点设备均连接至同一根线缆。任何一个节点传输数据包都需通过总线传输，并且是广播式传输。以采用Microsoft Office Visio工具绘制总线形网络拓扑图为例，如图4-7a所示，图中PC图标可在拓扑绘制界面左侧"形状—计算机和显示器"中查找，连接设备可利用工具栏上方"连接线"选项查找，拖动图标四周的矩形框可调整图标大小。

**（二）星形网络拓扑图绘制**

星形网络拓扑的中央节点与各节点以星形方式连接成网，外围多节点与中央节点通过点到点的方式连接，外围节点间通信需要通过中央节点。以采用Microsoft Office Visio工具绘制星形网络拓扑图为例，如图4-7b所示，图中服务器和交换机可在左侧"形状—网络和外设"中查找，若需要对连接线颜色、粗细进行更改，可利用工具栏"箭头"选项选择连接线修改。

## （三）混合形网络拓扑图绘制

混合形网络拓扑是采用两种或者两种以上的网络拓扑结构组合起来构建成的网络拓扑。混合形网络拓扑图绘制时，首先需分析确认该网络拓扑结构分别由哪些结构组成，然后再根据各自网络拓扑的特点进行绘制。以采用 Microsoft Office Visio 工具绘制混合形网络拓扑图为例，如图 4-7c 所示，该拓扑属于"总线形—星形"的混合形网络拓扑结构，利用工具栏的"文本"选项可为设备标注型号。

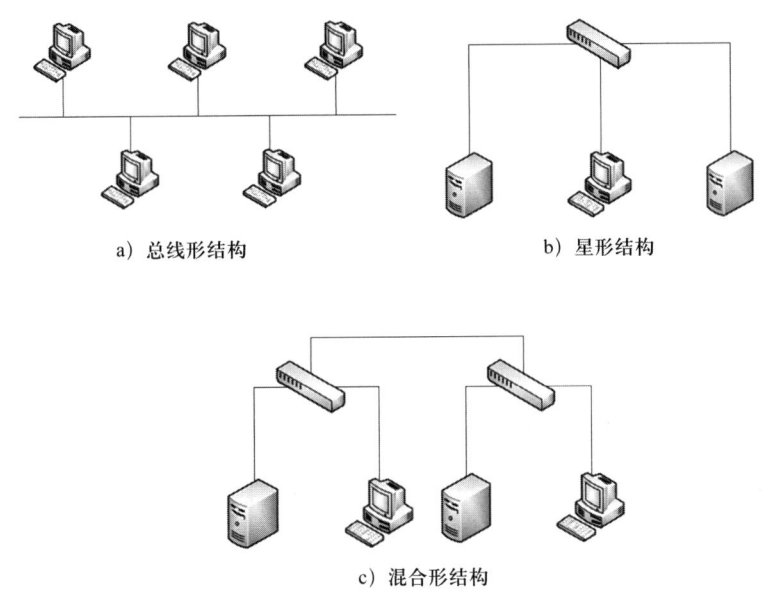

a）总线形结构　　b）星形结构

c）混合形结构

图 4-7　网络拓扑图绘制

## 四、网络地址规划示例

某学校新建两个实验室，实验室 1 与实验室 2 各有 35 台主机。要求实现两个实验室均可访问互联网，并在满足实用性的基础上适应未来扩建发展的需求。

### （一）确定层次化模型

网络拓扑结构层次通常采用分层设计，具体包括核心层、汇聚层、接入层。分层设计结构的特点是当流量从接入层到核心层时被收敛在高速链路上，但流量从核心层到接入层时被发散到低速链路上。首先根据用户需求分析判断是采用 3 层还是 2 层网络拓扑结构，并结合网络拓扑结构的特点分析采用的网络拓扑结构类型。若网络规模较大，可通过划分区域，优先设计各个区域的网络拓扑结构，最后合并形成1个完整的网络拓扑。

依据案例背景，采用2层网络拓扑结构，利用4台接入交换机作为主机接入使用。如图4-8所示，为该实验室网络拓扑图。

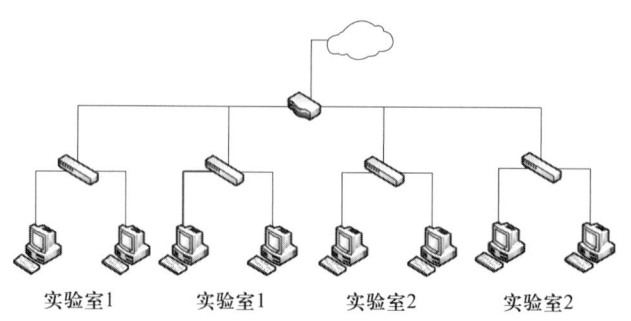

图4-8　某实验室网络拓扑图

### （二）确定并计算子网参数

根据两个实验室目前规划的主机数量（各35台），计划划分为两个子网。考虑到未来两个子网内主机数量的扩展，采用4台24口接入交换机用于主机接入。

为了方便管理，在规划阶段设计每个实验室采用一个C类地址段，划分两个VLAN，192.168.1.0/24网段的地址空间用于实验室1建设，192.168.2.0/24网段的地址空间用于实验室2建设，并且主机地址均采用DHCP自动获取方式。

每个C类地址段拥有合法IP数量：$2^8-2=254$，所以合法IP数量远大于原计划的35台主机IP地址，满足IP地址日常使用的同时符合后期扩展需求。

实验室1的网段为192.168.1.0/24，该网段的广播地址为192.168.1.255；而实验室2的网段为192.168.2.0/24，该网段的广播地址为192.168.2.255。

# 第三节 运行环境搭建

本节介绍了 Ubuntu 与 Windows Server 操作系统下运行环境的搭建，讲解了 Ubuntu 操作系统环境下 Java 语言软件开发工具包（Java development kit，JDK）的安装，通过说明 Windows Server 操作系统环境下 .NET Framework 与 Internet 信息服务（Internet information server，IIS）的安装，使读者能够根据具体操作系统需求完成基础运行环境的搭建。

**考核知识点及能力要求：**

- 了解 JDK 的概念与功能。
- 了解 .NET Framework 的概念与功能。
- 了解 IIS 的概念与功能。
- 掌握 Ubuntu 操作系统环境下 JDK 的安装方法。
- 能够依据 Ubuntu 操作系统版本完成 JDK 环境变量配置。
- 掌握 Windows Server 操作系统环境下 .NET Framework 的安装方法。
- 掌握 Windows Server 操作系统环境下 IIS 的安装及配置方法。

## 一、Ubuntu 操作系统环境下的 JDK 安装及环境变量配置

JDK 是整个 Java 的核心，包括 Java 运行环境（Java runtime environment，JRE）、Java 工具和 Java 基础的类库等。Java 应用服务器其实质都内置了某个版本的 JDK。JRE 相当于 Java 虚拟机（Java virtual machine，JVM）+ 解释器 +Java 核心类库，如果想

要运行一个开发好的 Java 程序，只需在 PC 中安装 JRE 即可。OpenJDK 是在 2006 年末开发的项目，使用的是开源的 FreeType。OpenJDK 在性能、功能和执行逻辑基本上和官方的 Oracle JDK 是一致的。

**（一）JDK 安装**

以"在 Ubuntu 18.04 操作系统下，使用 apt 命令安装 Open–JDK 11"为例介绍 JDK 的安装方法，可参考以下步骤，如图 4-9 所示：①使用"sudo apt update"命令列出所有可更新的软件清单；②使用"sudo apt search openjdk–11–jdk–headless"命令搜索 Open–JDK；③使用"sudo apt install openjdk–11–jdk–headless"命令安装 Open–JDK；④使用"java –version"命令查看 Open–JDK 版本号。

图 4-9  使用 apt 安装 Open–JDK 11

**（二）JDK 环境变量配置**

/etc/profile 文件为 Ubuntu 操作系统的全局环境变量配置文件，适用于所有的 shell。登录 Ubuntu 操作系统时，首先启动 /etc/profile 文件，再启动用户目录下的 ~ /.bash_profile、~ /.bash_login 或 ~ /.profile 文件中的一个，执行的顺序和上面的排序一样。安装完 Open–JDK 后，建议在 /etc/profile 文件中配置 JAVA_HOME、CLASSPATH、PATH 3 个环境变量。

以"在 Ubuntu 18.04 操作系统下配置 Open–JDK 11"为例介绍 JDK 环境变量配置方法，可参考以下步骤，如图 4-10 所示：

➢ 使用"sudo which java"命令查看 Java 命令的位置。

➢ 使用"ls –l /usr/bin/java"命令查看 Java 镜像文件位置。

➢ 使用"ls –l /etc/alternatives/java"命令查看 JDK 目录路径。

➢ 使用"ls –l /usr/lib/jvm/java–11–openjdk–amd64"命令查看 JDK 目录结构。

➢ 使用"sudo vim /etc/profile"命令编辑 /etc/profile 全局环境变量配置文件，在配置文件最后添加以下命令：

```
export JAVA_HOME=/usr/lib/jvm/java-11-openjdk-amd64
export CLASSPATH=$JAVA_HOME/lib: $CLASSPATH
export PATH=$JAVA_HOME/bin: $PATH
```

➢ 保存并关闭配置文件后使用"source /etc/profile"命令更新配置。

➢ 使用"java –version"命令查看 Open–JDK 版本号。

如果全局环境变量配置文件修改出错，可先输入"export PATH=/bin:/usr/local/sbin:/usr/local/bin:/sbin:/bin:/usr/sbin:/usr/bin"命令，再编辑配置文件。

```
nle@nle:~$ sudo which java
/usr/bin/java
nle@nle:~$ ls -l /usr/bin/java
lrwxrwxrwx 1 root root 22 2月  24  2021 /usr/bin/java -> /etc/alternatives/java
nle@nle:~$ ls -l /etc/alternatives/java
lrwxrwxrwx 1 root root 43 2月  24  2021 /etc/alternatives/java -> /usr/lib/jvm/java-11-openjdk-amd64/bin/java
nle@nle:~$ ls -l  /usr/lib/jvm/java-11-openjdk-amd64
总用量 24
drwxr-xr-x  2 root root 4096 10月   8 13:10 bin
drwxr-xr-x  4 root root 4096 10月   8 13:10 conf
lrwxrwxrwx  1 root root   42 1月  20  2021 docs -> ../../../share/doc/openjdk-11-jre-headless
drwxr-xr-x 73 root root 4096 2月  24  2021 legal
drwxr-xr-x  6 root root 4096 10月   8 13:10 lib
drwxr-xr-x  4 root root 4096 2月  24  2021 man
-rw-r--r--  1 root root 1178 4月  21  2021 release
nle@nle:~$ sudo vim /etc/profile
nle@nle:~$ source /etc/profile
nle@nle:~$ java -version
openjdk version "11.0.11" 2021-04-20
OpenJDK Runtime Environment (build 11.0.11+9-Ubuntu-0ubuntu2.18.04)
OpenJDK 64-Bit Server VM (build 11.0.11+9-Ubuntu-0ubuntu2.18.04, mixed mode, sharing)
```

图 4–10　JDK 环境变量配置

## 二、Windows Server 操作系统环境下 .NET Framework 安装

.NET Framework 借了 JVM 的很多概念，但其机制更优化（如它有 Java 所没有的"确定的垃圾收集器"机制）。某些版本的 Windows 操作系统上预装了特定版本的 .NET

Framework，见表 4-1。目前最新 .NET Framework 版本为 4.8，其支持的最低版本为 3.5 SP1。Windows Server 2019 操作系统默认集成了 .NET Framework 4.7 版本。

表 4-1　　　　　　　　操作系统预安装的 .NET Framework 版本

| 随 OS 预安装的 .NET Framework 版本 | 操作系统版本 |
| --- | --- |
| .NET Framework 4.8 | Windows 11（版本 21H2）、Windows 10（版本 21H1、20H2、2004、1909、1903）、Windows Server 2022 |
| .NET Framework 4.7.2 | Windows 10（版本 1809、1803）、Windows Server 2019、Windows Server（版本 1809、1803） |
| .NET Framework 4.7.1 | Windows 10（版本 1709）、Windows Server（版本 1709） |
| .NET Framework 4.7 | Windows 10（版本 1703） |
| .NET Framework 4.6.2 | Windows 10（版本 1607）、Windows Server 2016 |
| .NET Framework 4.6.1 | Windows 10（版本 1511） |
| .NET Framework 4.6 | Windows 10（版本 1507） |

### （一）.NET Framework 版本查看

用户可以安装和运行 .NET Framework 的多个版本，当部署或开发应用时，可以使用注册表编辑器、代码查询注册表等方法查看系统安装了哪些 .NET Framework 版本。如果系统安装 .NET Framework 4.5 或更高版本，可以查看注册表编辑器"HKEY_LOCAL_MACHINE\SOFTWARE\Microsoft\NET Framework Setup\NDP\v4\Full"，注册表中的 Release REG_DWORD 值代表已安装的 .NET Framework 版本。如果缺少 Full 子项，则表示未安装 .NET Framework 4.5 或更高版本。如图 4-11 所示，Release 值为 528 040，对应的版本号为 .NET Framework 4.8。

不同版本的 .NET Framework 对应的 Release 值不同，见表 4-2。

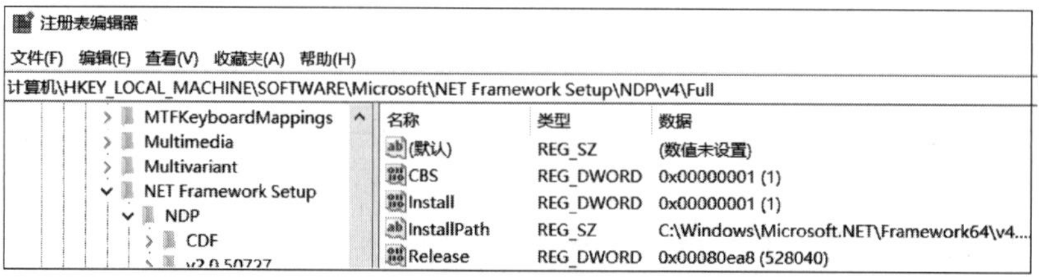

图 4-11　.NET Framework 版本查看

表 4–2　　　　　　　　.NET Framework 版本与 Release 值对应表

| .NET Framework 版本 | Release 值 | .NET Framework 版本 | Release 值 |
|---|---|---|---|
| 4.5 | 378 389 | 4.6.2 | 394 802、394 806 |
| 4.5.1 | 378 675、378 758 | 4.7 | 460 798、460 805 |
| 4.5.2 | 379 893 | 4.7.1 | 461 308、461 310 |
| 4.6 | 393 295、393 297 | 4.7.2 | 461 808、461 814 |
| 4.6.1 | 394 254、39 4271 | 4.8 | 528 040、528 372、528 449、528 049 |

**（二）.NET Framework 4.5.2 下载与安装**

官网提供各种版本的 .NET Framework 下载包括 Developer Pack 和 Runtime 版本，如果运行应用程序则选择 Runtime 版本下载，如果创建应用程序则使用 Developer Pack 版本。且官网提供了各种语言的安装包，如中文（简体）、中文（繁体）、日语等。

.NET Framework 安装较为简单，在安装过程中只需勾选"我已阅读并接受许可条款"即可自动安装。

## 三、Windows Server 操作系统环境下的 IIS 安装及配置

IIS 是微软主推的 Web 服务器产品，适用于 Windows 操作系统。很多著名网站都采用 IIS 搭建，ASP.NET 开发的程序一般也只能在 IIS 上运行。IIS 提供了一个图形界面的管理工具，称为 Internet 服务管理器，可用于监视配置和控制 Internet 服务，其中包括网站服务器、文件传输服务器、新闻组服务器和邮件服务器，分别用于网页浏览、文件传输、新闻服务和邮件发送等方面，IIS 的使用让网络（包括互联网和局域网）上的信息发布变得非常简单。同时，IIS 还提供了内网服务 API（Internet server API，ISAPI）作为扩展 Web 服务器功能的编程接口，并提供一个 Internet 数据库连接器，可以实现对数据库的查询和更新。

**（一）IIS 安装**

Windows 操作系统个人版本一般可使用"控制面板—程序—程序和功能—启动或关闭 Windows 功能"来安装 IIS，如 Windows 10 操作系统。而 Windows Server 操作系统服务器版本使用服务器管理器管理本地和远程 Windows 操作系统的服务器。

以 Windows Server 2019 操作系统为例，可直接使用"服务器管理器—仪表板"来安装 IIS。IIS 的安装需设置安装类型、服务器选择、服务器角色、功能等。需要注意的是：

➢ 安装类型选择"基于角色或基于功能的安装"。

➢ 服务器角色应确认勾选"Web 服务器（IIS）—管理工具—IIS 管理控制台"。

安装完成后可在浏览器地址栏中输入"http://localhost"查看，或在服务器管理器中查看。

### （二）IIS 设置与日志查看

IIS 安装成功后可以在浏览器地址栏输入"http://localhost"查看默认网页，可在系统搜索栏中输入"IIS"打开 IIS 管理器。

IIS 可用于发布网站，也可用于对网站做设置。IIS 日志可用于记录用户和搜索引擎蜘蛛对网站的访问行为。用户可通过 IIS 日志配置输出文件夹直接查看、复制日志文件；可以使用记事本、AWStats 工具查看日志；可以安装第三方日志采集分析工具（如 Log Parser、Logstash、Faststs Analyzer、Logs2Intrusions 等）查看日志（通过 syslog 协议）。配置日志时可设置日志格式（如 W3C、NCSA）、日志文件字段（如 date、time、sc-bytes、cs-bytes）、日志生成频率（如每小时、每天）、使用本地时间进行文件命名和滚动更新等。

某 IIS 日志如图 4-12 所示，该日志中描述了程序、版本、时间等信息。

```
#Software: Microsoft Internet Information Services 10.0
#Version: 1.0
#Date: 2021-12-02 06:59:04
#Fields: date time s-ip cs-method cs-uri-stem cs-uri-query s-port cs-username c-ip cs(User-Agent) cs(Referer) sc-status sc-substatus sc-win32-status time-taken
2021-12-02 06:59:04 ::1 GET / - 80 - ::1 Mozilla/5.0+(Windows+NT+10.0;+WOW64;+Trident/7.0;+rv:11.0)+like+Gecko - 200 0 0 1810
2021-12-02 06:59:04 ::1 GET /iisstart.png - 80 - ::1 Mozilla/5.0+(Windows+NT+10.0;+WOW64;+Trident/7.0;+rv:11.0)+like+Gecko http://localhost/ 200 0 0 108
2021-12-02 06:59:05 ::1 GET /favicon.ico - 80 - ::1 Mozilla/5.0+(Windows+NT+10.0;+WOW64;+Trident/7.0;+rv:11.0)+like+Gecko - 404 0 2 45
```

图 4-12　IIS 日志范例

该 IIS 日志记录字段见表 4-3。

sc-status 字段为 404 表示服务器找不到给定的资源。除此还有以"2""3""5"开头的值。以"2"开头表示访问成功，如 200；以"3"开头表示重定向，如 301；以

"4"开头表示客户机中出现的错误，如400；以"5"开头表示服务器中出现的错误，如500。

表 4-3　　　　　　　　　　IIS 日志记录字段

| 字段 | 含义 | 示例 |
| --- | --- | --- |
| date | 访问日期 | 2021-12-02 |
| time | 访问时间 | 06：59：05 |
| s-ip | 访问者 IP | ：：1 |
| cs-method | 访问方法，GET/POST | GET |
| cs-uri-stem | 访问哪一个文件 | /favicon.ico |
| s-port | 访问的端口 | 80 |
| cs-username | 访问者名称 | — |
| c-ip | 来源 IP | ：：1 |
| sc-status | 协议返回状态 | 404 |
| sc-substatus | 服务器传送到客户机的字节大小 | 0 |
| sc-win32-status | 客户机传送到服务器的字节大小 | 2 |

# 第四节　网络安全策略

本节介绍了常见的网管设备以及设备功能，列举了网管软件的应用类别，讲解了网络病毒的危害与对应的防护措施，并通过说明防火墙的应用策略，旨在使读者能够认识到网络安全策略应用的意义。

**考核知识点及能力要求：**

- 了解常见的网管设备。
- 了解网管软件的管理范畴。
- 了解网络病毒防护的重要性。
- 能够依据项目环境完成网管设备的选型。
- 了解防火墙的应用策略。

## 一、网管设备选择

网管设备是进行网络管理的设备，保障信息安装、加快网络运行、提高工作效率、合理应用带宽是网络管理的主要功能。由于计算机网络规模不断扩大，目前网管设备的发展趋势主要贴合人性化、科学发展化、动态灵活化。近年来的网管设备市场空前巨大，网管设备的选择需要结合具体的网络现状。网管设备是否具备安全管理、配置管理、性能管理、故障管理等功能，影响到整体网络管理设备的使用。

### （一）常见网管设备介绍

目前国内外网管设备种类繁多，形成了激烈的竞争局面。国外提供的大部分网管设备难以在国内开展，而且价格不菲，某些设备在没有本土化的同时也无法满足政企单位的操作、语言、安全性需求。国内产品更贴合本国国情，操作习惯更符合网管需求，价格也较便宜，但功能参差不齐。市场上比较有影响力的网管设备主要是具有网络管理功能的交换机、路由器。

交换机的管理功能主要是控制用户访问交换机，它以软件技术为主，硬件技术为辅，它利用原厂提供的专用管理软件对网络进行管理，具备带宽分配模块，并通过简单网络管理协议（simple network management protocol，SNMP）实现对网络设备的维护与管理。一般的网络管理交换机为了满足网络系统显示的全面性，提供图像管理界面，实现网络运行检测、故障诊断。某些网络管理交换机具有统计管理功能，其关于告警信息采集的统计具有高实时性。

路由器的管理功能主要是针对流量控制管理与数据转发管理，以及对TCP/IP应用程序数据进行访问控制。它在限制内部用户访问互联网、显示网络流量的同时，又能抵御非法用户访问局域网，实现对网络的安全与性能管理。并且网络管理路由器能够针对网络拓扑的变化，自动更新路由表，选择到达目的网段的最佳途径，而新一代的路由器使用转发缓存机制来简化转发操作，有效提高了路由器的吞吐性能。

### （二）功能选型

网管设备选型时需结合企业网络规模，分析网管设备是否能提升信息资源利用与网络效益。网管设备选型除了要考虑维护便捷、成本控制之外，还需遵循基础功能。

网管设备的基础功能需能有效对特殊软件、网站的带宽限制、杜绝无效上网行为，并保证网络正常运行。特殊软件如P2P软件、社交工具采用独特的技术架构，它们在大量占用公共带宽的同时降低了工作效率，因此限制特殊软件是首要标准。此外还需实时查看设置数据视图，针对带宽、流量动态监控的同时为参数控制提供便利。网管设备还需遵循网络管理标准，拥有可扩展性，支持网络管理软件配合使用。智能化的网管设备具备系统报表，并采用声画告警信息，可进行资源预测等。

## 二、网管软件应用

同样是随着计算机技术发展而出现的重要技术，网管设备作为硬件产品，网管软件作为产物，实现对网络资源监控与控制的自动化。由于网络系统呈现出复杂性，依靠人工的传统方式管理网络变得不合时宜，如何利用自动化、智能化的网管方式保证网络的可用性是网络管理的最大追求，因此大批量功能强大、灵活便捷的网管软件涌现了出来。一个功能完善的网管软件，一般具备标准化组织定义的五大功能，即记账管理、配置管理、安全管理、差错管理和性能管理，五大功能齐全的管理软件才能保障网络系统高效运行，快速定位异常故障，维护系统使用安全，检测设备资源状态。网络管理软件按管理范畴可分为网络管控、流量管控和网址管控三类。

### （一）网络管控

网管软件的管理对象为一个网络，全网对其进行统一管理，以期实现对网络系统中软硬件的综合协调管理，全面深入监测网络架构与工作状态，为网络系统提供真正意义上的应用层次服务。网络管控在部署前无须安装任何代理软件，它可以自动构造、维护网络系统配置并备份，实时准确监控，通过网络系统运行状态进行分析与判断，主动防御。此外还可以实时评估网络系统运行状态，实行用户认证，快速精准定位故障，并提出相应处理措施。

### （二）流量管控

流量管控底层基于服务质量（quality of service，QoS）技术，通过流量分析，根据不同应用、用户、服务等进行流量精细控制，并提供指定时间、优先级配置，保障高优先级应用带宽。它支持根据IP进行流量限速，通过对数据层的阻塞控制和队列管理达到对网络流量的管控，提高带宽资源利用率。流量管控提供流量控制策略，避免由于带宽分配不均影响业务运行，同时后台监控流量情况，建立完善的网络流量管控系统，加强对宽带输出流量的有效控制，提高流量应用效率。

### （三）网址管控

网址管控通过统一资源定位符（uniform resource locator，URL）过滤，实现特定网址过滤，并禁止访问存在风险网址。它支持定制网址访问的控制策略，加强网络管理的同时也规范上网行为，以期确保互联网行为的安全可控。它基于账户、权限、内容、时间等多维度对网址访问进行颗粒度控制，支持对不同账户人员、不同时间的网址访问权限进行管控。它旨在从根本上杜绝网络病毒、钓鱼网站等违规行为对局域网造成的危害损失，防止重要敏感信息通过网址渠道的外泄隐患，避免无关网址访问占用大量带宽，造成网络带宽资源的浪费。

## 三、网络病毒防护

与生物病毒不同的是，网络病毒是人为利用计算机软件、硬件所固有的脆弱性来编制的计算机程序代码，能够传播并引发网络安全问题。网络病毒是社会信息化所衍生的计算机网络问题，不仅危害信息安全，还威胁到个人隐私。网络病毒的传播方式包括利用附加外壳网络钓鱼、通过源代码嵌入病毒攻击、木马黑客恶意攻击等。

### （一）病毒危害

网络病毒具有较高的隐蔽性，其利用网络的薄弱环节入侵主机，并迅速传播，可造成重要数据丢失、网络瘫痪、机密数据失窃等问题。网络上数据交互频繁，使得病毒获得接触不同用户的机会，其只需简单修改指令，即可通过浏览网页、FTP文件传输等传播方式将病毒传染给用户。网络病毒若在网络当中蔓延，其后果不堪设想。

网络技术的迅猛发展也衍生了现代化的病毒危害，如垃圾信息、恶意广告、收发邮件植入木马等病毒的入侵。现代化的病毒利用欺诈类网站，远程控制终端并窃取用户账户信息，盗取钱财；利用操作系统存在的安全漏洞，窃取商业信息，获取经济利益。

### （二）病毒传染机制

不同的网络病毒危害的范围以及触发条件各不相同，现有的病毒防护技术无法有效避免病毒攻击。因此，充分了解网络病毒的传染机制，加强对网络安全的管理工作，对判断外来信息访问的安全性具有至关重要的作用。从目前的发展情况看来，网络设备中的病毒传染主要是某个载体利用硬件或者软件作为媒介将病毒传播到其他载体，分为主动传染与被动传染。

被动传染通过钓鱼网站、邮件等途径，诱导用户点击，传播蔓延病毒；或者通过移动硬盘方式，日常拷贝文件，将病毒复制到另一个载体上。

主动传染是由于系统应用自身带有漏洞，其在激活状态下主动进行病毒状态传染。

### （三）病毒防护

网络病毒不易彻底清除，其一旦通过网络途径传播，将会对数据和信息安全造成严重威胁。因此病毒防护应采用预防措施为主，使用者需要提高防范意识，完善个人操作，采取网络系统管理。病毒防护工作按以下两个方面具体展开说明：

➢ 网络系统管理：安装杀毒软件、启用防火墙实时监控、系统资料及时备份、慎用外接设备。

➢ 个人操作管理：对电子邮件、浏览器设置安全级别，判断不明链接、文件的安全性，进行密码防护设置，尽量不使用盗版软件。

## 四、防火墙应用管理与策略

防火墙作为访问控制设备，用于分隔内部网络与外部网络，并根据策略对进出的流量是否转发进行基本管理，通过防火墙策略对核心局域网进行隔离保护，形成动态防御体系，抵御恶意性的外部攻击。防火墙可以按照定义的策略进行流量控制，在避免信息泄露的同时，高效全面地保护网络运行安全。虽然网络技术已经基本在国内覆盖，但由于安全防护不到位、缺乏自我保护能力等多方原因，导致信息安全问题频繁发生。当前防火墙的构建依旧是确保网络安全的重要凭证。随着防火墙技术趋近于成熟，防火墙产品的涌现，在网络安全防护的过程中，有必要探究各类防火墙应用策略。

（一）访问控制

访问作为用户最频繁的应用环节，也是防护的核心内容。防火墙技术针对不同的用户规划和使用路径，依据网络使用情况与访问日志，切换对应的防护措施，从而提高流通过程中的通信效率。其应用访问控制机制记录运行信息，在网络信息交互时，能快速归档及划分，分析网络安全数据的性质与用途，确定是否需要限制甚至阻止访问。

（二）安全认证

防火墙通过安全认证策略防止非法用户对系统进行攻击、窜扰。作为独立于计算机网络系统的防火墙安全认证系统，可将认证技术引入安全策略中，防火墙将依据定义的规则匹配数据流实现对应用层访问控制。安全认证主要是为了管理外来用户的访问，验证访问者的身份、行为的合法性，过滤不安全访问因素，防止恶性攻击。防火墙访问认证方式主要包括本地认证、服务器认证、短信认证与单点认证，并且提供数据信息验证模块，保证数据传输过程中的完整性与安全性。应用安全认证策略，可有效阻止非法用户对网络信息的入侵，保证网络内部信息的安全，控制网络的数据来源，从而构建可控的防火墙系统。

（三）入侵检测

入侵检测是防火墙运用过程中最重要的一项功能，用于及时监测系统缺陷、软件漏洞、病毒攻击等行为，动态提升网络安全性能。入侵检测对局域网内部或互联网外部的访问权限进行统一管理，收集分析违反安全策略的行为，对安全隐患及时预警，从而降低故障发生概率。入侵检测过程中，需不定期进行自主入侵检测，不断更新检测应用，对于不合理的数据流及时截断，关注数据的集中处理。应用入侵检测策略，弥补了网络系统缺乏自我防护的缺陷，实现了多层面、全方位检测网络系统，健全了网络安全管理机制。

## 思考题

1. 将 DNS 设置为 8.8.8.8 也可以实现外网连接，这是为什么呢？

2. swap 分区的作用是什么？

3. 当执行 ifconfig 命令时提示"bash：/sbin/ifconfig：没有那个文件或目录"有可能是什么原因？

4. 140.16.121.45 是哪个类别的 IP 地址？

5. 一个 C 类地址可以分配的主机地址数是多少？

6. 将 202.100.192.0/18 地址分成 30 个子网，则子网掩码应该如何表示？

7. 在 IIS 日志中，c-ip 值为 :: 1 是指什么？

8. JRE 可以独立安装吗？

9. 如果系统已自带 .NET Framework 4.5 版本，能否再安装 .NET Framework 3.5 框架？

10. 标准化组织定义的网络管理软件包括哪些主要功能？

11. 网络病毒的传染机制包括什么？

12. 在网络安全中防火墙技术的应用策略包括什么？

# 第五章
# 系统数据存储及处理

将原始数据转换为可管理、信息丰富、可操作的数据,有助于政府、企业做出更明智的决策。最常见的数据库模型分为关系型数据库和非关系型数据库,常见的关系型数据库如 MySQL、Oracle 等,可用于存储物联网设备的地址、名称、编号、标签、规格等物联网静态数据。非关系型数据库如 Redis、HBase 等,主要用于处理带时间标签的数据,如物联网设备的类型、物联网设备状态(温度值)等物联网动态数据。

- **职业功能:** 物联网系统部署。
- **工作内容:** 系统数据存储及处理。
- **专业能力要求:** 能安装与配置关系型、非关系型数据库管理软件;能使用 SQL 语句编写关系型数据库数据控制语句等脚本;能使用 NoSQL 语句编写非关系型数据库数据控制语句等脚本。
- **相关知识要求:** 关系型数据库应用知识,非关系型数据库应用知识。

# 第一节 安装与配置关系型数据库

本节介绍了关系型数据库的MySQL数据库，讲解如何在Ubuntu操作系统下完成MySQL关系型数据库的安装，通过说明MySQL关系型数据库的基本配置，使读者能够通过Workbench软件的安装，实现MySQL关系型数据库的远程登录。

**考核知识点及能力要求：**
- 了解关系型数据库中MySQL数据库的概念。
- 掌握Ubuntu操作系统环境下的MySQL数据库安装方法及配置步骤。
- 掌握利用Workbench软件实现远程登录MySQL数据库的方法。

## 一、Ubuntu操作系统环境下的MySQL数据库安装

MySQL数据库是众多关系型数据库管理系统产品中的一个，其作为开放源码软件，可以直接从官网下载，不必支付额外的费用。其支持大型数据库，用户同时访问数量不受限。MySQL数据库优化了结构化查询语言（structured query language，SQL）算法，有效提高查询速度，称得上是目前运行速度最快的SQL语言数据库。MySQL数据库主要采用C和C++编写，支持多种编译器测试，保证了源代码的可移植性。MySQL数据库作为可以跨多平台的数据库软件，支持Windows、AIX、OS/2Wrap、Solaris、MacOS等操作系统，并通过多种编程语言（包括C、C++、Java、Perl和Python等）提供了应用程序接口。MySQL数据库作为一个单进程、多线程数据库，并充分利用中央处理器（central processing unit，CPU）资源，支持多CPU协同工作。

## （一）使用 apt 命令安装 MySQL 数据库

本书以"在 Ubuntu 18.04 操作系统下，使用 apt 命令安装 MySQL 数据库"为例。可参考以下步骤如图 5-1 所示：①使用"sudo apt update"命令列出所有可更新的软件清单；②使用"sudo apt install mysql-server"命令安装 MySQL 数据库；③使用"mysql -V"命令查看 MySQL 数据库版本号。

```
nle@nle:~$ sudo apt update
命中:1 http://security.ubuntu.com/ubuntu bionic-security InRelease
命中:2 http://cn.archive.ubuntu.com/ubuntu bionic InRelease
命中:3 http://cn.archive.ubuntu.com/ubuntu bionic-updates InRelease
命中:4 http://cn.archive.ubuntu.com/ubuntu bionic-backports InRelease
正在读取软件包列表... 完成
正在分析软件包的依赖关系树
正在读取状态信息... 完成
有 492 个软件包可以升级。请执行 'apt list --upgradable' 来查看它们。
nle@nle:~$ sudo apt install mysql-server
正在读取软件包列表... 完成
正在分析软件包的依赖关系树
正在读取状态信息... 完成
将会同时安装下列软件：
  libaio1 libevent-core-2.1-6 libhtml-template-perl mysql-client-5.7
  mysql-client-core-5.7 mysql-common mysql-server-5.7 mysql-server-core-5.7
建议安装：
  libipc-sharedcache-perl mailx tinyca
下列【新】软件包将被安装：
  libaio1 libevent-core-2.1-6 libhtml-template-perl mysql-client-5.7
  mysql-client-core-5.7 mysql-common mysql-server mysql-server-5.7
  mysql-server-core-5.7
nle@nle:~$ mysql -V
mysql  Ver 14.14 Distrib 5.7.36, for Linux (x86_64) using  EditLine wrapper
```

图 5-1　使用 apt 安装 MySQL 数据库

## （二）启动 MySQL 数据库服务

Systemd 是系统管理守护进程、工具和库的集合，用于集中管理和配置类 UNIX 操作系统。systemctl 是 Systemd 的主命令，用于管理系统。可以使用"sudo systemctl–help"命令查看 systemctl 命令的帮助。systemctl 命令格式为"systemctl［command］［unit］。"命令格式中的 command 主要有 start、stop、restart、reload、enable、disable、status、is-active、is-enable、kill、show、mask、unmask 等。unit 译为单元（即系统资源），分为 service unit、target unit、device unit、mount unit、automount unit、path unit、scope unit、slice unit、snapshot unit、socket unit、swap unit、timer unit。

如果要查看 MySQL 数据库服务状态，可以使用"sudo systemctl status mysql"命令，启动 MySQL 数据库服务则使用"sudo systemctl start mysql.service"或者"sudo systemctl enable mysql.service"命令，如图 5-2 所示。"systemctl start"与"systemctl enable"都可以用于启动服务，但前者仅当次有效，后者可以将服务设置为开始自启动。查看 MySQL 数据库服务时，当返回的 Active 值为 active（running），表示当前服务处于运行状态。MySQL 数据库配置信息一般存放于 /etc/mysql/mysql.conf.d/mysqld.cnf 文件中。

```
nle@nle:~$ sudo systemctl status mysql
● mysql.service - MySQL Community Server
    Loaded: loaded (/lib/systemd/system/mysql.service; enabled; vendor preset: en
    Active: active (running) since Tue 2021-12-07 09:15:13 CST; 26min ago
   Main PID: 4733 (mysqld)
     Tasks: 27 (limit: 2333)
    CGroup: /system.slice/mysql.service
            └─4733 /usr/sbin/mysqld --daemonize --pid-file=/run/mysqld/mysqld.pid

12月 07 09:15:12 nle systemd[1]: Starting MySQL Community Server...
12月 07 09:15:13 nle systemd[1]: Started MySQL Community Server.
nle@nle:~$ sudo systemctl start mysql.service
nle@nle:~$ sudo systemctl enable mysql.service
Synchronizing state of mysql.service with SysV service script with /lib/systemd/
systemd-sysv-install.
Executing: /lib/systemd/systemd-sysv-install enable mysql
```

图 5-2　systemctl 命令

## （三）查看 MySQL 数据库端口

netstat 命令是监控 TCP/IP 网络的工具，利用 netstat 命令可得知整个 Ubuntu 操作系统的网络情况。常用的 netstat 命令参数可见表 5-1。可使用"sudo netstat –an|grep 3306"命令查看 3306 端口如图 5-3 所示。

表 5-1　　　　　　　　　　　常用 netstat 命令参数

| 参数 | 说明 |
| --- | --- |
| –a | 显示所有选项，默认不显示 listen（监听）相关 |
| –n | 拒绝显示别名，能显示数字的全部转化为数字 |
| –e | 显示扩展信息 |
| –v | 显示命令执行过程 |
| –s | 显示网络工作信息统计表 |
| –o | 显示计时器 |
| –l | 仅列出有在 listen（监听）的服务状态 |
| –p | 显示建立相关链接的程序名 |
| –u | 仅显示 udp 相关选项 |
| –t | 仅显示 tcp 相关选项 |

```
nle@nle:~$ sudo netstat -an|grep 3306
tcp        0      0 127.0.0.1:3306          0.0.0.0:*               LISTEN
```

图 5-3 netstat 命令查看 3306 端口

命令中"grep 3306"用于过滤出端口号为 3306 的服务，MySQL 数据库安装后默认的端口号为 3306。

## 二、Ubuntu 操作系统环境下的 MySQL 数据库配置

mysql 命令用于登录 MySQL 数据库。默认情况下，MySQL 数据库用户是 root，没有设置初始密码，因此首次无法成功登录。可输入"sudo cat/etc/mysql/debian.cnf"命令查看文档中的数据库登录用户信息。通过"mysql -u 查询到的用户名 -p"命令连接到数据库，-p 表示需要输入用户密码才可登录 MySQL 数据库，此时输入查询到的 password 出现"mysql>"时表示成功登录。为了后期可以使用 root 用户进行登录，需要进行 root 用户密码设置，最后使用"quit"或"exit"命令可退出 MySQL 数据库。

MySQL 数据库下可执行数据库的常用操作，包括创建、显示、删除、修改数据库等，需要注意的是，MySQL 数据库每个命令后都需要采用"；"结尾。其中，show、describe、select 命令用于显示操作，create 命令用于用户创建数据库，delete 命令用于用户删除记录操作，若需要删除数据库以及表则使用 drop 命令。

### （一）3306 端口设置

MySQL 数据库默认端口号为 3306，可通过"sudo cat /etc/mysql/mysql.conf.d/mysqld.cnf | grep port | grep -v ^#"命令查看配置文件中的端口信息，命令中"grep port"用于过滤包含 port 单词的内容，"grep -v ^#"用于过滤以 # 开头的内容。也可以在登录 MySQL 数据库后，使用"show global variables like 'port';"命令查看 MySQL 数据库的端口号，如图 5-4 所示。

### （二）访问权限设置

MySQL 数据库默认访问权限仅支持本地用户访问，不支持远程访问，可通过 "sudo cat /etc/mysql/mysql.conf.d/mysqld.cnf|grep bind-address |grep -v ^#"命令查看配置文件中的地址绑定信息。若设置远程登录，需要对地址绑定信息进行注释。也可以在

登录 MySQL 数据库后使用"select user, host from mysql.user;"命令，查看 MySQL 数据库所有用户的权限，如图 5-5 所示。

```
nle@nle:~$ sudo cat /etc/mysql/mysql.conf.d/mysqld.cnf|grep port |grep -v ^#
port            = 3306
nle@nle:~$ mysql -u root -p
Enter password:
Welcome to the MySQL monitor.  Commands end with ; or \g.
Your MySQL connection id is 9
Server version: 5.7.36-0ubuntu0.18.04.1 (Ubuntu)

Copyright (c) 2000, 2021, Oracle and/or its affiliates.

Oracle is a registered trademark of Oracle Corporation and/or its
affiliates. Other names may be trademarks of their respective
owners.

Type 'help;' or '\h' for help. Type '\c' to clear the current input statement.

mysql> show global variables like 'port';
+---------------+-------+
| Variable_name | Value |
+---------------+-------+
| port          | 3306  |
+---------------+-------+
1 row in set (0.01 sec)
```

图 5-4　端口设置

```
nle@nle:~$ sudo cat /etc/mysql/mysql.conf.d/mysqld.cnf|grep bind-address |grep -v ^#
bind-address            = 127.0.0.1
nle@nle:~$ mysql -u root -p
Enter password:
Welcome to the MySQL monitor.  Commands end with ; or \g.
Your MySQL connection id is 11
Server version: 5.7.36-0ubuntu0.18.04.1 (Ubuntu)

Copyright (c) 2000, 2021, Oracle and/or its affiliates.

Oracle is a registered trademark of Oracle Corporation and/or its
affiliates. Other names may be trademarks of their respective
owners.

Type 'help;' or '\h' for help. Type '\c' to clear the current input statement.

mysql> select user,host from mysql.user;
+------------------+-----------+
| user             | host      |
+------------------+-----------+
| root             | %         |
| debian-sys-maint | localhost |
| mysql.session    | localhost |
| mysql.sys        | localhost |
+------------------+-----------+
4 rows in set (0.00 sec)
```

图 5-5　访问权限设置

## 三、MySQL 数据库远程登录

实现 MySQL 数据库远程登录，需确认防火墙策略是否限制 MySQL 数据库默认端口 3306。针对远程用户，存在"授权所有 IP 用户""授权单个 IP 用户"两种授权方式。输入"grant all privileges on *.* to 'root' @ '%' identified by '123456' with grant option;"

命令配置所有 IP 皆可在任意主机访问任意数据库的权限。若针对单个 IP，可将 % 替换为主机的 IP 或者主机名。还需要通过"flush privileges;"命令更新权限设置。

### （一）客户端工具安装

MySQL 数据库远程登录需利用客户端工具。以 Workbench 软件安装为例，需在官网下载 Workbench 软件的安装包，选择进入 Workbench 软件安装向导。Workbench 软件的安装步骤较为简单，只需选择"next"并默认安装即可。

### （二）客户端远程登录

利用客户端实现 MySQL 数据库的远程登录，各个版本的 Workbench 软件登录方法不尽相同。以 Workbench 8.0 版本为例，在 Workbench 软件界面新建连接，即输入连接名称、连接方式，并指定数据库地址、端口号以及用户名。特别强调的是，其中主机名填写的是 Ubuntu 操作系统的 IP 地址，而用户名填写的是数据库的用户名，在测试连接过程中需输入数据库密码，成功连接提示如图 5-6 所示。

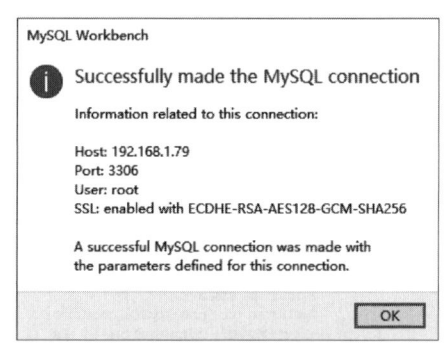

图 5-6　Workbench 软件远程登录

## 第二节　安装与配置非关系型数据库

本节介绍了非关系型数据库中的远程字典服务器（remote dictionary server，Redis）数据库，讲解如何在 Ubuntu 操作系统下完成 Redis 数据库的安装，并通过列举端口、主机地址以及日志级别的配置，使读者能够学习 Ubuntu 操作系统环境下的 Redis 数据库的基本配置。

**考核知识点及能力要求：**

- 了解非关系型数据库中 Redis 数据库的概念。
- 掌握 Ubuntu 操作系统环境下的 Redis 数据库安装与配置的步骤。

## 一、Ubuntu 操作系统环境下的 Redis 数据库的安装

Redis 是一个键值存储系统，是跨平台的非关系型数据库。Redis 数据库以字典存储数据，并允许其他应用通过 TCP 读写字典中的内容。Redis 数据库支持的键值数据类型包括字符串类型、哈希类型、列表类型、集合类型、有序集合类型、流类型。Redis 数据库中的所有数据都存储在内存中。由于内存的读写速度远快于硬盘，因此 Redis 数据库在性能上比其他基于硬盘存储的数据库有优势。Redis 数据库支持的操作系统包括 Linux、MacOS 和 BSD 等，在这些操作系统中，可以直接下载 Redis 数据库源代码并对其进行编译安装，以获得最新的稳定版本。Redis 数据库最新稳定版本的源代码可以从官方网站下载。

### （一）使用 apt 命令安装 Redis 数据库

本节以"在 Ubuntu 18.04 操作系统下，使用 apt 命令安装 Redis 数据库"为例。可参考以下步骤如图 5-7 所示：①使用"sudo apt update"命令列出所有可更新的软件清单；②使用"sudo apt search redis-server"命令搜索 Redis 数据库；③使用"sudo apt install redis-server"命令安装 Redis 数据库；④使用"redis-server -v"命令查看 Redis 数据库版本号。安装 Redis 数据库的同时，将自动安装 Redis 数据库命令行客户端程序。

### （二）启动 Redis 数据库服务

如果要查看 Redis 数据库服务状态，可以使用"sudo systemctl status redis-server"命令，启动 Redis 数据库服务则使用"sudo systemctl start redis-server"或者"sudo systemctl enable redis-server"命令，如图 5-8 所示。"systemctl start"与"systemctl enable"都可用于启动服务，但前者仅当次有效，后者可以将服务设置为开机自启动。查看 Redis 数据库服务时，当返回的 Active 值为"active（running）"，表示当前服务处于运行状态。Redis 数据库配置信息一般存放于 /etc/redis/redis.conf 文件中。

```
nle@nle:~$ sudo apt update
命中:1 http://cn.archive.ubuntu.com/ubuntu bionic InRelease
获取:2 http://security.ubuntu.com/ubuntu bionic-security InRelease [88.7 kB]
获取:3 http://cn.archive.ubuntu.com/ubuntu bionic-updates InRelease [88.7 kB]
获取:4 https://download.docker.com/linux/ubuntu bionic InRelease [64.4 kB]
nle@nle:~$ sudo apt search redis-server
正在排序... 完成
全文搜索... 完成
redis-server/bionic-updates,bionic-security 5:4.0.9-1ubuntu0.2 amd64
  Persistent key-value database with network interface
nle@nle:~$ sudo apt install redis-server
正在读取软件包列表... 完成
正在分析软件包的依赖关系树
正在读取状态信息... 完成
将会同时安装下列软件:
  libjemalloc1 redis-tools
建议安装:
  ruby-redis
下列【新】软件包将被安装:
  libjemalloc1 redis-server redis-tools
nle@nle:~$ redis-server -v
Redis server v=4.0.9 sha=00000000:0 malloc=jemalloc-3.6.0 bits=64 build=9435c3c2879311f3
```

图 5-7  使用 apt 安装 Redis 数据库

```
nle@nle:~$ sudo systemctl status redis-server
● redis-server.service - Advanced key-value store
   Loaded: loaded (/lib/systemd/system/redis-server.service; enabled; vendor preset: enabled)
   Active: active (running) since Mon 2021-12-06 11:11:50 CST; 33min ago
     Docs: http://redis.io/documentation,
           man:redis-server(1)
 Main PID: 4440 (redis-server)
    Tasks: 4 (limit: 2326)
   CGroup: /system.slice/redis-server.service
           └─4440 /usr/bin/redis-server 127.0.0.1:6379
nle@nle:~$ sudo systemctl start redis-server
nle@nle:~$ sudo systemctl enable redis-server
Synchronizing state of redis-server.service with SysV service script with /lib/systemd/systemd-sysv-install.
Executing: /lib/systemd/systemd-sysv-install enable redis-server
```

图 5-8  启动 Redis 数据库服务

### （三）查看 Redis 数据库端口

可使用"sudo netstat -nlp|grep 6379"命令查看 Redis 数据库端口如图 5-9 所示。命令中"grep 6379"用于过滤出端口号为 6379 的服务，Redis 数据库安装后默认的端口号为 6379。

```
nle@nle:~$ sudo netstat -nlp|grep 6379
tcp        0      0 127.0.0.1:6379          0.0.0.0:*               LISTEN      4440/redis-server 1
tcp6       0      0 ::1:6379                :::*                    LISTEN      4440/redis-server 1
```

图 5-9  查看 Redis 数据库端口

## 二、Ubuntu 操作系统环境下的 Redis 数据库配置

Redis 数据库命令行界面（redis command line interface，redis-cli）用于向 Redis 数据库发送命令，并从数据库接收回复。默认情况下，redis-cli 通过 127.0.0.1:6379 连接

到数据库，也可以指明其他主机名或IP地址使用–h参数、配合–p端口号访问指定的主机。输入"redis-cli –h 127.0.0.1 –p 6379"命令访问本地Redis数据库时，如果有密码的话，只需再添加"–a"参数。当客户端程序输入"ping"命令时，服务端返回"PONG"则说明客户端访问服务端成功。

redis-cli可以执行大部分的Redis数据库命令，包括查看数据库信息的info命令、更改数据库设置的config命令和强制进行内存快照的save命令等。config get命令用于查看配置信息，而config set命令则用于设置配置信息。config set命令语法为config set config_setting_name new_config_value。

**（一）6379端口设置**

Redis数据库默认端口号为6379，可通过"sudo cat /etc/redis/redis.conf |grep port| grep –v ^#"命令查看配置文件中的端口信息，命令中"grep port"用于过滤包含port单词的内容，"grep –v ^#"用于过滤掉以#开头的内容。也可以在登录Redis数据库后，使用"config get port"命令可以查看Redis数据库的端口号，如图5–10所示。

```
nle@nle:~$ sudo cat /etc/redis/redis.conf |grep port |grep -v ^#
port 6379
nle@nle:~$ sudo vim /etc/redis/redis.conf
nle@nle:~$ sudo systemctl restart redis-server
nle@nle:~$ redis-cli -h 127.0.0.1 -p 6378
127.0.0.1:6378> ping
PONG
127.0.0.1:6378> config get port
1) "port"
2) "6378"
```

图5–10　端口设置

**（二）主机地址设置**

Redis数据库默认主机地址默认为127.0.0.1，可通过"sudo cat /etc/redis/redis.conf |grep bind |grep –v ^#"命令查看配置文件中的主机信息。也可以在登录Redis数据库后，使用"config get bind"命令可以查看Redis数据库的主机地址，如图5–11所示。

**（三）日志级别设置**

Redis数据库默认日志级别为notice，除此之外还有debug、verbose、warning，notice级别适用于生产模式。用户可通过"sudo cat /etc/redis/redis.conf |grep loglevel |grep –v ^#"命令查看配置文件中的日志级别信息，Redis数据库日志默认存放于/var/log/redis/redis–

server.log 文件，可通过"sudo cat /etc/redis/redis.conf |grep logfile |grep –v ^#"命令查看。

登录 Redis 数据库后，使用"config get loglevel"命令查看日志级别。如需修改日志级别为 warning，则使用"config set loglevel warning"命令，如图 5-12 所示。

```
nle@nle:~$ sudo cat /etc/redis/redis.conf |grep bind |grep -v ^#
bind 127.0.0.1 ::1
nle@nle:~$ sudo vim /etc/redis/redis.conf
nle@nle:~$ sudo systemctl restart redis-server
nle@nle:~$ redis-cli -h 192.168.1.79 -p 6379
192.168.1.79:6379> ping
PONG
192.168.1.79:6379> config get bind
1) "bind"
2) "192.168.1.79 ::1"
```

图 5-11　主机地址设置

```
127.0.0.1:6379> config get loglevel
1) "loglevel"
2) "notice"
127.0.0.1:6379> config set loglevel warning
OK
127.0.0.1:6379> config get loglevel
1) "loglevel"
2) "warning"
```

图 5-12　日志级别设置

# 第三节　关系型数据库控制语句脚本编写

本节以 MySQL 关系型数据库为例，介绍了关系型数据库控制语句 SQL，讲解 SQL 的数据类型以及 SQL 语句的基本操作，进一步通过案例说明 MySQL 关系型数据库的脚本生成与执行步骤，使读者能够学习 Ubuntu 操作系统环境下 MySQL 关系型数据库的脚本配置。

**考核知识点及能力要求：**

- 了解 SQL 数据类型。
- 了解 SQL 语句的基本操作命令。
- 能够依据不同的任务执行不同的 SQL 语句操作。
- 能够使用 DBMS 生成 SQL 语句脚本。
- 掌握 Ubuntu 操作系统环境下的 SQL 语句脚本的执行方法。

## 一、SQL 数据类型

关系型数据库依据结构化的表格形式，数据的存储采用队列结构。由于关系型数据库的表格结构固定化，操作相互关联，因此关系型数据库稳定性、可靠性较高。而关系型数据的执行操作就需要利用 SQL 语句，用户可以通过 SQL 语句与关系型数据库进行交互。

SQL 是专为关系型数据库建设服务的操作命令集，具有非常完善的语言系统。SQL 拥有强大的信息操作和数据管理能力，能够定义不同的操作并进行执行，与绝大多数数据库相通兼容，在各种形式的数据库建设中应用广泛。SQL 数据分为 3 种基本类型：数值、日期/时间、字符串（字符）。

### （一）数值类型

SQL 支持不同数值类型数据，包括整数型、近似型、精确型。

**1. 整数型数据**

用于存储整数，保存的数据分为 bigint、int、smallint、tinyint。具体类型说明见表 5–2。

表 5–2　　　　　　　　　　　整数型分类

| 保存数据 | 数据类型 | 存储空间 | 存储数值 |
| --- | --- | --- | --- |
| 整数 | bigint | 8 字节 | $-2^{63} \sim 2^{63}-1$ |
| 整数 | int | 4 字节 | $-2^{31} \sim 2^{31}-1$ |
| 整数 | smallint | 2 字节 | $-2^{15} \sim 2^{15}-1$ |
| 整数 | tinyint | 1 字节 | $0 \sim 255$ |

## 2. 近似型数据

用于存储数值区间大、对精确度要求不高的数据，保存的数据分为 float、real。float 的精度与存储大小取决于 float(n) 中 n 的值，具体类型说明见表 5-3。

表 5-3　　　　　　　　　　　　近似型分类

| 保存数据 | 数据类型 | 存储空间 | 存储数值 |
| --- | --- | --- | --- |
| 近似数 | float［(n)］ | n>24，8 字节；n≤24，4 字节 | −1.79E+308 ~ 1.79E+308 |
| 近似数 | real() | 4 字节 | −3.40E+38 ~ 3.40E+38 |

## 3. 精确型数据

包含整数与小数部分，所有数字皆为有效位，以完整精度存储十进制数。保存的数据分为 numeric、decimal，两者功能相同，区别在于 decimal 无法用于带有 identity 关键字的列，具体类型说明见表 5-4。

表 5-4　　　　　　　　　　　　精确型分类

| 保存数据 | 数据类型 | 存储空间 | 存储数值 |
| --- | --- | --- | --- |
| 数字 | numeric(p, s) | 5 ~ 17 字节，视精确度而定 | $-10^{38}+1$ ~ $10^{38}-1$ |
| 数字 | decimal(p, s) | 5 ~ 17 字节，视精确度而定 | $-10^{38}+1$ ~ $10^{38}-1$ |

### （二）日期／时间类型

日期／时间类型用于存储日期与时间信息，包括 datetime、smalldatetime。具体类型说明见表 5-5。

表 5-5　　　　　　　　　　　　日期／时间类型

| 保存数据 | 数据类型 | 存储空间 | 存储日期范围 | 精确度 |
| --- | --- | --- | --- | --- |
| 日期／时间 | datetime | 8 字节 | 1753 年 1 月 1 日—9999 年 12 月 31 日 | 3.33 ms |
| 日期／时间 | smalldatetime | 4 字节 | 1900 年 1 月 1 日—2079 年 6 月 6 日 | 1 min |

### （三）字符串（字符）类型

字符串由任意字母、符号、数字组合而成，字符型数据用于存储字符串，包括 char、varchar、text。具体类型说明见表 5-6。

表 5-6　　　　　　　　　　　　　字符串（字符）类型

| 保存数据 | 数据类型 | 说明 |
|---|---|---|
| 固定长度非统一编码型 | char(n) | 最多 255 个字符 |
| 可变长度非统一编码型 | varchar(n) | 最多 65 535 个字符 |
| 大量非统一编码型 | text | 最多 65 535 个字符 |

## 二、SQL 语句

作为关系型数据库功能最丰富的语言，SQL 语句有语言功能一体化、高度非过程化的特点，并具有面向集合的操作方式，用户可以利用 SQL 语句定义不同操作，包括数据查询、数据定义、数据操作、数据控制、指针控制、事务处理。

### （一）数据查询

数据查询语句（data query language，DQL）用于基本检索，使用 select 字句，从指定表中查找指定数据，将查询结果存储至一个结果集中。主要采用"select < 列名称 > from < 数据表名 > where < 查询条件 >;"的语法格式。

### （二）数据定义

数据定义语句（data definition language，DDL）用于定义数据的结构，比如创建、修改和删除数据库或数据表以及各种数据库对象等，使用 create、alter 和 drop 字句。主要语法格式见表 5-7。

表 5-7　　　　　　　　　　　　　　数据定义语法

| 操作对象 | 创建 | 修改 | 删除 |
|---|---|---|---|
| 数据库 | create database < 数据库名 > | alter database < 数据库名 > | drop database < 数据库名 > |
| 模式 | create schema < 模式名 > | | drop schema < 模式名 > |
| 表 | create table < 数据表名 > | alter table < 数据表名 > | drop table < 数据表名 > |
| 视图 | create view < 视图名 > | | drop view < 视图名 > |
| 索引 | create index < 索引名 > | | drop index < 索引名 > |

### （三）数据操作

数据操作语句（data manipulation language，DML）用于修改数据表，包括插入、更新和删除记录操作，使用 insert、update 和 delete 字句。

**1. 插入数据操作**

在数据表尾部添加新的记录，主要采用"insert into < 数据表名 >（列 1，列 2，…）values（值 1，值 2，…）;"的语法格式。

**2. 更新数据操作**

对数据表所有记录或满足条件记录实行更新操作，主要采用"update < 数据表名 > set < 列名称 >= 新值 where < 列名称 >= 某值;"的语法格式。

**3. 删除数据操作**

对数据表所有记录或满足条件记录实行逻辑删除操作，主要采用"delete from < 数据表名 > where < 列名称 >= 某值;"的语法格式。

（四）数据控制

数据控制语句（data control language，DCL）用于设置用户访问数据库的某种权限，包括授权、回收权限操作，使用 grant、revoke 字句。

**1. 授权访问权限操作**

给某个用户或所有用户某些特定的权限，主要采用"grant < 权限 > on < 数据库名 > to < 用户名 >;"的语法格式。

**2. 回收访问权限操作**

撤销给某个用户或所有用户的某些特定的权限，主要采用"revoke < 权限 > on < 数据库名 > from < 用户名 >;"的语法格式。

（五）指针控制

指针控制语句（cursor control language，CCL）用于规定在宿主语言程序中的使用规则，包括定义游标属性、推进游标指针读取当前记录和更新当前游标位置操作，使用 declare cursor、fetch into 和 update where current 字句。

（六）事务处理

事务处理语句（transaction control language，TCL）用于确保在执行创建、修改和删除操作后数据表可以及时更新，包括提交当前事务、定义事务保存点和退出当前事务，使用 commit、savepoint 和 rollback 字句。

## 三、脚本执行示例

数据库管理系统（database management system，DBMS）是用来管理数据及数据库系统的大型软件，提供了数据库语言对数据库对象进行定义、操作和管理。而SQL作为与数据库通信的语言，需要基于某个DBMS进行运行。DBMS用于管理维护数据库，而数据库是用于存放数据的仓库。用户可以利用DBMS对数据库中的数据进行创建、控制、查询等操作。常见的DBMS包括Oracle、MySQL、SQL Server和PostgreSQL。本节要求完成：使用DBMS创建固定管理资产数据库assetmanage和数据表admin，并生成脚本。数据表包含id、admincode、adminname、password、lastloginip、lastlogintime、createtime字段，具体需求见表5-8。

表 5-8　　　　　　　　　　数据表（admin）

| 字段 | 类型 | 约束条件 | 备注 |
|---|---|---|---|
| id | bigint(50) | 主键、不能为空 | 序号 |
| admincode | varchar(20) | 不能为空 | 管理员编码 |
| adminname | varchar(50) | 不能为空 | 管理员名字 |
| password | varchar(20) | 不能为空 | 密码 |
| lastloginip | varchar(20) | 不能为空 | 最后登录IP |
| lastlogintime | datetime(0) | 默认为空 | 最后登录时间 |
| createtime | datetime(0) | 默认为空 | 创建时间 |

要求数据表插入数据，查看脚本生成情况，数据内容见表5-9。

表 5-9　　　　　　　　　　数据内容（admin）

| id | admincode | adminname | password | lastloginip | lastlogintime | createtime |
|---|---|---|---|---|---|---|
| 1 | admincode | admin | 1 | 192.168.1.90 | 2021-12-10 11：03：35 | 2021-12-20 10：55：11 |

### （一）使用DBMS生成脚本

脚本生成可利用MySQL关系型数据库实现。以客户端工具Workbench软件为例，远程登录Ubuntu 18.04操作系统的MySQL数据库服务，利用Workbench软件选择"create a new schema"创建固定管理资产数据库 assetmanage。根据需求选择"create a new table"创建一张数据表 admin，如图 5-13 所示。然后根据需求向 admin 中插入数据。

图 5-13　数据表创建

数据表创建参数需要说明的是：

➢ Table Name：代表创建数据表名称。

➢ Charset/Collation：代表设置数据库的默认编码为 utf8。

➢ Engine：表示存储引擎设置为 InnoDB。

➢ Column Name：代表设置数据表的列名称。

➢ Datatype：代表设置数据类型。

➢ 设置数据属性：包括主键、不允许为空、外键、规则生成列等。

➢ Default/Expression：代表设置默认表示属性。

➢ Row Format：设置为 Dynamic 表示行格式为动态。

最后，通过"data export"选项，将数据库 assetmanage 的脚本内容导出，生成脚本文件"assetmanage.sql，"内容如图 5-14 所示。

（二）脚本的执行方法

为验证 DBMS 生成的脚本执行方法，将数据库 assetmanage 删除，重新利用 Workbench 软件输入"create database assetmanage;"及"use assetmanage;"命令，创建并切换到 assetmanage 数据库。选择"open SQL script"打开 SQL 脚本文件"assetmanage.sql，"实现 DBMS 生成脚本的导入，单击"excute the selected portion"选择执行脚本，无报错信

息说明执行成功。通过"SELECT * FROM assetmanage.admin;"命令查看数据表 admin，命令中 SELECT * 代表查看所有列内容，执行结果如图 5-15 所示。从结果中可看到导入脚本的执行情况。

```
DROP TABLE IF EXISTS `admin`;
CREATE TABLE `admin` (
    `id` bigint(50) NOT NULL,
    `admincode` varchar(20) NOT NULL,
    `adminname` varchar(50) NOT NULL,
    `password` varchar(20) NOT NULL,
    `lastloginip` varchar(20) DEFAULT NULL,
    `lastlogintime` datetime DEFAULT NULL,
    `createtime` datetime DEFAULT NULL,
    PRIMARY KEY (`id`)
) ENGINE=InnoDB DEFAULT CHARSET=utf8 ROW_FORMAT=DYNAMIC;
LOCK TABLES `admin` WRITE;
INSERT INTO `admin` VALUES (1,'admincode','admin','1','192.168.1.90','2021-12-10 11:03:35','2021-12-20 10:55:11');
```

图 5-14　脚本生成结果

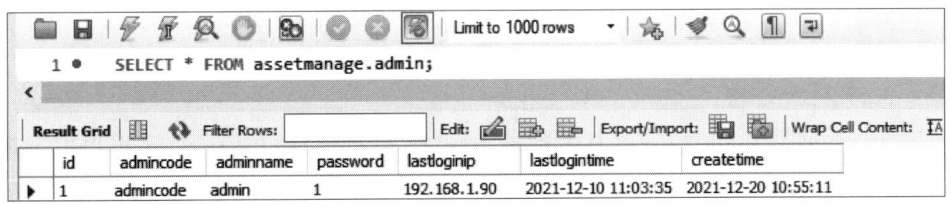

图 5-15　脚本执行结果

# 第四节　非关系型数据库控制语句脚本编写

本节以 Redis 数据库为例，讲解非关系型数据库 Redis 数据类型以及 Redis 数据库的基本操作命令，并且通过案例说明 Redis 数据库的脚本生成与执行步骤，使读者能够学习Ubuntu操作系统环境下的Redis数据库的脚本配置。

**考核知识点及能力要求：**

- 了解Redis数据库数据类型。
- 了解Redis数据库的基本操作命令。
- 能够依据不同的任务执行不同的Redis数据库语句操作。
- 掌握Ubuntu操作系统环境下的Redis数据库脚本的编写执行方法。

## 一、Redis数据库数据类型

非关系型数据库并没有通用的NoSQL语句，每个非关系型数据库都有独立的语法，以Redis数据库为例。Redis数据库并非简单的键值存储，实际上是一个数据结构服务器，支持不同类型的值。Redis数据库数据类型包括字符串、列表、集合、哈希等。

### （一）字符串类型

字符串类型是Redis数据库基本数据类型之一，它由键和值组成。可以把键理解为Python的变量，而值则为变量的值。Redis数据库字符串可以包含任意类型的数据，如一张JPEG格式的图片或者一个序列化的Ruby对象。可以在redis-cli工具中输入"keys *"查看所有的键，一个键最大能存储512 Mibyte。

### （二）列表类型

列表是Redis数据库中的另一种基本数据类型，列表就像一根水管，水管有两个进口，这两个进口同时也是出口。一个列表最多可以包含40亿个元素。

### （三）集合类型

集合是Redis数据库中的另一种基本数据类型，但集合中的数据不能重复、没有顺序、没有方向。Redis数据库中集合是通过哈希表实现的，所以添加、删除、查找的复杂度都是o(1)。每个集合可存储40多亿个成员。

### （四）哈希类型

哈希是一个键值对集合，是一个字符串类型的field和value的映射表，哈希特别适合用于存储对象。每个哈希可以存储40多亿键值对。

## 二、Redis 数据库命令

Redis 数据库命令需要利用 redis-cli，在 Redis 数据库上执行操作。

### （一）键命令

Redis 数据库键命令用于管理 Redis 数据库的键。命令格式为：command key_name，command 指要执行的键命令，如 del、dump、exists、expire 等。key_name 指键的名字，如使用"del address"命令删除 key 为 address 的键。

常用的键命令见表 5-10。

表 5-10　　　　　　　　　　　　常用的键命令

| 命令 | 说明 |
| --- | --- |
| del key | 删除 key |
| dump key | 序列化给定 key，并返回被序列化的值 |
| exists key seconds | 为给定 key 设置过期时间 |
| move key db | 将当前数据库的 key 移动到给定的数据库 db 当中 |
| persist key | 移除 key 的过期时间，key 将持久保持 |
| rename key newkey | 修改 key 的名称 |
| type key | 返回 key 所储存的值的类型 |

### （二）字符串命令

Redis 数据库字符串命令用于管理 Redis 数据库字符串。命令格式为：command key_name，command 指要执行的字符串命令，如 set、get、getrange、strlen 等。

**1. 创建字符串**

如使用"set company nl"命令添加 key 为 company、value 为 nl 的数据。

**2. 读取字符串**

如使用"get company"命令查询 key 为 company 的 value。

**3. 修改字符串**

如使用"set company nle"命令将原来的"nl"改为"nle"。如果不希望覆盖原来的值，可以添加"NX"参数。

## 4. 追加字符串

如使用"append company 2"命令将"nle"改为"nle2"。

## 5. 某个字符串加 1

如使用"incr employeenum"命令将 value 增加 1。

## 6. 某个字符串减 1

如使用"decr employeenum"命令将 value 减少 1。

## 7. 某个字符串加 n

如使用"incrby employeenum 50"命令将 value 增加 50。

## 8. 某个字符串减 n

如使用"decrby employeenum 50"命令将 value 减少 50。

常用的字符串命令见表 5-11。

表 5-11　　常用的字符串命令

| 命令 | 说明 |
| --- | --- |
| set key value | 设置指定 key 的值 |
| get key | 查询指定 key 的值 |
| getrange key start end | 返回 key 中字符串值的子字符 |
| getset key value | 将给定 key 的值设为 value，并返回 key 的旧值 |
| mget key1 [key2..] | 获取所有（一个或多个）给定 key 的值 |
| setnx key value | 设置一个新的 key 的值 |
| strlen key | 返回 key 所储存的字符串值的长度 |
| incr key | 将 key 中储存的数字值增加 1 |
| incrby key increment | 将 key 所储存的值增加给定的增量值 |
| decr key | 将 key 中储存的数字值减少 1 |
| decrby key decrement | key 所储存的值减少给定的减量值 |
| append key value | 如果 key 已经存在并且是一个字符串，将 value 追加到 key 原来的值的末尾 |

### （三）列表命令

Redis 数据库列表命令用于管理 Redis 数据库列表，如 lpush、llen、lrange、lren、rpush、rpop 等，以字母 l 开头的命令指左侧操作，以 r 开头的命令指右侧操作，如同水管的两端。

**1. 从左侧插入数据**

如使用"lpush leftemployee employee1 employee2 employee3"命令往左侧插入 employee1 employee2 employee3。

**2. 右侧插入数据**

如使用"rpush rightemployee employee4 employee5 employee6"命令往右侧插入 employee4 employee5 employee6。

**3. 查看列表长度**

如使用"llen leftemployee"命令查看 key 为 leftemployee 的列表长度。

**4. 根据索引查看左侧数据**

如使用"lrange leftemployee 0 2"命令查看 key 为 leftemployee 列表的 0 到 2 的数据（包括 0 和 2）；如果要查看列表的所有数据，可以使用"lrange leftemployee 0 –1"命令。

**5. 根据索引查看右侧数据**

如使用"lrange rightemployee –3 –1"命令。

**6. 从左侧弹出数据**

如使用"lpop leftemployee"命令。

**7. 从右侧弹出数据**

如使用"rpop rightemployee"命令。

**8. 修改数据**

如使用"lset leftemployee 0 employee7"命令将索引为 0 的 value 改为 employee7。

常用的列表命令见表 5–12。

**（四）集合命令**

Redis 数据库集合命令用于管理 Redis 数据库集合，如 sadd、scard、sdiff、sinter 等。

**1. 插入数据**

如使用"sadd address England China Korea"命令向集合中插入 key 为 address，value 为 England、China、Korea 的数据。由于集合不允许数据重复，所以如果再次使用"sadd address England"尝试添加 England 时将返回数值 0。

表 5-12 常用的列表命令

| 命令 | 说明 |
| --- | --- |
| llen key | 查看列表长度 |
| lpop key | 移出并获取列表的第一个元素 |
| lpush key value1［value2...］ | 将一个或多个值插入列表头部 |
| lrange key start stop | 查看列表指定范围内的元素 |
| lrem key count value | 移除列表元素 |
| lset key index value | 通过索引设置列表元素的值 |
| rpop key | 移除并获取列表最后一个元素 |
| rpush key value1［value2...］ | 在列表中添加一个或多个值 |
| rpushx key value | 为已存在的列表添加值 |

**2. 查询集合中数据的数量**

如使用"scard address"命令查询 key 为 address 的数据数量。

**3. 移除并返回集合中数据**

如使用"spop address 2"命令则会从 address 的 value 中随机移除 2 条数据，不指明 count 将随机移除 1 条数据，count 大于集合总数则可移除所有数据。spop 命令将导致数据从集合中删除。

**4. 查询集合中数据**

如使用"smember address"命令可获取 key 为 address 的所有 value。

**5. 查询集合中某个 value**

如使用"sismember address China"命令查询集合中是否存在 value 为 China 的数据，如果该 value 存在于集合中将返回 1，不存在则返回 0。

**6. 删除数据**

如使用"srem address China"命令删除 value 为 China 的数据。

常用的集合命令见表 5-13。

**（五）哈希命令**

Redis 数据库哈希命令用于管理 Redis 数据库哈希，如 hdel、hexists、hget、hlen、hset 等。

表 5-13　　常用的集合命令

| 命令 | 说明 |
| --- | --- |
| sadd key member1 [member2...] | 向集合添加一个或多个成员 |
| scard key | 查询集合的成员数 |
| sdiff key1 [key2...] | 返回给定所有集合的差集 |
| sdiffstore destination key1 [key2...] | 返回给定所有集合的差集并存储在 destination 中 |
| sinter key1 [key2...] | 返回给定所有集合的交集 |
| sismember key member | 判断 member 元素是否是集合 key 的成员 |
| smembers key | 返回集合中的所有成员 |
| spop key | 移除并返回集合中的一个随机元素 |
| srem key member1 [member2...] | 移除集合中一个或多个成员 |

**1. 插入数据**

如使用"hmset vina name "vina" company "nle" age "20""命令添加 key 为 vina 的多个域 – 值，含 name、company、age。

**2. 查询数据**

如使用"hget vina age"命令查询 key 为 vina、域为 age 的值。

**3. 查询所有域**

如使用"hkeys vina"命令查询 key 为 vina 的所有域。

常用的哈希命令见表 5-14。

表 5-14　　常用的哈希命令

| 命令 | 说明 |
| --- | --- |
| hdel key field2 [field2...] | 删除一个或多个哈希表字段 |
| hexists key field | 查看哈希表 key 中，指定的字段是否存在 |
| hget key field | 查询存储在哈希表中指定字段的值 |
| hgetall key | 查询在哈希表中指定 key 的所有字段和值 |
| hkeys key | 查询所有哈希表中的字段 |
| hlen key | 查询哈希表中字段的数量 |
| hset key field value | 将哈希表 key 中的字段 field 的值设为 value |
| hvals key | 查询哈希表中所有值 |
| hmset key field1 value1 [field2 value2...] | 同时将多个 field-value（域 – 值）对添加到哈希表 key 中 |

## （六）脚本命令

Redis 数据库脚本使用 Lua 解释器来执行脚本。Redis 数据库 2.6 版本通过内嵌支持 Lua 环境。常用的脚本命令见表 5–15。

表 5–15　　　　　　　　　　　常用的脚本命令

| 命令 | 说明 |
| --- | --- |
| eval script numkeys key［key ...］arg［arg ...］ | 执行 Lua 脚本 |
| evalsha sha1 numkeys key［key ...］arg［arg ...］ | 执行 Lua 脚本 |
| script exists script［script ...］ | 查看指定的脚本是否已经被保存在缓存当中 |
| script flush | 从脚本缓存中移除所有脚本 |
| script kill | 杀死当前正在运行的 Lua 脚本 |
| script load script | 将脚本 script 添加到脚本缓存中，但并不立即执行这个脚本 |

## 三、脚本执行示例

Redis 数据库从 2.6 版本开始引入对 Lua 脚本的支持，通过在服务器中嵌入 Lua 环境，Redis 数据库客户端可以使用 Lua 脚本，直接执行多个 Redis 数据库命令。此脚本要求实现的功能为将客户端访问服务器的频率控制为每 10 s 最多 3 次。

### （一）编写脚本文件

可在 Ubuntu 18.04 操作系统终端使用 vim 工具编写脚本，脚本文件名为"ratelimiting.lua"，脚本内容为：

```
local times = redis.call ('incr'，KEYS [1])
if times == 1 then
redis.call ('expire'，KEYS [1]，ARGV [1])
end
if times > tonumber (ARGV [2]) then
return 0
end
return 1
```

需要说明的是：

➢ redis.call：指从 Lua 脚本调用 Redis 数据库命令，如调用 incr、expire 命令。

➢ KEYS[1]：代表传递给 Lua 脚本的第一个 key，即 rate.limiting:127.0.0.1。

➢ incr：用户每次访问将 value 的值通过 incr 命令自增 1。

➢ ARGV[1]：代表第一个非 key 参数，取值 10。

➢ ARGV[2]：代表第二个非 key 参数，取值 3。

➢ times：如果 times 值为 1，使用 expire 命令为给定 key 设置过期时间 10 s，此处 key 为 KEYS[1]，仍为 rate.limiting:127.0.0.1，当 times 值大于第二个非 key 参数，即 ARGV[2] 时返回 0。

### （二）执行脚本命令

在 Ubuntu 18.04 操作系统终端上执行 "redis-cli --eval ratelimiting.lua rate.limitingl:127.0.0.1,10 3" 命令。命令中 --eval 代表执行 Lua 脚本的命令，执行结果如图 5-16 所示。从结果中可看到，当客户端在 10 s 内访问服务器的次数超过 3 次将返回 0，反之返回 1。

```
nle@nle:~$ redis-cli --eval ratelimiting.lua rate.limitingl:127.0.0.1 , 10 3
(integer) 1
nle@nle:~$ redis-cli --eval ratelimiting.lua rate.limitingl:127.0.0.1 , 10 3
(integer) 1
nle@nle:~$ redis-cli --eval ratelimiting.lua rate.limitingl:127.0.0.1 , 10 3
(integer) 1
nle@nle:~$ redis-cli --eval ratelimiting.lua rate.limitingl:127.0.0.1 , 10 3
(integer) 0
```

图 5-16 脚本执行结果

### 思考题

1. 启动 MySQL 数据库服务的命令是什么？

2. 如何仅允许本地主机远程登录 MySQL 数据库？

3. Workbench 远程登录 MySQL 数据库失败，分析可能存在的原因。

4. Redis 数据库日志级别为 notice 是指什么？

5. 请列举关系型数据库。

6. grep port 的作用是什么？

7. SQL 语句的操作包括哪几类？

8. 若插入一条数据提示"error 1366"报错信息，是由于什么原因？

9. 使用什么命令查看数据表 admin 中的"password"所有数据？

10. 假设 leftemployee 列表的 value 只有 3 个，此时使用"lrange leftemployee 0 3"查看会有什么结果？

11. 假设 leftemployee 列表的 value 从左到右为 employee3 employee2 employee1，如何删除 employee2？

# 第六章
# 应用程序安装与配置

应用程序是专门为达成某一项或多项应用工作的系统编制程序，其基于底层程序设计与语言进行编制，并共同实现应用需求。应用程序主要运行在用户端，并提供与用户可视交互的界面，包括通用型和专用型应用程序。通用型应用程序覆盖几乎所有的应用领域，满足所有业务领域的最基本应用需求，如浏览器、输入法等；专用型应用程序使用范围通常限定在某个行业领域，作为专门解决特定需求而定制的程序，如财务管理应用程序、法务管理应用程序等。

- **职业功能：** 物联网系统部署。
- **工作内容：** 应用程序安装与配置。
- **专业能力要求：** 能响应业务的需求，还原和修改配置文件；能使用系统工具、命令、脚本，配置应用程序启动策略。
- **相关知识要求：** 配置文件知识，启动策略知识。

# 第一节　应用程序安装

本节主要介绍应用程序的安装方法，列举 Ubuntu 操作系统环境下的应用程序安装方法，说明了 Windows Server 操作系统环境下的应用程序安装步骤，通过讲解在 Ubuntu 与 Windows Server 操作系统环境下安装同一软件的步骤，使读者能够学习两个系统环境下应用程序的不同安装方法。

**考核知识点及能力要求：**

- 了解 Ubuntu 操作系统与 Windows Server 操作系统环境下的应用程序安装方法。
- 掌握 Ubuntu 操作系统与 Windows Server 操作系统环境下的应用程序安装步骤。

## 一、Ubuntu 操作系统环境下的应用程序安装方法

Ubuntu 操作系统虽是一个完全开源的操作系统，但大多部署于服务器上，Ubuntu 操作系统下的应用程序还未大范围普及，在保证 Ubuntu 操作系统能正常运行应用程序的情况下，目前常见的应用程序安装方法包括源码安装、yum 命令安装、rpm 命令安装和 apt 命令安装。

### （一）源码安装

源码安装是利用手动编译软件源代码，其操作较为复杂，且必须具备源代码编译环境。源码安装可以结合用户需求灵活定制，适用于不同平台。通常是在确认源码包完整性的前提下通过 tar 命令解压释放使用 gzip 压缩过的 tar 包至指定目录，并针对当前操作系统需求，配置安装参数，使用编译器将源代码文件编译为可执行文件，最后

使用"make install"命令进行应用程序安装。

### （二）yum 命令安装

yum 命令安装依赖于 yum 源，其基于 rpm 软件包安装。安装有依赖关系的多个软件时，采用一键安装方式，无须安装多个依赖包。可以从互联网获取 yum 源，直接使用"yum -y install［软件名称］"安装，若无法保证互联网连接，需利用本地 yum 源仓库安装。yum 常用参数见表 6-1。

表 6-1 yum 常用参数

| 参数 | 说明 |
| --- | --- |
| -h | 显示帮助信息 |
| -y | 对所有的提问都回答"yes" |
| -c | 指定配置文件 |
| -q | 安静模式 |
| -v | 详细模式 |

### （三）rpm 命令安装

rpm 命令安装主要用于安装扩展名为 rpm 的软件包。rpm 软件包预先编译完成存放于 rpm 数据库中，安装方便快捷。安装前需保证安装环境与编译环境一致，若包与包间存在相互依赖关系，需先完成依赖包的安装，确保依赖包的完整性。rpm 常用参数见表 6-2。

表 6-2 rpm 常用参数

| 参数 | 说明 |
| --- | --- |
| -i | 安装软件包 |
| -U | 升级某个软件包，若未安装过，则进行安装 |
| -F | 升级某个软件包，若未安装过，则放弃安装 |
| -e | 卸载应用程序 |
| -q | 查看软件安装的信息和状态 |

### （四）apt 命令安装

apt 命令安装基于 apt 软件包管理工具，实现下载、安装二进制或源代码格式软件包的同时，提供应用程序的更新、卸载功能，简化 Ubuntu 操作系统管理应用程序的步骤。Ubuntu 16 以前的旧版使用"apt-get install [软件名称]"命令安装，新版本直接使用"apt install [软件名称]"命令。apt 常用命令见表 6-3。

表 6-3　　　　　　　　　　　　apt 常用命令

| 命令 | 说明 |
| --- | --- |
| sudo apt update | 列出所有可更新的软件清单命令 |
| sudo apt upgrade | 升级软件包 |
| sudo apt install [软件名称] | 安装指定的软件命令 |
| sudo apt update [软件名称] | 更新指定的软件命令 |
| sudo apt remove [软件名称] | 删除软件包命令 |

## 二、Windows Server 操作系统环境下的应用程序安装方法

相较于 Ubuntu 操作系统，由于 Windows Server 操作系统为图形界面，应用程序的安装较为简洁。Windows Server 操作系统应用程序安装包括磁盘配置与产品基础设置。若应用程序为收费产品，还需添加产品密钥。Windows Server 操作系统应用程序安装包一般采用 exe、msi 为后缀，需完成安装步骤后才能使用，部分软件解压完成后即可使用。常用的 Windows Server 操作系统应用程序可以分为检测应用、娱乐应用、驱动应用、压缩应用、办公应用等。

### （一）应用程序寻找

在应用程序安装前需要通过寻找获取应用程序安装包。常见的寻找途径包括官方网站、微软应用商店、第三方网站、第三方管理软件。

**1. 官方网站途径**

利用官方网站搜索应用获取下载，可保证应用程序的下载源，但部分应用程序需付费使用。

**2. 微软应用商店途径**

利用 Windows Server 操作系统自带的应用商店搜索寻找，可避免 PC 接触病毒源，但应用程序资源较少。

### 3. 第三方网站途径

利用浏览器访问第三方网站寻找应用程序，虽然应用程序资源丰富，但安全系数不高。

### 4. 第三方管理软件途径

进入第三方管理软件界面搜索目标应用程序，然而第三方管理软件资源较少，下载类别有限。

### （二）应用程序下载

下载应用程序安装包前需通过电脑属性选项重点检查操作系统类型，确认Windows Server操作系统版本号以及操作系统位数。根据应用程序寻找情况，挑选适用的应用程序进行下载。

## 三、Ubuntu操作系统环境下的应用程序安装

Linux操作系统的各发行版都拥有各自的软件仓库，其作为安装应用程序的公共平台，均提供对应的软件包管理器管理应用程序。因此Ubuntu作为Linux操作系统的一个发行版本，在应用程序安装前需确认Ubuntu操作系统的软件包管理器，各版本所使用的软件包管理器见表6-4。

表6-4 各版本使用的软件包管理器

| 版本名称 | 软件包管理器 |
| --- | --- |
| Debian Linux | apt |
| Fedora Core | up2date（rpm），yum（rpm） |
| CentOS | rpm |
| SUSE Linux | YaST（rpm），第三方apt（rpm）软件库（repository） |
| Mandriva | rpm |
| KNOPPIX | apt |
| Gentoo Linux | portage |
| Ubuntu | apt |

下面以"在Ubuntu 18.04操作系统下，使用apt命令安装GIMP图像编辑应用程序"为例进行介绍。GIMP是一个开源的图像处理、编辑工具，支持跨平台多种操作系统安装使用，其内置图像制作所需功能的同时，可实现多图像多窗口实时编辑。

## （一）apt update 命令更新源

"apt update"命令用于查看已安装的应用程序是否有可用更新，它可以列出所有可更新的软件清单。该命令存在三种更新结果：命中、获取、忽略。命中说明成功连接上网站，忽略表示应用程序无更新需求，获取说明存在应用程序需要更新并下载。通过该命令，可获得包括各软件包的存储库来源以及统计更新包数量等返回信息，通常用 sudo 执行命令。"sudo apt update"命令执行结果如图 6-1 所示。

```
nle@nle:~$ sudo apt update
获取:1 http://security.ubuntu.com/ubuntu bionic-security InRelease [88.7 kB]
命中:2 http://cn.archive.ubuntu.com/ubuntu bionic InRelease
获取:3 http://cn.archive.ubuntu.com/ubuntu bionic-updates InRelease [88.7 kB]
获取:4 http://cn.archive.ubuntu.com/ubuntu bionic-backports InRelease [74.6 kB]
已下载 252 kB，耗时 9秒 (29.5 kB/s)
正在读取软件包列表... 完成
正在分析软件包的依赖关系树
正在读取状态信息... 完成
有 493 个软件包可以升级。请执行 'apt list --upgradable' 来查看它们。
```

图 6-1　sudo apt update 执行结果

## （二）apt install 命令安装应用程序

"apt install [软件名称]"命令用于安装指定应用程序，该命令在实现多个软件包安装的同时，可完成软件包依赖关系的修复，并自动安装应用程序相关依赖包。若无法确认软件包名称，可输入部分名称，利用"Tab"键进行选项提示。"sudo apt install gimp"命令执行结果如图 6-2 所示。

```
nle@nle:~$ sudo apt install gimp
正在读取软件包列表... 完成
正在分析软件包的依赖关系树
正在读取状态信息... 完成
将会同时安装下列软件:
  cpp-7 gcc-7-base gcc-8-base gimp-data i965-va-driver libaacs0 libamd2 libavcodec57
  libavformat57 libavutil55 libbabl-0.1-0 libbdplus0 libblas3 libbluray2 libcamd2 libcc1-0
  libccolamd2 libcholmod3 libchromaprint1 libcrystalhd3 libdrm-amdgpu1 libdrm-common libdrm2
  libgcc1 libgegl-0.3-0 libgfortran4 libgimp2.0 libgme0 libgomp1 libgsm1 liblapack3 libllvm10
  libmetis5 libmng2 libopenjp2-7 libopenmpt0 libpython-stdlib libpython2.7 libpython2.7-minimal
  libpython2.7-stdlib libquadmath0 libsdl1.2debian libshine3 libsnappy1v5 libsoxr0
  libssh-gcrypt-4 libstdc++6 libswresample2 libswscale4 libumfpack5 libva-drm2 libva-x11-2 libva2
  libvdpau1 libx264-152 libx265-146 libxvidcore4 libzvbi-common libzvbi0 mesa-va-drivers
  mesa-vdpau-drivers python python-cairo python-gobject-2 python-gtk2 python-minimal python2.7
  python2.7-minimal va-driver-all vdpau-driver-all
建议安装:
  gcc-7-locales gimp-help-en | gimp-help gimp-data-extras i965-va-driver-shaders libbluray-bdj
  firmware-crystalhd python-doc python-tk python-gobject-2-dbg python-gtk2-doc python2.7-doc
  binfmt-support libvdpau-va-gl1 nvidia-vdpau-driver nvidia-legacy-340xx-vdpau-driver
```

图 6-2　sudo apt install gimp 命令执行结果

## （三）应用程序启动

应用程序的启动有两种方式：若为图形化界面，可以通过单击应用程序图标启动应用程序；若采用命令行模式，可在根目录下输入应用程序名称来启动应用程序。在 Ubuntu 操作系统终端输入"gimp"命令执行结果如图 6-3 所示。

图 6-3　gimp 命令执行结果

## 四、Windows Server 操作系统环境下的应用程序安装

Windows Server 操作系统各发行版安装应用程序的步骤相似，双击应用程序安装包进行安装即可。应用程序的安装分为依赖系统型与不依赖系统型。依赖系统型应用程序默认安装于系统盘，并且在安装过程中携带多个附加应用，容易增加磁盘负载，影响系统运行，因此在安装依赖系统型应用程序时一般采用自定义安装；不依赖系统型应用程序安装较为简单，在解压安装后打开文件位置图标即可，并且可以通过移动应用程序文件夹实现应用程序工作模式的复制，体验效果更佳。下面以"在 Windows Server 2019 操作系统下，安装 GIMP 图像编辑应用程序"为例来说明。

### （一）应用程序安装

常规的应用程序安装需先查看安装文件。若安装文件为单个文件，需查找 exe 或 msi 文件，双击完成安装向导即可；若为多个文件，需查找 setup.exe、应用程序名 .exe 或 install.exe 进行安装。先由官网下载 GIMP 安装包，后进入 GIMP 安装向导，完成安装模式、安装语言、目标位置、组件等选择，实现 GIMP 应用程序的安装。安装位置最好规避系统盘，安装目标位置选择如图 6-4 所示。

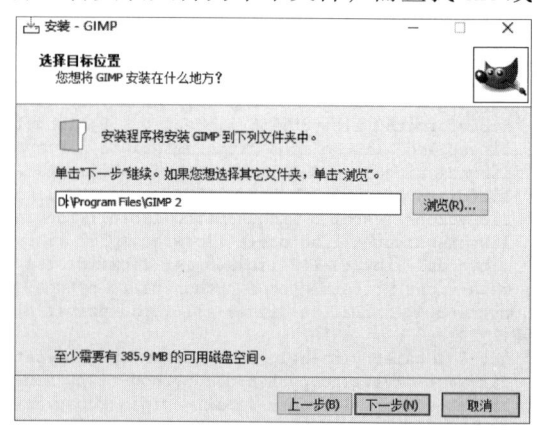

图 6-4　GIMP 安装目标位置选择

### （二）应用程序启动

Windows Server 操作系统应用程序的启动包含多种方式。为了方便快捷，通常在桌面设置应用程序的快捷方式。若不采用快捷方式，可以通过以下方式进行启动：①通过"开始—所有程序"查找应用程序开启；②利用"Win+R"进入运行窗口，搜索应用程序启动；③通过应用程序安装路径查找启动程序并启动应用，如图 6-5 所示。

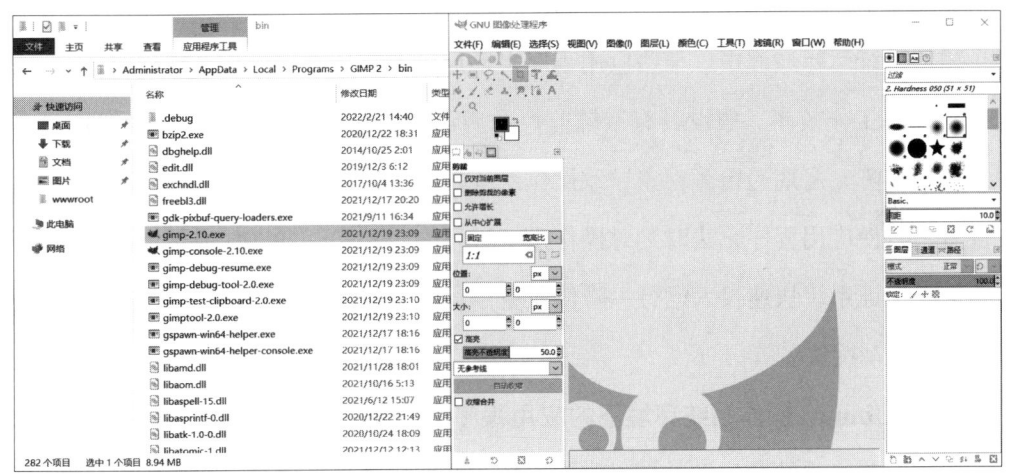

图 6-5　GIMP 应用程序启动

# 第二节　应用程序权限管理

本节介绍了应用程序的自启动、网络和定位权限等概念，通过分别讲解 Ubuntu 与 Windows Server 操作系统环境下应用程序的自启动、网络配置和定位服务三大权限的管理配置，旨在使读者能够学习两个操作系统环境下应用程序权限管理操作。

**考核知识点及能力要求：**

● 了解应用程序自启动、网络配置及定位服务管理的意义。

● 掌握 Ubuntu 和 Windows Server 操作系统环境下应用程序自启动、网络和定位的配置方法。

## 一、应用程序自启动

操作系统运行过程中，某些应用程序自动启动有利于维护操作系统稳定运行，提高应用程序工作效率。假设具有系统监控和病毒检测功能的应用程序未设置自启动，由于临时故障、定期巡检等现象导致操作系统发生重启，造成应用程序关闭并重新启动配置，致使应用程序无法时刻对操作系统进行安全保护，并增加人员维护工作。因此，为了保证系统快速投入运行、降低业务停运风险，在应用程序基础运行之前，可以进行自启动配置。

### （一）Ubuntu 操作系统环境下的应用程序自启动

Ubuntu 操作系统在启动的同时完成内核初始化以及设备驱动，而应用程序的启动需要依靠 Ubuntu 操作系统的后台进程实现。后台进程作为控制终端执行的手段，只在操作系统运行时自动开启。

以"在 Ubuntu 18.04 操作系统下，设置 MySQL 数据库应用程序自启动"为例。Ubuntu 18 版本开始使用 Systemd 进行系统应用程序管理，而 Systemd 默认情况下读取配置文件路径为 /etc/systemd/system/，但该路径下文件链接至 /lib/systemd/system/，因此配置文件的存放目录实际上为 /lib/systemd/system/。

应用程序自启动可以先使用"sudo systemctl is-enabled mysql.service"命令查看 mysql.service 是否已经设置开机自启动。若提示"enable"说明已经完成开机自启动设置；若为"disable"则还未设置。利用"sudo systemctl enable mysql.service"命令在 Ubuntu 操作系统中设置应用程序自启动，用"sudo systemctl disable mysql.service"命令设置下次开机应用程序不会自启动。

### （二）Windows Server 操作系统环境下的应用程序自启动

以"在 Windows Server 2019 操作系统下，设置搜狗浏览器应用程序自启动"为例。

设置启动文件夹,该文件夹作为应用程序自动启动的常用位置,主要存放应用程序的快捷方式,一般位于系统盘 ProgramData\Microsoft\Windows\Start Menu\Programs\StartUp 路径。使用管理员权限将搜狗浏览器应用程序快捷方式复制到该路径,可实现搜狗浏览器开机自启动,如图 6–6 所示。根据应用程序启动需求的不同,可设置或删除应用程序的自启动,有效利用操作系统运行资源。

图 6–6　Windows Server 操作系统应用程序自启动

## 二、应用程序网络配置

应用程序的网络配置基于程序设计,其根据网络信息对应用程序进行网络配置管理,网络配置主要为设置代理服务器模块。由于操作系统中包含多种类型应用程序,因此网络配置操作步骤各不相同。代理服务器作为用户端与目标服务器的中转站点,其介于浏览器与 Web 服务器之间,并以服务器的形式存在。其利用代理服务器截取用户服务请求,由代理服务器向公网获取网络应答,并且大部分代理服务器都具有高速缓冲功能,可将返回的数据包保存至本地缓冲区,有效控制网络负载,提高访问速度和服务性能。常见的代理服务器包括 HTTP 和防火墙安全会话转换协议(protocol for sessions traversal across firewall securely,SOCKS)代理,而网络配置前需确认应用程序自身是否支持代理服务器。

### (一)Ubuntu 操作系统环境下的应用程序网络配置

以"在 Ubuntu 18.04 操作系统下,Firefox 68.0.1 版本浏览器应用程序的网络配置"为例。该应用程序的网络配置位于"应用程序菜单—选项—网络代理"。在配置访问国际互联网的代理服务器时,Firefox 浏览器提供四个选项:不使用、自动检测、使用、手动配置,默认使用系统代理设置,如图 6–7a 所示。若勾选"自动检测此网络的代理",可实现自动检测,完成网络代理的连接操作;若勾选"不使用代理",浏览器默认采用路由协议访问互联网。

若选择手动代理设置，可通过设置代理服务器的 IP 地址和端口号［包括 HTTP、安全套接层（secure socket layer，SSL）和 FTP 代理服务器］，也可选择为所有协议使用相同的代理服务器。例如，在 HTTP 服务器一栏可以输入本地地址"127.0.0.1"，端口可以输入"80"，如图 6-7b 所示。完成代理服务器的配置后，后续用户的请求包需通过代理服务器传送至目标服务器，而回应包也由代理服务器返回至用户。

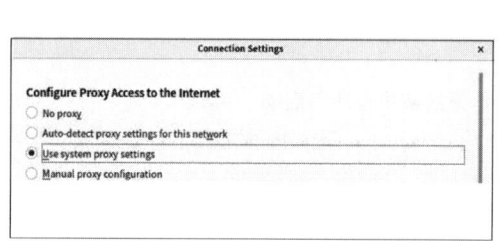
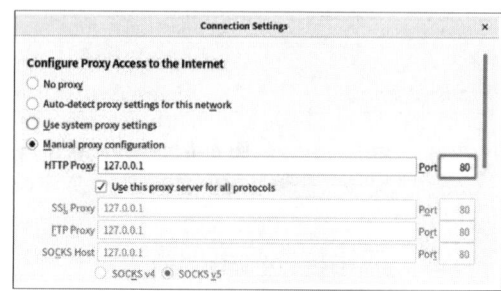

a) Firefox 默认系统代理设置　　　　　　b) Firefox 手动代理设置

图 6-7　Firefox 应用程序网络配置

### （二）Windows Server 操作系统环境下的应用程序网络配置

以"在 Windows Server 2019 操作系统下，Foxmail 7.2 版本应用程序的网络配置"为例。该应用程序网络配置位于"系统设置—网络"，Foxmail 应用程序利用邮局协议版本 3（post office protocol – version 3，POP3）和简单邮件传输协议（simple mail transfer protocol，SMTP）实现邮件收发机制，并默认采用 IE 浏览器代理设置，如图 6-8a 所示。

若需要设置自定义代理，可以通过应用程序的网络配置将对其他协议的请求转换成对 SOCKS 代理服务器的请求，解决自身代理服务机制的缺失，并间接使用代理服务器收发邮件。在 Foxmail 的网络配置中，可以利用 SOCKS 4 代理服务器实现邮件接收和发送，完成自定义网络代理中的类型、服务器设置。例如，在服务器一栏可以输入本地地址"127.0.0.1"，端口可以输入"80"，如图 6-8b 所示，实现 Foxmail 使用 SOCKS 代理服务器进行邮件操作。

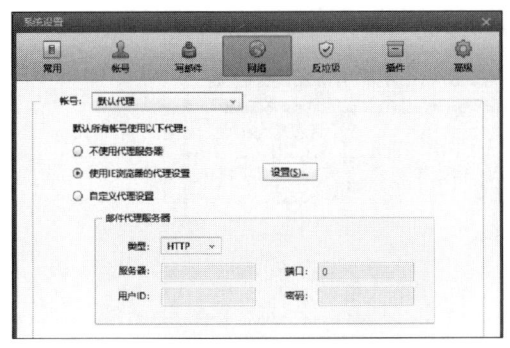 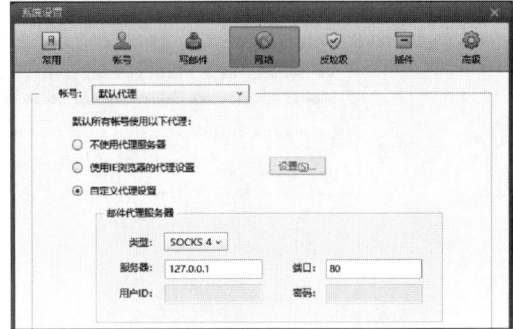

a）Foxmail默认网络代理设置　　　　　　b）Foxmail自定义网络代理设置

图 6-8　Foxmail 应用程序网络配置

### 三、应用程序定位服务

随着移动定位导航服务的日趋强大，定位技术逐渐融入互联网行业，与操作系统应用程序配合使用，帮助用户连接基于位置信息的应用功能，并随时通过应用程序获取位置信息和服务。用户对应用程序的定位服务要求不仅是快速精确获取地图和地理坐标，同时要保证定位的实时性。定位服务具有全天性、全球性和实时性的一体化服务，为用户提供高精度的导航、高质量的定位服务。定位服务凭借多维度定位的优势应用于众多应用程序中（导航应用程序、聊天应用程序等），利用全球导航卫星系统（global Navigation Satellite system，GNSS）、无线接入点和局域网地址等信息，实现应用程序对位置信息的访问。

应用程序定位服务用于获取用户最新位置，查看近期位置轨迹，针对用户空间信息的依赖，实现区域、时间阶段性的记录，且应用程序定位服务开启后，自动将位置信息存储至操作系统位置记录中。

#### （一）Ubuntu 操作系统环境下的应用程序定位服务

以"在 Ubuntu 18.04 操作系统下，查看 Firefox 浏览器应用程序定位服务启动情况"为例。打开 Firefox 浏览器，利用"应用程序菜单—设置—隐私与安全—位置"路径，选择是否禁止新获取位置请求。若取消勾选即可实现该应用程序定位服务的开启，默认情况下该应用程序定位服务未开启，如图 6-9 所示。Firefox 浏览器以网站为单位提供定位请求记录，便于允许、禁止网站定位获取的操作。

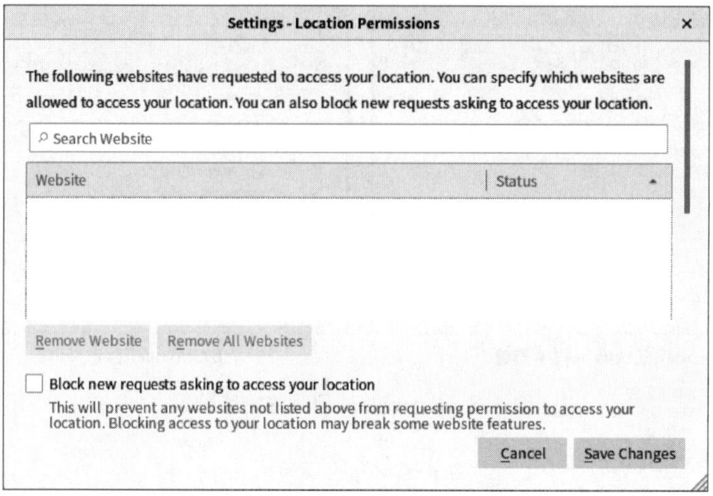

图 6-9　Firefox 浏览器定位服务

**（二）Windows Server 操作系统环境下的应用程序定位服务**

以"在 Windows Server 2019 操作系统下，查看 360 浏览器应用程序定位服务启动情况"为例。打开 360 浏览器，利用"菜单—设置—高级设置"路径，选择网页内容高级设置的位置模块，该设置提供 3 种选项：允许所有网站跟踪地理位置、网站尝试跟踪地理位置时询问、不允许任何网站跟踪地理位置。为了保障操作系统信息安全，默认勾选网站尝试跟踪地理位置时询问。

除了通用型应用程序具有定位服务，Windows Server 2019 操作系统还可针对自带应用程序进行统一定位设置，通过"设置—隐私—位置"路径，提供单个应用程序访问位置信息的启动操作，如图 6-10 所示。为了防止操作系统无法获取准确定位，提供默认位置设置，定位成功开启后，位置信息将被存储至后端，用于辅助应用程序的使用。

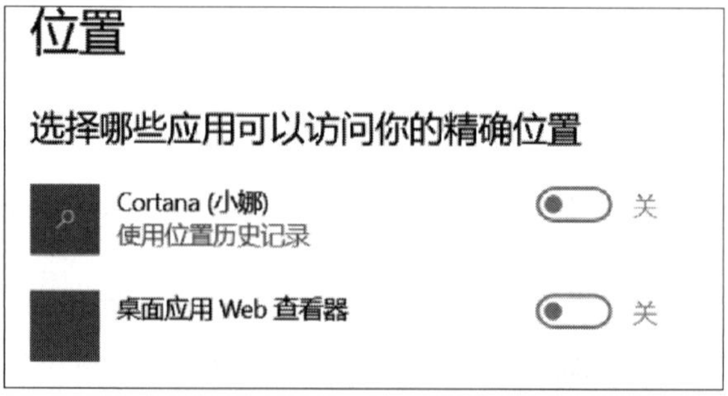

图 6-10　Windows Server 2019 操作系统环境下的应用程序定位服务

## 思考题

1. 常见的 Ubuntu 操作系统环境下应用程序有哪些安装方式？

2. Windows Server 操作系统寻找应用程序的方式中，哪一种既安全又保证了下载源？

3. Ubuntu 操作系统采用哪条命令对应用程序库进行管理？

4. Windows Server 操作系统环境下应用程序自启动文件夹一般路径是什么？

5. Ubuntu 操作系统环境下应用程序自启动一般采用什么命令？

6. Firefox 浏览器的定位服务如何开启？

# 第三篇
# 物联网系统运行与维护

物联网系统运行与维护主要以日常性、防御性、适应性与数据完整性为基础，其采用科学的策略手段与智能化的工具加强对系统的运行维护，以确保系统高效运行的同时，业务数据也不会丢失。在日常管理维护中，通过防御性维护方式，利用定时备份、更新升级、运行监控、设备巡检等有效措施完善运行维护流程。运用工具软件对故障进行有效识别，弥补人工判断的缺陷，快速分析解决各类物联网系统故障，制定故障处理方案，提高运维效率。结合国家安全等级保护制度，建立完善的安全管理规范和制度，使用身份鉴别、安全性测试、安全事件响应等措施保证物联网系统的安全。

# 第七章
# 设备运行监控

设备运行监控通过运维监控工具实现设备运行状态检测、监视和控制，判断故障的发生，并提供数据记录，避免设备隐患。在最大程度上提高设备使用性能的同时，做到重点巡视以减轻巡检人员的工作强度。利用物联网技术，实现不同设备间运行状态的实时远程监控、异常报警接收与处理，构建设备监控管理系统，保障物联网系统设备的高效稳定运行。

- **职业功能：** 物联网系统运行与维护。
- **工作内容：** 设备运行监控。
- **专业能力要求：** 能实时、定时收集软硬件系统的运行状态数据，并进行分析；能根据异常及报警信息，及时定位故障；能捕获网络通信设备异常数据并处理。
- **相关知识要求：** 设备运行监控知识，设备运行信息分析知识。

第七章 设备运行监控

# 第一节 运行监控与分析

本节介绍了网络设备、操作系统和数据库三大运行监控对象的概念，并分别说明了对应的监控指标内容，通过列举常见的运维监控工具，使读者能够了解不同监控工具间的功能特点。本节以 Collectl 软件与 Nmon 软件的使用为例，具体讲解运维监控工具的使用方法。

**考核知识点及能力要求：**

- 了解常见的运行监控对象。
- 能够根据监控对象类型分析具体监控指标。
- 了解常见的运维监控工具。
- 掌握常见运维监控工具的安装。
- 掌握 Collectl 软件与 Nmon 软件的安装与使用方法。

## 一、运行监控对象及指标

运行监控作为保障物联网系统安全可靠运行的重要支撑手段，其监控对象包括网络设备、操作系统、数据库等，并针对设备运行状态数据的采集与分析，梳理可用性指标、性能指标、信息指标等数据，形成告警信息特征库，以实现对分布式物联网系统设备的统一管理、状态监测、故障报警、故障分析，提高运维管理的信息化水平。

## （一）网络设备

针对网络设备、CPU、网络接口、链路等网络源提供运行监控，通过设置可用性、性能、信息、配置等指标用于监控关键性数据，为网络稳定运行提供重要依据，主动进行网络设备的监控与故障排除，记录与报告网络配置的变更，确保及时发现网络故障并恢复。

## （二）操作系统

针对 Windows Server、Ubuntu 操作系统实现进程、性能、线程、端口、服务、日志、文件信息等指标的监控，在操作系统出现故障后可根据监控数据进行分析与调优，具体指标见表 7-1。

表 7-1　　　　　　　　　　操作系统监控指标

| 操作系统 | 指标 |
| --- | --- |
| Windows Server | 硬盘剩余空间容量、CPU 利用率、内存使用率、网卡状态、指定的服务运行状态、接口丢包率等 |
| Ubuntu | 事件日志的指定运行状态、脚本程序是否正常运行、命令执行结果、各固定磁盘的使用频率、内存使用率以及剩余内存、交换分区使用率、剩余目录情况等 |

## （三）数据库

针对 Oracle、SQL Server 数据库实现对连接态、表空间、缓存池、缓冲区等指标的监控，识别异常数据与潜在问题，通过多方面参数了解数据运行状况，具体指标见表 7-2。

表 7-2　　　　　　　　　　数据库监控指标

| 数据库 | 指标 |
| --- | --- |
| Oracle | 性能、表空间、连接数、进程、配置、非法访问 |
| SQL Server | 内存、CPU、性能、用户、Cache 性能、配置、非法访问 |

## 二、运维监控工具

为提高设备运行监控的可操作性，提出采用运维监控工具辅助完成数据采集、分析展示、故障报警与故障处理等工作。运维监控工具拥有强大的可视化监控功能，可高效记录并管理运维信息，使得业务运行更加安全可靠。常见的运维监控工具包括 Zabbix 软件、Nagios 软件、Cacti 软件、Ganglia 软件、Zenoss 软件等，各类运维监控工具特点与功能略有不同，本节以 Zabbix 软件、Nagios 软件、Collectl 软件、Nmon 软件为例进行介绍。

（一）Zabbix 软件

Zabbix 软件是企业级的开源运维监控工具，其通过分布式 Web 可视化界面展示服务器与网络监控性能，并利用多种数据采集方式构建数据库，形成条件触发告警指标，并且提供监控内存使用情况、CPU 利用率、网络状况、磁盘使用情况、端口状况等技术指标的展示。Zabbix 软件具有良好的扩展性，其支持采用附加组件完善监控性能，而且可采用多种 API 接口定制 Web 用户界面。

（二）Nagios 软件

Nagios 软件同样是一款企业级的开源运维监控工具，其采用分布集中的管理方式，主要用于监控当前状态、历史日志文件、互联网技术基础架构等信息，且其核心功能是利用邮件或短信提供异常告警通知功能，支持对多种操作系统的有效监控。Nagios 软件利用插件自定义的安装，实现应用的可视化监控，但其对于流量、性能等指标的处理存在局限性。

（三）Collectl 软件

Collectl 软件作为一款安装简洁的运维监控工具，可应用于 Ubuntu 操作系统环境下对操作系统运行状况的掌握，具备丰富的命令行功能的同时，实现多种格式显示输出，提供 CPU、内存、磁盘、网络等进程监控功能。不同于其他监控工具，Collectl 具备同时监控不同参数指标的功能。

（四）Nmon 软件

Nmon 软件与 Collectl 软件一样，可用于 Ubuntu 操作系统环境下安装使用，支持 CPU、磁盘、内存、进程等数据信息的监控，提供全面的监控与分析数据功能，实时收集系统资源的运行数据，并且可以将监控结果以文件形式输出。

## 三、Collectl 软件的使用

Collectl 软件操作简单，命令行形式输入查询命令后以列表形式输出查询数据，下面以"在 Ubuntu 18.04 操作系统下，Collectl 软件的使用"为例进行介绍。

### （一）Collectl 软件安装

默认情况下，Ubuntu 18 操作系统软件包管理器下会提供 Collectl 安装包。Collectl 软件的安装可参考以下步骤如图 7-1 所示：①使用"sudo apt update"命令列出所有可更新的软件清单；②使用"sudo apt install collectl"命令安装 Collectl 软件；③使用"collectl –v"命令查看安装 Collectl 的版本号。

图 7-1　安装 Collectl 软件

### （二）Collectl 参数

Collectl 软件安装完成后，利用 collectl 命令即可查看当前 Ubuntu 操作系统指定指标的性能数据，监控数据必须使用 –s 作为必选参数指定。常用的 collectl 命令参数见表 7–3。

表 7-3　collectl 常用命令参数

| 参数 | 说明 |
| --- | --- |
| -s | 指定一个或多个子系统 |
| -d | 显示磁盘信息 |
| -n | 显示网络信息 |
| -t | 显示 TCP 信息 |
| -f | 显示 NFS 数据信息 |

（三）Collectl 查看命令

通过 Collectl 软件，可直接采用"collectl"命令查看当前设备运行状态，默认以列表形式显示 CPU、磁盘、网络等信息，如图 7-2 所示。

```
nle@nle:~$ collectl
waiting for 1 second sample...
#<--------CPU--------><----------Disks-----------><----------Network---------->
#cpu sys inter  ctxsw KBRead Reads KBWrit Writes  KBIn  PktIn KBOut PktOut
 100  18  351   82     0      0     0      0       0     2     0     2
 100  17  422   99     0      0     0      0       0     1     0     1
 100  12  375   83     0      0     0      0       0     1     0     2
 100  14  384   79     0      0     0      0       0     1     0     2
 100  44  337   85     0      0     0      0       0     1     0     2
 100   9  436   92     0      0     0      0       0     1     0     2
 100  13  420   83     0      0     0      0       0     1     0     2
 100  13  416   83     0      0     0      0       0     1     0     2
 100  12  429   91     0      0     0      0       0     1     0     2
 100  20  386   86     0      0     0      0       0     1     0     2
```

图 7-2　collectl 查看设备运行状态

### 四、Nmon 软件的使用

Nmon 软件不仅支持通过交互式窗口显示监控数据，还可输出监控数据文件，并利用 nmon analyser 工具进行数据统计分析。下面以"在 Ubuntu 18.04 操作系统下，Nmon 软件的使用"为例进行介绍。

（一）Nmon 软件安装

Nmon 软件同样采用 apt 命令完成安装，具体安装可参考以下步骤如图 7-3 所示：①使用"sudo apt update"命令列出所有可更新的软件清单；②使用"sudo apt install nmon"命令安装 Nmon 软件；③使用"nmon -V"命令查看安装 Nmon 的版本号。

```
nle@nle:~$ sudo apt update
[sudo] nle 的密码：
命中:1 http://mirrors.aliyun.com/ubuntu xenial InRelease
获取:2 http://mirrors.aliyun.com/ubuntu xenial-updates InRelease [99.8 kB]
获取:3 http://mirrors.aliyun.com/ubuntu xenial-backports InRelease [97.4 kB]
获取:4 http://mirrors.aliyun.com/ubuntu xenial-security InRelease [99.8 kB]
已下载 2,292 kB，耗时 34秒 (66.8 kB/s)
正在读取软件包列表... 完成
正在分析软件包的依赖关系树
正在读取状态信息... 完成
有 16 个软件包可以升级。请执行 'apt list --upgradable' 来查看它们。
nle@nle:~$ sudo apt install nmon
[sudo] nle 的密码：
正在读取软件包列表... 完成
正在分析软件包的依赖关系树
正在读取状态信息... 完成
下列【新】软件包将被安装：
  nmon
nle@nle:~$ nmon -V
nmon verion 14g
```

图 7–3　安装 Nmon 软件

## （二）Nmon 快捷键

Nmon 软件监控可利用 Nmon 命令启动运行，进入交互窗口后需采用 Nmon 快捷键筛选多个指标性能数据进行监控。常用的 Nmon 快捷键见表 7–4。

表 7–4　　　　　　　　　　　　　常用 Nmon 快捷键

| 快捷键 | 说明 |
| --- | --- |
| c | 查看 CPU 统计数据 |
| m | 查看内存统计数据 |
| d | 查看硬盘统计数据 |
| n | 查看网络统计数据 |
| q | 停止并退出 Nmon |

采用"c、m、d"快捷键查看统计数据，如图 7–4 所示。

## （三）Nmon 数据采集

利用 Nmon 软件的数据采集功能收集指定时间段内的 CPU、硬盘等监控数据，并将数据以图片、表格文件形式输出，具体操作可参考以下步骤：①使用"sudo nmon -s 10 -c 60 -f -m /home/"命令以文件形式输出采集数据；②利用官网下载地址，在本地下载 nmon analyser 工具，解压完成后得到 nmon analyser v69_2.xlsm；

③等待数据采集完成将文件导出至本地，使用 nmon analyser v69_2.xlsm 的"Analyze nmon data"宏功能打开采集文件，自动转换为 Excel 格式，某个 sheet 结果如图 7-5 所示。

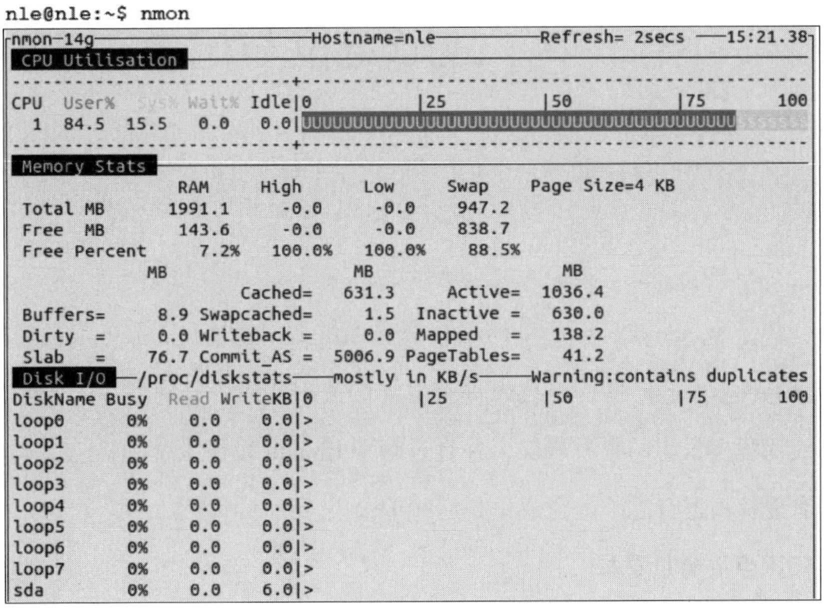

图 7-4　Nmon 软件运行监控

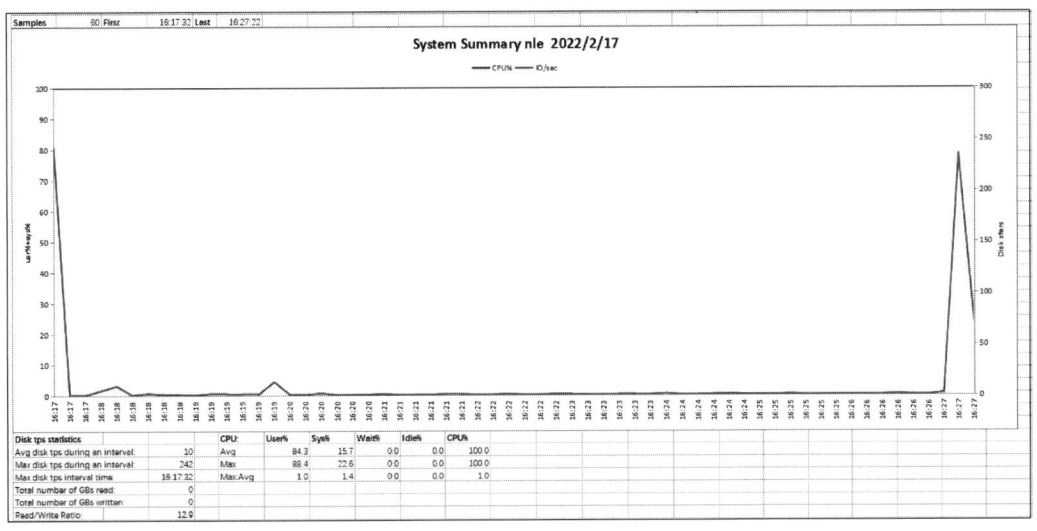

图 7-5　Nmon 数据采集输出结果

# 第二节 故障定位与记录

本节介绍了 Windows Server 和 Ubuntu 操作系统如何通过日志服务实现对故障的定位，以及 Windows Server 操作系统事件查看器的使用方法，分别列举了安全日志、系统日志与应用程序日志的查看步骤，并且讲解了 Ubuntu 操作系统的日志配置与查看方法，使读者能够根据日志信息完成设备运行记录表。

**考核知识点及能力要求：**

- 了解 Windows Server 操作系统事件查看器的日志监控对象。
- 了解 Ubuntu 操作系统日志服务的日志来源与日志级别配置。
- 掌握 Windows Server 操作系统事件查看器不同日志的查看方法。
- 掌握 Ubuntu 操作系统日志服务的日志查看与分析方法。
- 能够根据设备日志信息完成设备运行记录表的填写。

## 一、服务器系统事件查看器

事件查看器是 Windows Server 操作系统工具，它以树形结构显示安全日志、系统日志和应用程序日志。用户可以在日志属性窗口中看到事件发生的日期、发生源、种类的 ID 以及详细描述，并且可以通过筛选功能按需求筛选出错误、警示、关键等信息。用户可以通过 "开始菜单—Windows 管理工具—事件查看器" 打开事件查看器，日志的存放路径可通过 "事件查看器—属性—日志路径" 进行设置，如图 7-6 所示。路径中 "%SystemRoot%" 为变量，可在命令提示符中使用 "echo %SystemRoot%" 命令查看到该变量的值为 Windows。

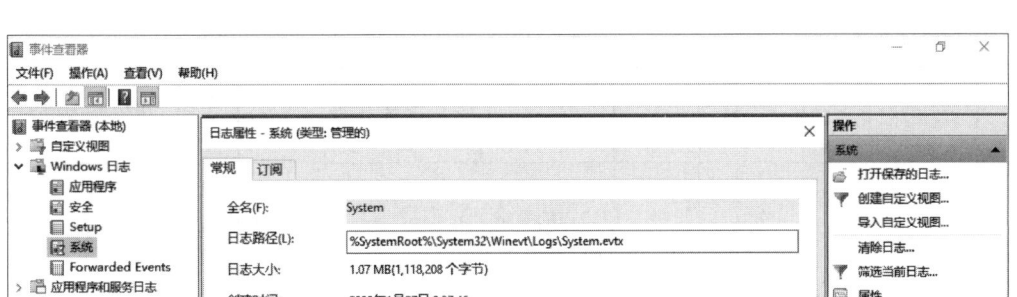

图 7-6　事件查看器日志路径

**（一）安全日志查看**

安全日志记录系统的安全审计事件，包含各种类型的登录日志、对象访问日志、进程追踪日志、特权使用、账号管理、策略变更、系统事件。安全日志也是调查取证中最常用到的日志。其存放路径一般为 C：\Windows\System32\winevt\Logs，文件名称为 Security.evtx。

以 Windows Server 2019 操作系统为例，介绍安全日志查看与记录。安全日志事件级别分为关键、警告、详细、错误、信息，通过事件查看器提供的"筛选当前日志"功能筛选出关键、警告、错误日志，筛选结果如图 7-7 所示。

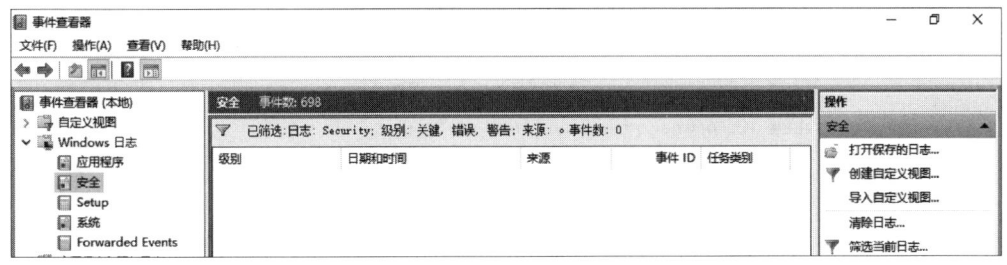

图 7-7　安全日志筛选结果

筛选结果如无关键、警示、错误日志，也应将筛选结果记入设备运行记录表，见表 7-5。

**（二）系统日志查看**

系统日志记录操作系统组件产生的事件，主要包括驱动程序、系统组件和应用程序的崩溃以及数据丢失错误等。存放路径一般与安全日志存放路径相同，文件名称为 System.evtx。

表 7-5　　　　　　　　　　　设备运行记录表

| 序号 | 日期 | 时间 | 设备名称 | 位置 | 设备编号 | 运行现象 | 记录人员 | 故障处理情况 |
|---|---|---|---|---|---|---|---|---|
| 1 | 2021-1-28 | 15：00 | 服务器 | 中心机房 | ZXJF-FWQ-A-01 | 当前状态：☑正常 □故障 □未知<br>运行现象：正常<br>设备情况：设备运行正常，硬件情况如下：<br>CPU 利用率：最高 19.680 9%，平均 1.393 3%，最低 0.151%；<br>内存利用率：最高 43.732%，平均 40.589 3%，最低 17.229 4%。 | NA | 处理情况：<br>□已处理 □未处理 ☑无需处理<br>处理方法：无<br>故障处理人：无<br>联系方式：无<br>设备故障排查记录表：无 |

以 Windows Server 2019 操作系统为例，介绍系统日志的查看与记录。通过事件查看器提供的"筛选当前日志"功能来筛选出关键、警告、错误的日志，筛选结果如图 7-8 所示。

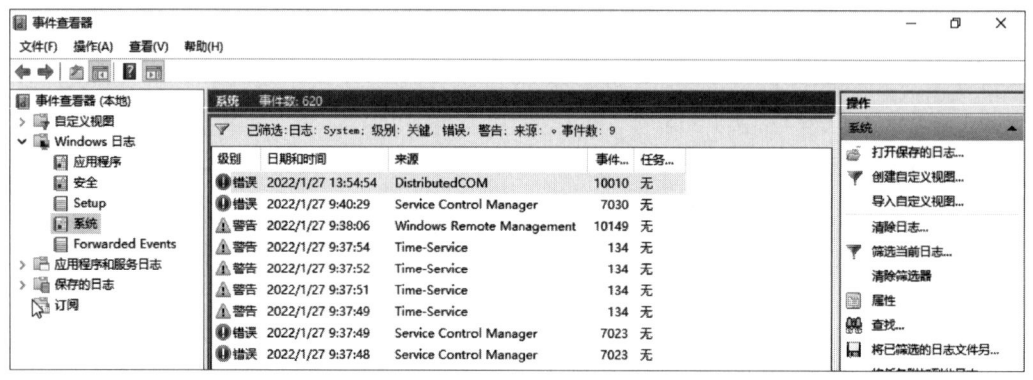

图 7-8　系统日志筛选结果

通过双击错误日志查看其详细描述，如图 7-9 所示。

从事件属性中可看到具体错误为"Printer Extensions and Notifications 服务标记为交互服务。但是系统配置成不允许交互服务。"其中，"Printer Extensions and Notifications"翻译为"打印机扩展和通知"，该服务为 Windows Server 操作系统提供的服务，可通过"开始菜单—服务"查看到 Printer Extensions and Notifications 服务状态。该服务可打开自定义打印机对话框并处理来自远程打印服务器或打印机的通知。如果关闭此服务，

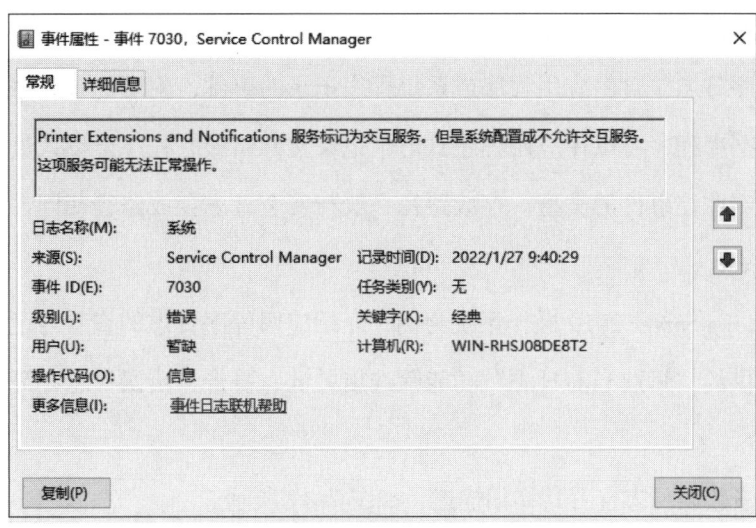

图 7-9　7030 错误日志示例

将无法看到打印机扩展或通知。当服务状态为"已停止"且继续使用打印机相关功能，则会产生该日志报错现象。可尝试启动服务后再观察系统日志，并记入设备运行记录表，见表 7-6。

表 7-6　　　　　　　　　　　设备运行记录表

| 序号 | 日期 | 时间 | 设备名称 | 位置 | 设备编号 | 运行现象以及处理情况 | 记录人员 | 故障片理情况 |
|---|---|---|---|---|---|---|---|---|
| 1 | 2021-1-28 | 15：00 | 服务器 | 中心机房 | ZXJF-FWQ-A-01 | 当前状态：☑正常 □故障 □未知<br>运行现象：服务器运行正常，在 2022-1-27 时系统日志出现事件 ID 为 7030 错误。<br>设备情况：设备运行正常，硬件情况如下：<br>CPU 利用率：最高 19.680 9%，平均 1.393 3%，最低 0.151%；<br>内存利用率：最高 43.732%，平均 40.589 3%，最低 17.229 4%。 | NA | 处理情况：☑已处理 □未处理 □无需处理<br>处理方法：根据错误事件信息，将 Printer Extensions and Notifications 设置为启动状态，建议过后定期观察。<br>故障处理人：NA<br>联系方式：13950000000<br>设备故障排查记录表：2022-GZPC-01 |

### (三)应用程序日志查看

应用程序日志包含由应用程序或系统程序记录的事件,主要记录程序运行方面的事件,如数据库程序可以在应用程序日志中记录文件错误,程序开发人员可通过开发程序自行决定监控事件的类型。存放路径一般与安全日志存放路径相同,文件名称为 Application.evtx。

以 Windows Server 2019 操作系统为例,介绍应用程序日志的查看与记录。通过事件查看器提供的"筛选当前日志"功能筛选出关键、警告、错误日志,筛选结果如图 7-10 所示。

通过双击错误日志查看其详细描述,如图 7-11 所示。

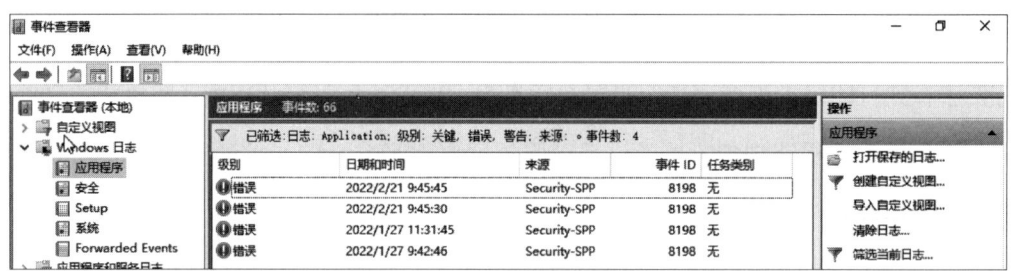

图 7-10 应用程序日志筛选结果

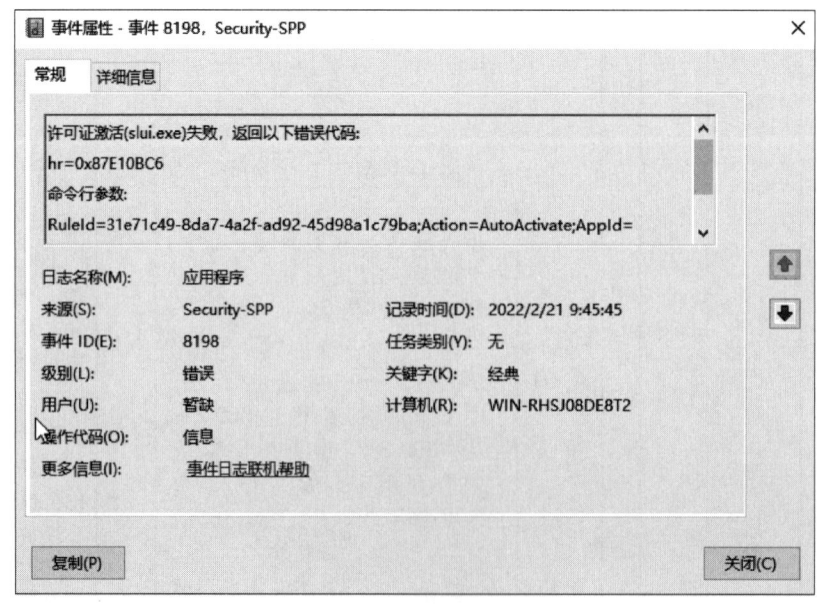

图 7-11 8198 错误日志示例

从事件属性中可看到具体错误为"许可证激活失败"。Windows Server 操作系统提供了 Software Protection 服务，用于实现数字许可证的下载、安装和实施。如果禁用了该服务，有可能会使操作系统或应用程序以通知模式运行。该错误产生的原因有可能是：①安装操作系统或应用程序过程中，网络断开导致许可证下载失败；②系统的时区、时间、语言设置位置与操作系统或应用程序的安装位置不一致；③Software Protection 服务未启动，或需重新启动。

尝试重新启动 Software Protection 服务后再观察应用程序日志，并记入设备运行记录表，见表 7-7。

表 7-7　　　　　　　　　　　设备运行记录表

| 序号 | 日期 | 时间 | 设备名称 | 位置 | 设备编号 | 运行现象以及处理情况 | 记录人员 | 故障片理情况 |
|---|---|---|---|---|---|---|---|---|
| 1 | 2021-1-28 | 15：00 | 服务器 | 中心机房 | ZXJF-FWQ-A-01 | 当前状态：☑正常 □故障 □未知<br>运行现象：服务器运行正常，在 2022-1-27 时应用程序日志出现事件 ID 为 8198 错误。<br>设备情况：设备运行正常，硬件情况如下：<br>CPU 利用率：最高 19.680 9%，平均 1.393 3%，最低 0.151%；<br>内存利用率：最高 43.732%，平均 40.589 3%，最低 17.229 4%。 | NA | 处理情况：☑已处理 □未处理 □无需处理<br>处理方法：检查网络连通性，并过后定期观察，排除引起错误的应用程序或操作系统。<br>故障处理人：NA<br>联系方式：13950000000<br>设备故障排查记录表：2022-GZPC-02 |

## 二、服务器系统日志服务

rsyslog 是 Ubuntu 操作系统服务，一般默认安装，并被设置为自启动，可以通过"systemctl status rsyslog"命令查看服务状态。rsyslog 配置文件一般存放于 /etc/rsyslog.conf，而日志文件一般位于 /var/log 目录下，也可以通过修改配置文件决定日志文件的存放位置。

## （一）日志来源与日志级别配置

rsyslog 通过程序模块定义日志消息的来源，一般包括 kern、user、mail、daemon、auth、syslog、lpr、cron、news、uucp、ftp、local0–local7 等。其中，auth 为认证系统消息。除了日志来源以外，对于同一来源产生的日志消息还可设置优先级别，一般包括 emergency、alert、critical、error、warning、notice、info、debug。其中，error 为错误级别，warning 为警告级别。

对于日志来源和日志级别的配置可添加在 rsyslog.conf 文件中，其中部分配置内容为：

```
auth.*  /var/log/auth.log
mail.* -/var/log/mail.log
```

需要说明的是，* 表示所有级别，如 auth.* 表示认证系统所有信息，包括 emergency、alert 等；/var/log 用于存放日志，如 /var/log/auth.log 指将所有关于认证系统的信息都存放于 auth.log 文件中，路径为 /var/log/ 下。

## （二）日志格式

auth 为认证系统消息，其包括登录成功、登录时密码输入错误等信息。当产生 auth.log 日志时，一般存放于 /var/log 路径下。rsyslog.conf 配置文件中规定日志采集的格式，用户可以通过定义 template 变量约定日志格式，配置内容为：

```
$template MYT,"%timegenerated% %FROMHOST-IP% %syslogtag% %msg%\n"
$ActionFileDefaultTemplate MYT
```

需要说明的是，%timegenerated% 表示日志时间；%FROMHOST-IP% 表示主机 IP；%syslogtag% 表示日志记录目标；%msg% 表示日志内容；$template 用于定义模板，如定义模板名称为 MYT 的模块；$ActionFileDefaultTemplate 用于指明样式模板。

## （三）日志查看

为实现服务器远程访问，一般会选择安装 SSH 服务，SSH 服务默认端口为 22。为保障服务器数据安全，在 SSH 服务器搭建初期，会通过修改默认端口或修改配置文件形成黑名单、白名单，来防止不法用户通过 SSH 客户端访问服务器。不法用户通过 SSH 客户端登录失败或成功都将在 auth.log 日志中产生记录，如图 7-12 所示。

```
nle@nle-VirtualBox:~$ tail -5 /var/log/auth.log
Feb 23 16:17:01 127.0.0.1 CRON[1743]: pam_unix(cron:session): session opened for user root by (uid=0)
Feb 23 16:17:01 127.0.0.1 CRON[1743]: pam_unix(cron:session): session closed for user root
Feb 23 16:18:02 127.0.0.1 sshd[1768]: Failed password for nle from 192.168.1.2 port 57405 ssh2
Feb 23 16:18:02 127.0.0.1 sshd[1768]: Failed password for nle from 192.168.1.2 port 57405 ssh2
Feb 23 16:18:02 127.0.0.1 sshd[1768]: Connection reset by authenticating user nle 192.168.1.2 port 57405 [preauth]
```

图 7-12　auth.log 日志记录

从图中可知，在 2 月 23 日有 IP 地址为 192.168.1.2 的用户的登录记录，并且因为密码错误而登录失败，并产生信息为"Faild password for nle from 192.168.1.2 port 57405 ssh2"的日志记录。技术人员此时应查阅技术解决方案，分析该 IP 地址是否为非法登录？合法的 IP 地址登录失败原因是否是因为密码错误？该 IP 地址是否为局域网 IP 地址？排除非法入侵或恶意登录引起的网络堵塞等威胁后，将信息记入设备运行记录表，见表 7-8。

表 7-8　　　　　　　　　　　设备运行记录表

| 序号 | 日期 | 时间 | 设备名称 | 位置 | 设备编号 | 运行现象以及处理情况 | 记录人员 | 故障处理情况 |
|---|---|---|---|---|---|---|---|---|
| 1 | 2021-1-28 | 15：00 | 服务器 | 中心机房 | ZXJF-FWQ-A-01 | 当前状态：☑正常 □故障 □未知<br>运行现象：服务器运行正常，在 2 月 23 日 auth.log 日志出现 192.168.1.2 远程登录失败记录。<br>设备情况：设备运行正常，硬件情况如下：<br>CPU 利用率：最高 19.680 9%，平均 1.393 3%，最低 0.151%；<br>内存利用率：最高 43.732%，平均 40.589 3%，最低 17.229 4%。 | NA | 处理情况：☑已处理 □未处理 □无需处理<br>处理方法：查看 IP 地址为 192.168.1.2 的用户主机为可靠主机；查看该 IP 地址的登录失败原因主要为密码输入错误；查看该 IP 地址的登录次数为 3 次，在允许访问次数内。<br>故障处理人：NA<br>联系方式：13950000000<br>设备故障排查记录表：2022-GZPC-03 |

# 第三节 异常上报与处理

本节以介绍将网络监控工具作为设备异常上报与处理的工具为例,讲解了网络监控工具的基本概念,通过介绍常见的网络监控工具(PRTG 网络监控器软件、ManageEngine OpManager 软件)的工作原理,使读者能够了解不同监控工具的功能特点,并以 PRTG 网络监控器的使用为例,具体讲解网络监控工具的使用方法。

**考核知识点及能力要求:**

- 了解网络监控工具的基本概念。
- 了解 PRTG 网络监控器、ManageEngine OpManager 软件的基本功能。
- 掌握 PRTG 网络监控器软件的安装与使用方法。

## 一、网络监控工具

网络监控工具用于辅助网络管理人员监控网络,通常利用 SNMP 协议实现监控网络设备的功能,以及网络性能多维度的监控管理,并利用可视化界面描述指标趋势,完善网络数据支撑,保障网络系统的高效运行。现有的网络监控工具众多,可根据需求进行安装使用,以 PRTG 网络监控器软件、ManageEngine OpManager 软件为例进行介绍。

### (一)PRTG 网络监控器软件

PRTG 网络监控器软件作为一款适用于 Windows Server 操作系统的网络监控工具,

具有监测计算机、防火墙、数据库服务器、交换机、路由器等网络通信设备的功能，在提供可视化界面展示网络实时状态信息的同时，其内置通知机制可用于对异常指标数据报警。并可集成 Windows Server 操作系统管理规范和性能计数器技术，使用流量协议完成对流量的分析。

### （二）ManageEngine OpManager 软件

ManageEngine OpManager 软件主要应用于集成网络性能的管理解决方案，同样适用于 Windows Server 操作系统环境，可实现 7×24 小时局域网监控，具备异常数据的告警上报以及故障处理能力。此外还可实现自动化运维的一体化管理，实时监控服务器、防火墙、交换机、路由器等网络设备，提供带宽、网络、IP 地址、端口、应用的管理功能，支持利用自定义智能报表的输出，快速直观体现网络性能，保障业务系统稳定运行。

## 二、PRTG 网络监控器软件的使用

PRTG 网络监控器软件可用于个人以及企业，其具有 30 天内免费试用权限，可以用于数千个规模的网络检测。其利用部署核心服务器和本地探测仪完成内部环境部署。以"在 Windows Server 2019 操作系统下，PRTG 网络监控器软件的使用"为例进行介绍。

### （一）PRTG 网络监控器软件安装

安装 PRTG 网络监控器软件，需先在官网选择 PRTG 网络监控器软件安装包下载并双击安装包，完成安装语言选择，并设置网络预警反馈邮箱账户。当出现 PRTG Network Monitor 图标即说明安装成功。

### （二）监控主机配置

采用服务器管理器添加角色和功能，选择"服务器角色—网络策略和访问服务—SNMP 服务"安装 SNMP 服务后，利用 SNMP 服务安全属性设置监控本主机，如图 7-13 所示，也可通过添加监控主机名、IP 地址的方式更改监控主机。

### （三）查看网络设备运行状态

单击 PRTG Network Monitor 图标，打开 PRTG 网络监控器软件的 Web 管理界面，采用默认登录名与密码登录主页，提供设备、库、传感器、警报、拓扑图、报表、日

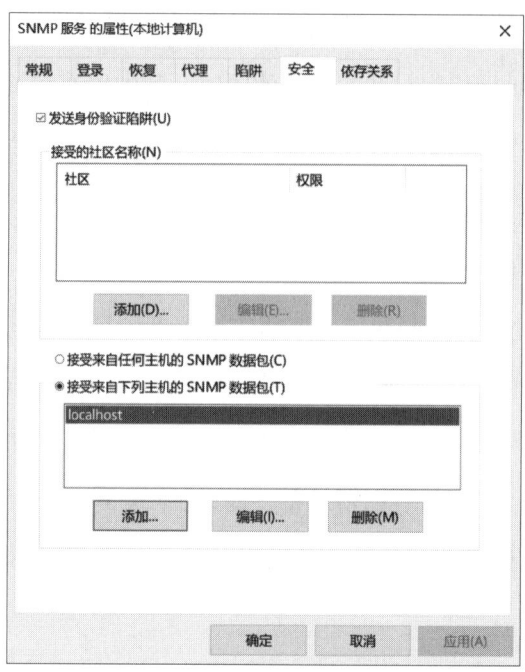

图 7-13 监控主机配置

志等监控管理功能。单击"设备"选项可进行网络设备的运行状态查看,如图 7-14 所示为本主机监控数据。

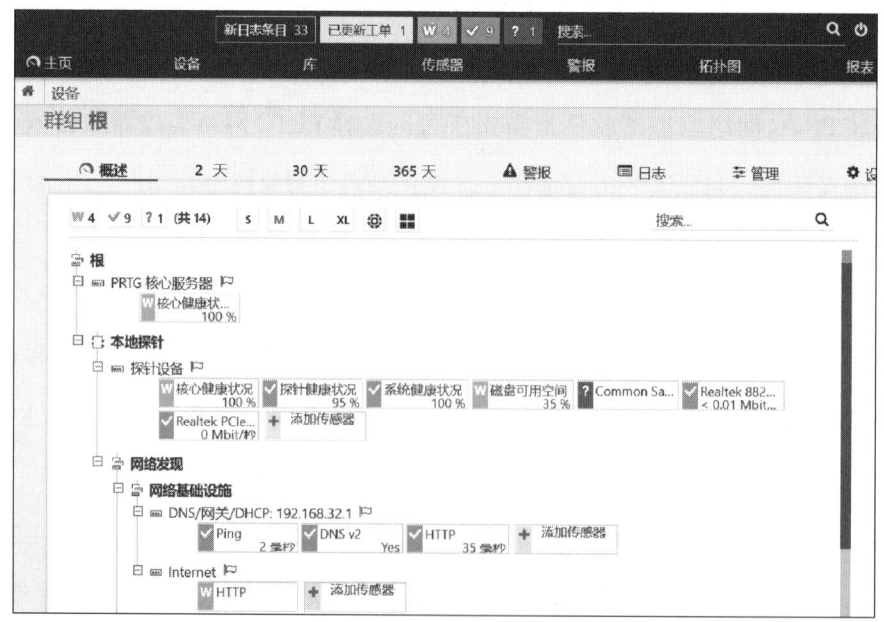

图 7-14 查看本主机监控数据

**思考题**

1. 常见运行监控对象包括哪些?
2. Zabbix 软件的优点与缺点分别是什么?
3. Collectl 软件与 Nmon 软件有什么区别?
4. 网络监控工具通常利用什么协议完成监控功能?
5. 网络监控工具一般具有什么功能?
6. PRTG 网络监控器软件如何设定监控主机?

# 第八章
# 设备故障维护

设备具有生命周期，运行到一定阶段会出现故障。对于系统或设备的售后服务保障应纳入项目解决方案、投标书、施工组织设计方案中。做好设备预防性维护、及早发现设备的异常现象和隐患、掌握设备的初期信息可以有效减少企业的损失，因此建议在最初就做好设备维护计划，并在拟定的周期或日期内根据维护计划形成维修工单，对维修工作进行详细记录并形成运维知识库。

- **职业功能：** 物联网系统运行与维护。
- **工作内容：** 设备故障维护。
- **专业能力要求：** 能对所需维修备件的编目、采购、保管、使用等进行管理；能收集设备故障数据并定位设备故障点；能根据工作任务书，对设备巡检与维护。
- **相关知识要求：** 质量管理体系知识，故障排查知识，产品维护知识。

# 第一节 备件管理

本节介绍了备品备件的功能,通过不同分类方法完成备品备件的分类,说明了备件的存放与采购管理方法,讲解了备品备件管理系统的主要功能与当前的应用趋势。

**考核知识点及能力要求:**
- 了解备品备件的分类。
- 了解备品备件的采购方式。
- 了解备品备件管理系统的主要功能与应用趋势。
- 掌握备品备件的主要存放方法。

## 一、备品备件分类方法

备品备件管理是指对备品或备件的计划、采购、验收、出入库、盘点、库存等环节进行动态控制和预警管理。通过获取备品备件的动态消耗信息并了解消耗规律,修正储备定额,保障备品备件存储环境,维修和保养备品备件。其目的在于:

➢ 减少备品备件的积压。
➢ 加速资金的周转。
➢ 把因故障所造成的影响降到最低限度。
➢ 满足现场对备品备件的要求,为现场设备维修提供强有力的保障。
➢ 将储备量压缩到合理供应的最低水平。

根据不同行业或企业的管理模式需求,可对备品备件按重要性、状态、技术特性进行分类。

#### （一）按重要性分类

备品备件按其重要性分为一级备品备件和二级备品备件。一级备品备件一般指用于维持设备或系统运行的重要部件，或者会引发安全问题的部件，其一旦损坏会造成设备或系统较长时间不能正常运行，如智能家居中的物联网中心网关。二级备品备件一般指经常磨损的零部件，或者保养设备所需的部件，如工业皮带。

#### （二）按状态分类

备品备件按其状态分为常用备品和非常用备品。常用备品指容易损坏、故障较多的部件，或者使用较多的部件，如鼠标或 U 盘。不常用备品指基本不发生故障、更换频率较少的部件或设备，如服务器。

#### （三）按技术特性分类

备品备件按技术特性分为可修复件和不可修复件。可修复件是指损坏后可反复维修直到没有维修价值后报废的部件，如显示器。不可修复件是指损坏后无法修复直接报废的部件，如电子元器件等。

### 二、备件管理方法

备件管理是设备维修资源管理的主要组成部分，它能把设备因突发故障所造成的停工损失降低到最低限度，把设备计划修理的停歇时间和修理费用降低到最低限度。做好备件管理可以将储备资金压缩到合理供应的最低水平。

#### （一）备品备件的存放条件

不同备品备件对于存放条件有一定的要求，易于挥发或需冷藏的备品应提供其所需的冷冻环境以保持备品的有效性，如日常生活中所见的疫苗多储藏于冷柜中。对于易燃、不耐高温的备品备件应存放在通风处，并通过加冰等方法控制库房温度，以及通过使用干燥剂、密封包装等方法降低库房湿度。对于存放期间有可能产生漏油现象的电动设备应对其定期检查并存放于干燥通风的库房，同时禁止将其与酸碱等化学品和水泥等物品一同存放。对于怕压、怕摔、怕潮湿的电子元器件要做好防潮、防氧化工作，并使用防静电袋或屏蔽袋等材料包装。用于存放备品备件的库房应根据产品特性或类型按项分堆、分间、分库储存，并在醒目处标明储存物品的名称、性质和灭火方式。

### （二）备品备件的采购方式及数量

备品备件可以按定期采购方式或定额采购方式进行补充。定期采购方式是指按一定周期采购，如每月固定采购的 A4 打印纸等低值损耗品，采购时应考虑现有库存量、已采购未到货的数量以及预估的消耗量。定额采购方式是指在库存达到规定的最低库存标准时进行采购。

## 三、备品备件管理系统

使用备品备件管理系统可以在保证备件品种的质量、数量、经济合理的原则下，对备件的计划、制造、采购、储备、供应等进行管理，从而减少库存数据不准确、异常换件等情况，使服务人员可以更好地了解备件的维修、使用情况，及时报废老旧备件。

### （一）备品备件管理系统主要功能

市面上并没有统一的对备品备件管理系统的功能要求，不同软件公司会根据需求进行开发。如图 8-1 所示，某备品备件管理系统包含 6 大功能模块，分别为定点定位摆放、库存量自动检测、库存量预警、出入库自动记录、环境监控、门禁管理。其中定点定位摆放功能用于约束备品的定点定位放置；库存量自动检测用于检测备品备件的库存量；库存量预警用于在库存量低于预设阈值时提出警告信息；出入库自动记录用于记录一次性、复用性、消耗型备品备件的出入信息；环境监控用于监测库房环境并根据阈值调节库房温湿度等；门禁管理用于出入人员的权限管理。

分析市面上的备品备件管理系统可知，备品备件管理系统应至少包括以下四点。

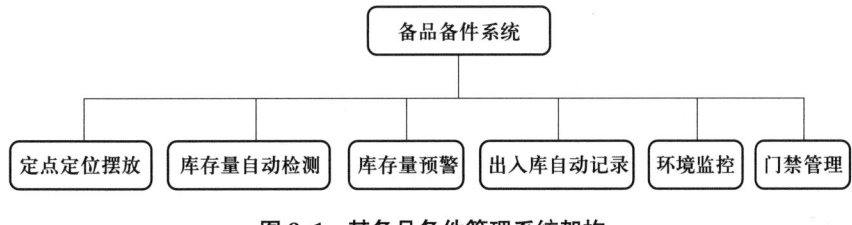

图 8-1 某备品备件管理系统架构

**1. 备件的管理**

备件的管理包括采购统计、消耗统计、库存统计等。

**2. 人员的管理**

人员的管理包括人员的进出库、备件的申领、个人库存的备件等。

**3. 环境的监控**

环境的监控包括库房温度、湿度、通风情况的监控等。

**4. 基本信息的管理**

基本信息的管理包括仓库管理、备件基础信息的管理、供应商的管理等。

**（二）备品备件管理系统的应用**

备品备件管理系统一般会配套数据库管理系统，如MySQL、SQL Server数据库管理系统，同时支持PC端和手机端的不同应用场合。备品备件管理系统对人、机、料的需求、活动和动作进行统一管理，可以实现现代高效、科学合理的备品备件信息管理，保障了备品备件的正常供应，科学安排备品备件的库存，增加了储备资金的流动，同时降低了采购成本，提高了企业的经济效益。市面上的备品备件管理系统整合了条形码技术、射频识别技术、手持读写器终端等物联网设备或技术来对备品备件进行管理。

# 第二节 设备故障定位

本节介绍了设备故障定位的方法，通过列举常见的感知、网络与服务器设备故障及原因，使读者认识常见设备故障，从理论上讲解了故障排除的基本方法与分析步骤，并且利用网络故障示例说明了故障定位具体排查步骤。

**考核知识点及能力要求：**

- 了解常见的设备故障及原因分析。
- 了解常用的故障分析与查找方法。
- 掌握故障排除的步骤。
- 能够根据不同的故障完成故障现象的收集。

## 一、常见设备故障及原因

物联网的各层体系结构设备的故障都有可能导致整个物联网系统运行状态异常，如传感器最常出现的采集数据不准确、路由器最常出现的网络异常、数据采集模块最常出现的数据传输异常等都将影响应用层的数据展示与执行器的控制功能。分析设备的故障可通过听、闻、望等基本现象判断，否则需考虑其上行、下行设备运行状况。

### （一）感知层常见故障及原因

物联网感知层设备就像人体的触觉器官，用于获取感知对象的状态或数据。感知层常见的设备有读写器、传感器、二维码扫描器等。物联网中心网关也属于感知层设备，用于实现传感网与网络层协议的数据转换。常见的感知层故障及原因如下。

**1. 传感器不能发送数据**

产生该故障现象的原因有可能是 SIM 卡欠费、电源断路、信号线断路、信号干扰、网络攻击、设备损坏等。

**2. 传感器数据发送不稳定**

产生该故障现象的原因有可能是供电电压不稳或不足、信号干扰、信号传输不稳定、信号线接触不良等。

**3. 物联网终端无法与传感器通信**

产生该故障现象的原因有可能是终端程序故障、终端参数配置错误、传感器地址与终端不匹配、多传感器地址冲突、信号线缆松动或接线错误、与传感器通信距离超限等。

**4. 物联网终端无法与物联网中心网关通信或无法将数据发送到数据中心**

产生该故障现象的原因有可能是终端程序故障、终端参数配置错误、终端通信模块故障、终端 SIM 卡欠费、终端通信线缆故障、终端供电故障、与物联网中心网关通信距离超限等。

**5. 物联网中心网关连接不上感知层设备或物联网终端**

产生该故障现象的原因有可能是物联网中心网关配置错误、物联网中心网关供电故障、信号线缆松动或接线错误等。

### （二）网络层常见故障及原因

网络层主要负责对传感器采集的信息进行可靠的传输，并将收集到的信息传输给应用层。常见的网络层故障及原因如下。

**1. 交换机不转发数据**

产生该故障现象的原因有可能是交换机供电故障、VLAN 配置错误、访问控制列表（access control lists，ACL）配置错误、网络形成环路、端口损坏、网线故障、光模块损坏、光纤故障等。

**2. 路由器不转发数据**

产生该故障现象的原因有可能是路由器供电故障、路由器配置错误、地址错误、流量过载、规则设置错误、端口损坏、网线故障、光模块损坏、光纤故障等。

### （三）服务器常见故障及原因

服务器作为高速运算、长时间运行的设备，出现故障的情况比较多。常见的服务器故障及原因如下。

**1. 服务器不能正常开机**

产生该故障现象的原因有可能是主板故障、硬盘故障、内存金手指氧化或松动、显卡故障、与其他硬件冲突、操作系统故障、电源或电源模块故障、市电或电源线故障等。

**2. 服务器不能与交换机或路由器通信**

产生该故障现象的原因有可能是网线松动、网卡故障、服务器地址配置错误、网络攻击等。

## 二、故障排除基本方法和步骤

故障的排除需要一定的方法，如使用备品备件替换疑似出现故障或损坏的部件；排除故障需要一定的物联网知识，如了解物联网体系结构，知道疑似故障在整个体系系统的地位和作用，故障部件的上行、下行设备分别是什么。

### （一）排除故障的基础

具有一定的专业物联网基础知识，并运用运维工具，才能排除故障。排除故障应做到如下几点：

- 了解物联网系统的整体拓扑结构，如数据流、技术路线等。
- 了解物联网系统中各设备的分布位置及线路走向等。
- 了解设备的具体内容，如其工作原理、运行形式、参数配置等。
- 了解基本运维工具的使用。

### （二）常用故障分析和查找的方法

出现故障必然会影响系统的正常、正确运行，如会导致感知层设备状态错误、路由器无法连接外网等问题。当故障出现时，可以通过听声音、看指示灯、看数据、闻是否有烧焦气味等方式来初步判断故障，也可以通过以下几种方法来分析和查找故障。

**1. 仪器测试法**

借助各种仪器、仪表测量各种参数，以便分析故障原因。例如，使用多用表测量设备电阻、电压、电流判断设备是否硬件故障，利用 Wi-Fi 信号检测软件检测设备 Wi-Fi 通信网络故障原因。

**2. 替代法**

怀疑某个设备/器件发生故障，可以替换其备品备件，看故障是否恢复。

**3. 直接检查法**

在了解故障原因后，可根据经验针对出现故障概率高的一些特殊故障，直接检查疑似故障点。

**4. 分析缩减法**

根据系统的工作原理及设备之间的关系，结合故障发生的经过进行分析和判断，跳过一些测量、检查等环节，迅速判断故障发生的范围。

### （三）故障排除的步骤

故障的排除应先动脑后动手，排除过程应是"分析—检测—判断"反复进行，逐步缩小故障范围。具体操作步骤如下。

**1. 信息收集分析**

在故障迹象受到干扰前,对所有可能存在有关故障原始状态的信息进行收集、分析和判断。可以从几个方面入手:

➢ 通过监控和告警工具查看故障具体现象,阅读故障日志。

➢ 向系统(设备)操作者或者故障发现者询问故障现象。

➢ 观察故障,初步分析、判断故障的原因和某设备故障的可能性,缩小故障发生范围,推断出最有可能存在故障的区域。

**2. 设备检测**

根据故障分析中得到的初步结论和疑问,制定排查计划后,根据排查计划,从最有可能存在故障的区域开始入手,对设备进行详细检测,最终确定故障设备。尽量避免对设备作不必要的拆卸和参数调整,防止因不慎重的操作引起更严重的故障。检查过程根据系统整体结构,划分为若干个小部分或区域,采用故障查找方法进行排查。

**3. 故障定点**

根据故障现象,结合设备的工作原理及与周边设备间的关系,判断设备是物理故障还是逻辑故障,并确定发生故障的原因。物理故障是由于设备或线路损坏、插头松动、线路受到严重电磁干扰等产生的。逻辑故障是由于设备配置错误或设备程序文件丢失、死机等产生的。

**4. 故障排除**

确定故障点后,可采用修复或者更换设备的方式排除故障。

**5. 排除后观察**

设备故障排除后,运维人员应对设备接线、配置参数等进行详细检查后再送电,以确认设备是否正常运转,系统功能是否恢复。设备故障排除后,要跟踪观察其运行情况一段时间,确保系统已稳定工作。对故障的类型、原因、修复方式等都要做记录,并纳入运维知识库,以便后期系统出现类似故障可以更快地进行排查和修复。

## 三、故障定位与解决示例

近期某客户反映出现 PC 无法上网故障,具体连接线路与 IP 规划如图 8-2 所示,希望协助处理。利用设备故障排除步骤，售后人员在了解其整体网络拓扑结构、连接线路与 IP 规划后，展开故障解决工作。

图 8-2　连接线路与 IP 规划

### （一）故障现象收集

售后人员可先通过咨询故障现象初步判断故障原因，客户表示利用现场 PC 验证故障现象后，发现访问网页、视频均无法实现。售后人员进一步展开故障收集工作，询问客户详细现象，收集了以下信息：无法上网 PC 共有 10 台，均安装 Windows Server 操作系统，均采用无线连接方式，且 IP 地址为手动配置模式；上网异常 PC 在全天时间段内都无法正常上网；通过 SYS 指示灯持续闪烁判断无线路由器电源已正常连接；利用异常 PC 命令行工具输入 "ping 无线路由器 LAN IP" 命令，无丢包超时现象。

### （二）故障原因查找与分析

根据客户提供信息，利用"分析缩减法"初步判断是由于无线路由器配置错误或 PC 设置错误导致的故障。售后人员前往客户现场进行故障原因查找与分析、更换异常 PC、手动配置 IP 地址后，仍出现故障问题。结合无线路由器工作原理，判断为 IP 地址设置问题。PC 手动配置地址可能存在如下原因：①IP 地址与已使用地址重复冲突；②处于无线路由器下发地址池范围之外；③无线路由器策略设置错误。

### （三）故障排除

由于已确定是无线路由器配置与 PC 设置的问题，于是将故障 PC 均更改为自动获取地址模式，故障解决。为进一步判断故障原因，进行了如下故障排查操作：

①记录自动获取 IP 地址，与手动配置 IP 地址是否一致；②登录无线路由器 Web 界面，确认手动配置 IP 地址是否位于地址池范围内；③通过 Web 界面查看在线设备信息，核对 IP 地址信息与实际是否一致；④通过 Web 界面查看无线路由器策略设置是否异常。

经售后人员排查，发现无线路由器静态 IP 地址分配模块存在 IP 与 MAC 地址绑定的操作，原计划手动配置的 IP 地址已与固定 MAC 地址存在绑定关系，如图 8-3 所示，因此导致该部分 IP 地址无法访问互联网。

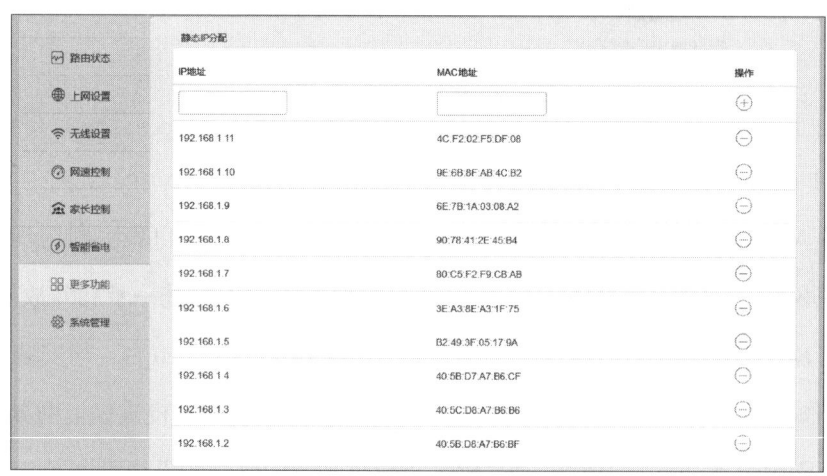

图 8-3　IP 与 MAC 地址绑定关系

## 第三节　设备巡检与维护

本节介绍了设备巡检与点检的基本概念，通过列举巡检和点检的区别，使读者能够区分巡检与点检的应用场景，并且讲解了物联网预测性与规范性维护方法的应用。

**考核知识点及能力要求：**
- 了解设备巡检及点检的概念。
- 能够根据不同工作任务的特点选择设备巡检与点检方式。
- 了解物联网的预测性及规范性维护概念。

## 一、巡检与点检的区别

随着制造业规模持续发展，通过传统设备技术的改造，设备的维护管理理念逐渐完善，设备管理已成为产业管理体系中的重要组成部分。现代化设备管理主要以经济效益为目标，旨在运用技术手段实现设备生产服务的同时，提高产品生产质量，维持设备良好运行状态。随着产业间竞争的加剧，越发要求健全设备管理体系。设备的好坏影响着生产活动的运行，关系着产业经济效益的高低。

目前大多数制造业对设备主要采用巡检和点检两种方式进行预防性维护，以此来降低设备故障率，简化设备维修管理的工作程序，保障生产线的高效运行。设备巡检和点检采用人的触觉、视觉、听觉等感官，或者通过简单工具仪器，及时获取设备状态信息、判断设备的工作性能、为设备提供维护检测保养、制定有效的预防策略、管理设备生产服务。

### （一）巡检概述

按照设备的产品线分类，巡检主要针对某一项生产线，根据预先设定的周期、检测方式、特定功能开展，对设备的运行状态进行观察巡视，通过巡检掌握设备的初期信息，判断设备的异常隐患。通常情况下，参与巡检维护的人员一般不固定，主要由值班运维人员组成。利用巡检线路方向对照标准与实际生产情况进行功能性检查，最终提交巡检情况记录，为点检提供故障点明细，实现有目标的设备点检。由于巡检无明确判定标准，因此更适用于分散型设备检查。

### （二）点检概述

按照规定的部位，点检主要是作为巡检的补充步骤，针对巡检提出的方向，进行专项周密性检查,及时发现设备隐患并提出处理对策,实现预知性处理,全面把握设备运行状况。而依据行业的不同,点检的方式、周期、内容也会存在差异,需依据设备性能制定对应的操作规程和设备检修手册。点检工作内容与要点详见表 8-1。

表 8-1　　　　　　　　　　点检工作内容与要点

| 要点名称 | 工作内容 |
| --- | --- |
| 定点 | 设定检查内容、部位和项目 |
| 定人 | 设定点检工作人员 |
| 定法 | 设定点检方式 |
| 定标 | 设定每项点检内容的判定标准依据 |
| 定周期 | 设定不同内容、部位和项目的点检周期 |
| 定记录 | 设定故障、检查记录格式 |
| 定表 | 设定点检计划表 |
| 定流程 | 设定点检标准化操作流程 |

### (三)巡检与点检区别

巡检与点检作为生产维护的预防性手段,在业务流程中制定了明确的设备管理制度,旨在通过预防性检查,提高设备维修的工作效率。二者之间的主要区别如下。

**1. 检查人员不同**

巡检人员通常只需普通值班运维人员即可,而点检人员除运维人员外,还需具备一定技术水平人员参与点检操作,以保障点检质量。

**2. 周期不同**

一般情况下,巡检周期相对频繁,为 1～2 h 一次;而点检检查细项内容多,周期较长,1 周一次即可。

**3. 检查侧重内容不同**

巡检侧重于面的管理,完成设备全面粗略的检查,仅填写一般检查记录;点检侧重点的管理,旨在实现设备的重点细项检查,并拥有标准程序化点检记录。

**4. 判定标准不同**

巡检本质上为不定量管理,无明确判定标准;点检将设备的减损程度、诊断技术、维修标准结合，制定设备劣化标准。

## 二、物联网维护方法

对于设备的维护方式来说，最为理想的状态是准确估算出设备何时需要维修，再投入人力物力用于维护。传统的人为检查维护难以预防由于随机因素导致的偶然性故障，而对于巡检信息掌握不完全也会导致设备维修的效率降低，从而给产品线运行带来了极大的安全隐患。

物联网基于互联网架构，利用通信协议，将传感器、激光扫描器等信息传感设备互连，进行物体之间的数据信息交互，实现了系统的自动识别、定位、跟踪和监控。其作为信息与物理空间的融合产物，改善了人与物体间的相处模式，将信息化技术充分应用到人类社会。物联网的出现为产业的发展提供了管理维护功能，规避了人为操作的弊端，并通过实时远程检测设备状态实现管理监控、建立高效的设备巡检与维护标准。其利用传感器的部署，根据使用功能、执行效果等关键指标参数对设备进行全面化管理，在智能化获取数据的同时提供检测预警功能。

### （一）预测性维护

预测性维护主要采用周期维护模式，通过支持物联网技术的设备持续提供设备运作信息，定期传输至数据分析平台，自动预测设备故障。由于预测性维护作为周期性维护工作，即使设备生产线运作正常，依然需要定期进行维护操作，将传统人工巡检方式转变为智能化的设备监控方式。通过全局查看并掌握生产线的整体状态，对设备状态进行连续性测量，管理数据性能分析，实现对整个生产线设备的预测性维护管理，在预防设备临时性故障的同时，节约了人力维护成本。

### （二）规范性维护

规范性维护主要通过数据驱动自动化决策，在严格遵循计划维护的基础之上，促使设备自身对维护事件进行规划，对突发状况采取实时措施。集成生产线业务流程与设备运行数据的同时，引入机器学习和人工智能技术作为信息控制中心，利用控制软件与同步分析的结合，实现系统自动检测与动态决策管控的功能。规范性维护提供时间感应模型，其利用高级软件技术对设备快速采取反应措施，在时间推移的过程中不断分析实时数据，自动同步优化维护方案。

规范性维护与预测性维护虽然都用于完成设备数据的收集分析、预测故障的发生，但预测性主旨在于预测故障的发生，而规范性则是为避免所有异常的可能性，提高故障处理的响应速度，从而保障生产线设备的可靠性、安全性。

**思考题**

1. 备品备件管理有何必要性？
2. 对于智能家居中的物联网中心网关应该采取定额采购还是定量采购？
3. 运维知识库的作用是什么？
4. 当用于固定摄像头的支架出现腐蚀现象时，应该采取哪些措施？
5. 用于检测双绞线通断的设备有哪些？
6. 列举设备巡检和点检的区别。
7. 点检工作的八个要点分别是什么？
8. 试分析物联网维护相较于传统的维护手段的优势。

# 第九章
# 系统运行维护

操作系统是服务器运行的基础，稳定的操作系统才能保障运行于服务器上的功能、服务或者应用操作系统的正常维护，其包括对操作系统的升级、运行于操作系统上的软件的升级、硬件驱动的管理、系统的定时备份、数据的定时备份、系统的故障检测与排查、网络通信的故障检测与排查等。通过这些维护操作以保障操作系统、软件、应用的持续运行，以确保数据不丢失、确保日志可查、确保硬件可使用。因此，系统运行维护是物联网工程技术人员的必备技能，或者可描述为核心工作内容。

- **职业功能：** 物联网系统运行与维护。
- **工作内容：** 系统运行维护。
- **专业能力要求：** 能收集系统故障数据并定位系统故障点；能使用网络通信工具定时完成服务器通信的故障排查；能根据运维保障的要求制订备份计划，完成数据与系统程序的备份；能根据工作任务书对系统软件和功能组件进行升级与维护。
- **相关知识要求：** 系统备份知识，产品升级与维护知识。

# 第一节 系统故障定位

本节介绍了系统故障的基本概念,列举了数据库系统故障与 Web 应用系统故障类型,并且讲解了数据库系统故障与 Web 应用系统故障的排除与定位方法,使读者能够根据故障现象判断故障类型的同时,利用日志分析与故障编码完成故障定位。

**考核知识点及能力要求:**

- 了解数据库系统故障的概念。
- 了解 Web 应用系统故障的概念。
- 掌握数据库系统日志分析的方法。
- 能够根据 Web 应用系统故障编码完成故障的定位。

## 一、常见系统故障

系统作为信息化技术发展的产物应用于各个领域,所需处理的数据也逐渐复杂化,Web 应用也随之多样化。系统故障表示造成系统停止运转的任何事件,在应用过程中,可能由于错误操作、病毒攻击等原因影响系统正常运行,使得系统重新启动,甚至造成系统崩溃,因此系统的安全越来越受到重视。为了提高系统可靠性,需及时对系统及组成系统单元的故障进行分析,给予相应故障恢复对策,确保运行状态及时恢复的同时,保障系统数据的完整性。根据系统性质,故障分为数据库系统故障和 Web 应用系统故障。

## （一）数据库系统故障

数据库作为系统共享资源，允许多用户并发控制存储数据库，根据数据库系统的独特性，数据库的故障类型分为以下四种。

**1. 事务故障**

在运行过程中，某个事务由于输入数据有误、并发事务锁死故障、违反完整性约束、运算溢出等非预期原因，导致事务未完成运行至正常终止，影响数据库运行状态。

**2. 介质故障**

主要为硬件故障，指因为磁头碰撞、瞬间强磁场干扰、磁盘损坏等现象，导致日志文件、数据文件和控制文件的破坏。介质故障虽然出现的可能性较小，但破坏性大。

**3. 电脑病毒故障**

作为恶意破坏电脑的程序，在对电脑操作系统破坏的同时，对数据库系统同样造成破坏，具有像病毒一样的繁殖和传播速度。

**4. 系统故障**

由于操作系统漏洞故障、数据库软件漏洞、突然停电、硬件故障等原因，造成系统停止运行，致使内存中数据库缓冲区数据全部丢失，所有正在运行的事务以非正常方式终止。虽然系统故障本质上不会破坏数据库，但仍然对正在运行的事务产生影响。

## （二）Web 应用系统故障

Web 应用主要采用 Web 浏览器作为客户端界面，一台主机即可满足系统结构。虽然具有易用性、交互性等优势，但由于网络拓扑、接入方式等存在差异，在广泛应用的同时，其暴露出的安全隐患对系统运行造成一定威胁。在 Web 应用系统运行过程中，面对应用服务故障，需根据实际情况具体分析处理。常见的 Web 应用故障包括以下两个方面。

**1. 应用故障**

由于 Web 服务器启动异常，或者 DNS 解析失败，导致 URL 对应 IP 地址错误，出现访问某网站时显示无法访问的现象。在系统运行过程中，前端与后端 Web 服务器无法连接、后端服务器崩溃都可能出现网络访问异常、故障编码提示等错误。

**2. 攻击故障**

分布式拒绝服务（distributed denial of service，DDoS）攻击故障采用客户/服务器技术，将多台电脑联合成攻击平台，用于对目标主机进行攻击，造成资源消耗过载。通常情况下，在遭受 DDoS 攻击后，入方向流量比较大，出方向流量小，网络数据接收包个数比较大，并且有丢包现象。

挑战黑洞（challenge collapsar，CC）攻击故障作为一种特殊的 DDoS 攻击，其利用控制主机或服务器，不停地发送大量数据包给目标主机，造成主机资源耗尽。CC 攻击不同于普通的 DDoS 攻击的是，CC 攻击一般出方向流量比较大，入方向流量小。

## 二、故障排除与定位

解决系统故障的基本准则是在保障系统恢复稳定运行的情况下尽量减轻数据的损失，需在故障排除与定位后，再针对故障分析提出解决方案，修复系统故障。而从事务流程方面，应遵循先分析判断后动手排查准则，结合知识经验判断排查方向，提高故障排查效率；从设备组件方面，应按照先检查外部再深入内部的思路，如先确认电源、设备、指示灯等外部信息，再查看内部配置命令等问题。排除与定位的方式也可借助系统故障现象，分析故障原因。数据库系统的日志文件是用来记录数据库的更新操作，对于日志文件的分析可帮助数据库系统实现故障的排除与定位。Web 应用系统可依据故障编码，判断故障原因，进一步展开排查。

### （一）数据库系统日志分析

数据库系统的日志记录是按照事务的执行时间有序依次进行排列的，存储于日志缓冲区，内容主要包括事务开始标识、事务操作类型、事务操作对象、事务结束标识等，一般格式见表 9–1。事务操作类型包括删除、插入、修改，其中前像指的是更新前数据的旧值，后像指的是更新后数据的新值。

表 9–1　　　　　　　　　　数据库系统日志格式

| 事务标识 | 事务操作类型 | 事务操作对象标识 | 前像 | 后像 |
| --- | --- | --- | --- | --- |
|  |  |  |  |  |

不同操作日志间存在相互制约关系用于反映系统运行情况，在实现对数据库系统的监控、审计的基础之上，确保信息数据的准确性。在故障排除与定位功能上，协助审计分析，通过查看操作对象、操作行为造成的结果，真实反映数据库运行状态，达成对行为操作的有效监控，完成异常事件回溯。利用日志记录快速收集系统故障信息，判断异常操作行为，简化故障定位过程，评估事件波及范围，采取故障应对措施，预防故障事件进一步扩大，从而提高数据库系统的可操作性与灵活性。日志文件不仅作为故障排查与定位的辅助工具，而且可以实现事务故障恢复和系统故障恢复。由于系统日志存在可读性差、数据量大、获取不易等特点，可依靠分析工具进行日志采集分析，解释零散日志信息间的联系与矛盾。

（二）Web 应用系统故障编码

Web 应用系统由于软件与硬件不兼容、负载等原因导致系统故障，而这些故障往往存在故障编码的返回，该编码即为 HTTP 错误代码，用于表示 Web 服务器 HTTP 响应状态，主要由 3 位代码组成。

第一个数值代码表示响应状态，见表 9-2。

表 9-2　　　　　　　　　　Web 应用系统故障编码

| 故障编码 | 状态描述 |
| --- | --- |
| 1xx | 保留 |
| 2xx | 成功 |
| 3xx | 重定向 |
| 4xx | 客户端错误 |
| 5xx | 服务器错误 |

利用故障编码的分析，揭示 Web 请求失败的确切原因，实现 Web 应用系统的故障排除与定位，常见的 Web 应用系统故障编码包括以下 6 类。

**1. 故障编码号 500**

表示内部服务器错误，通常 HTTP 500 错误是由于服务器的程序码出错或者 Web 服务器发生内部错误导致，可联系服务器提供商协助处理。

### 2. 故障编码号 502

表示无效网关，错误编码具体为"502-Bad Gateway"，从响应服务器端收到无效响应，可能由于服务器负载过大导致消息返回滞后甚至长时间无法获取响应。

### 3. 故障编码号 404

表示文件未找到或者文件目录不存在，可能是由于 URL 错误、无效的链接引起。

### 4. 故障编码号 403

表示禁止访问，主要由访问禁止网页时产生。

### 5. 故障编码号 400

表示错误请求，可能由于输入语法格式错误，或访问请求途中遭到破坏导致访问程序异常，服务器无法识别请求。

### 6. 故障编码号 401

表示未经授权，可能由于登录失败、未获取客户端证书、访问被禁止等原因导致访问未授权，出现访问受限状态。

# 第二节　网络通信故障排查

本节列举了常见的网络检测设备，并且介绍了常见的网络检测软件，使读者能够根据网络故障现象选取网络检测软硬件工具，实现网络通信故障的排查。

**考核知识点及能力要求：**

- 了解常见的网络检测软件及设备。
- 能够根据网络故障现象选取网络检测工具。

## 一、常见网络检测设备

随着计算机网络普及应用于各行各业，网络在频繁使用的过程中无法避免出现网络故障，需对网络进行逐一诊断排查。而网络检测作为保障网络可靠稳定运行的有效手段，除了需要网络管理人员具有丰富的网络技能外，利用辅助检测工具更有利于发现网络系统潜在风险与自身隐患。检测工具分为设备与软件，网络检测设备作为标准化的产品，拥有统一的加工流程、产品工艺，因此更便于进行功能扩展、组装集成。根据网络传输介质的不同，网络检测设备分为有线检测设备与无线检测设备两种，主要应用于综合布线、故障排查、运行维护等场合。常见的网络检测设备有网线检测器、网络寻线仪、光纤检测与熔纤设备、无线信号检测设备。

### （一）网线检测器

网线，也称为双绞线，其作为目前使用最广泛的有线传输介质，在兼容数字信号和模拟信号的同时，保证了传输速率。在网络布线的过程中，如何提高布线质量、规划综合布线已经成为网络部署的重要任务，网线线序是否正确、质量是否良好直接关系到网络部署是否成功。在日常维护、施工布线和故障检测阶段都需要进行网线检测，一般采用普通的网线检测器即可，如图 9-1 所示。

普通网线检测器主要采用自动扫描的方式测试线序、通路情况。在网线检测器的主机、副机测试端分别插入同一根网线两端的水晶头，开启网络检测器，通过观察主机、副机测试端指示灯的发光情况判断网线连通性。指示灯现象包括以下几种情况。

图 9-1　网线检测器

**1. 通路情况**

主机、副机指示灯按照顺序由 1 至 8 逐个发光后关闭。

**2. 短路情况**

主机、副机指示灯存在多个指示灯同时发光的情况。

**3. 断路情况**

主机、副机指示灯存在某个指示灯不会发光的情况。

## （二）网络寻线仪

针对网络机房、综合布线等场景出现的线路复杂、暗线部署的情况，主要采用网络寻线仪进行网线一对一寻找，判断网络系统线路，辅助故障排查工作。网络寻线仪主要由发射器与接收器两部分组成，如图9-2所示，网络寻线仪不仅具有寻线功能，也可进行网线检测。在交换机、路由器通电情况下，即使线缆绝缘层包裹，利用网络寻线仪也可实现在线路系统中线缆的查找。

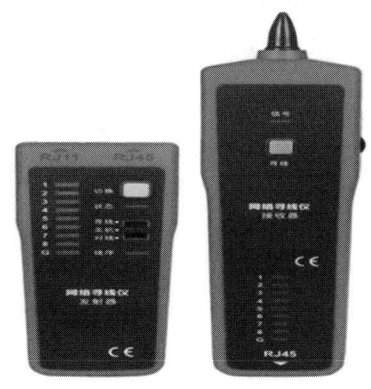

图9-2 网络寻线仪

网络寻线仪的具体使用方法如下：①将待测网线的一端水晶头插入发射器的响应端口；②把发射器的功能按钮拨到寻线挡位；③开启接收器后，按住接收器"寻线"键的同时，在目标线缆周围探测，当寻线探头靠近待测网线时，接收器提示声音达到最大，通过比较提示音，从而找到目标线缆。

## （三）光纤检测与熔纤设备

光纤作为当前通信网络的主要载体，相较于传统的双绞线，具有传输距离远、传输速度快、抗干扰能力强等优势。为减少光纤故障，提高线缆利用率，通过日常维护保障光纤系统运行，常用手段包括检测和熔纤。

### 1. 光纤检测设备

常见的光纤检测设备有红光笔、光时域反射仪、光功率计等。

红光笔主要用于检测光纤线路设备间的连通性，发射的可见光沿着设备线路可在十公里内实现远距离光线传输，并结合光束特点与分区情况，检测光纤断裂或设备故障，有利于保障设备线路稳定运行。红光笔由控制开关、电池盖、电池仓、指示灯、防尘帽等组件组成，如图9-3a所示。

光时域反射仪属于高级光纤检测设备，如图9-3b所示，利用光线传输时产生的菲涅尔反射和瑞利散射现象，完成功率测量，从而得到光纤衰减曲线。在满足线路设备故障准确定位需求的同时，实现对光纤弯折处、接头衰弱处、传输衰减处等性能的测量。由于其对故障范围定位的精确性，光时域反射仪被广泛应用于光纤故障检测、线路维护等领域。

光功率计在光源的配合使用下，用于测量光端机发射功率与光纤线路通信，判断光端设备性能与光纤链路质量。主要包括信号处理、显示控制、光电探测三个模块，如图 9-3c 所示，在一端利用光源发射光波信号测试发光功率后，另一端使用光功率计检测光损耗情况、功率级别。光功率计应用于评估光传输质量的同时，满足无线通信的移动测量。

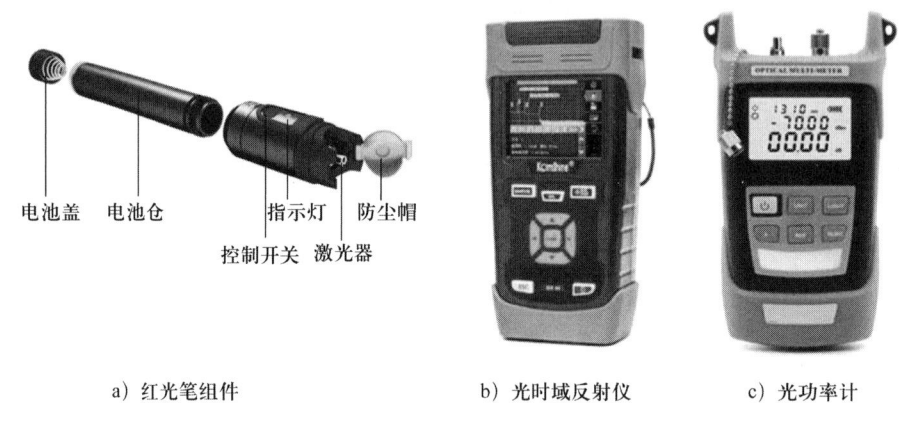

a) 红光笔组件　　　　　b) 光时域反射仪　　　　　c) 光功率计

图 9-3　光纤检测工具

### 2. 熔纤设备

由于光纤制作的限制，需利用光纤接续满足布线使用，光纤熔接作为光纤接续的手段，通过光纤断面熔化后实现光纤与光纤的连接。熔纤工具主要包括光纤热缩管、光纤切割器、光纤熔接机、剥线钳等。光纤熔接机作为熔纤的核心工具，如图 9-4 所示，采用高压电弧技术，在光纤断面熔化后平缓推进，实现两根光纤的融合。

在熔纤过程中，首先利用剥线钳完成光纤剥线后，为保护接头将光纤穿过热缩管，然后使用光纤切割器进行裸纤的切割。最后根据光纤的材料和类型，设置光纤熔接机的放电功率与时间等参数，用于光纤熔接操作。

图 9-4　光纤熔接机

### （四）无线信号检测设备

在无线网络蓬勃发展的同时，无线信号容易受到其他通信设备的影响导致信号波动，需要利用无线信号检测手段，维护无线网络的稳定运行。无线信号检测设备主要为无线信号检测器，利用无线信号侦测技术，实现搜寻公共网络、区域网络的无线终端设备功能，并且通过无线终端的身份解析、精准定位、信号强度检测，可针对非法无线终端设备进行信号屏蔽。无线信号检测在检测设备的辅助下，维护了无线信号检测的架构体系，有效管理了无线信号节点，提升了网络性能。

## 二、常见网络检测软件

网络检测软件作为另一种辅助检测工具，可依据故障现象，针对网络系统的软硬件进行测试，判断设备线路、端口、配置等硬件因素是否出现异常，查找故障根源，恢复网络系统运行。网络检测软件不仅应用于故障检测，在安装、验收和维护阶段同样发挥着保障网络性能的作用，以降低网络运行风险。软件属于逻辑产品，操作灵活，其通过查看信号强度、信道等参数，可以分析无线信号数据，提供时间、区域对比信号稳定性的功能，在网络检测方面得到了广泛的应用。

### （一）Wi-Fi 信号检测软件

Wi-Fi 信号检测软件基于终端类型划分为手机端、PC 端。手机端通过 App 检测，如 Speedtest、Wi-Fi 魔盒、Wi-Fi 测评大师等，PC 端检测通过安装 inSSIDer、Network Stumbler、WirelessMon 等软件进行，如图 9-5 所示。

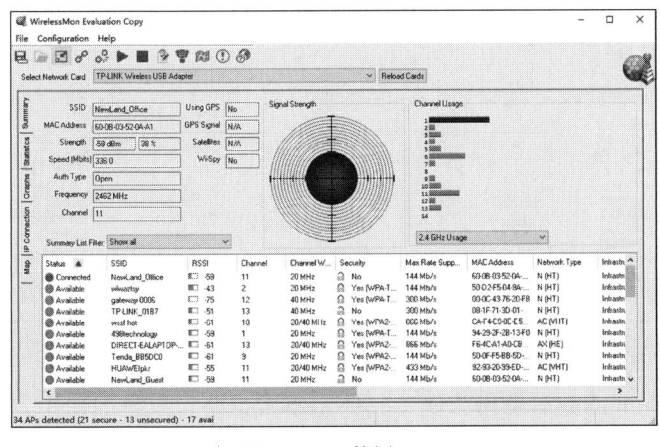

a）WirelessMon检测　　　　　　　　b）Wi-Fi魔盒检测

图 9-5　Wi-Fi 信号检测软件

Wi-Fi 信号检测软件提供与基站、无线路由器和无线访问接入点（wireless access point，AP）间信号强度的统计服务，用于获取当前连接无线信号以及区域内无线的参数信息，包括无线接入点名称、MAC 地址、认证类型、信道和网络类型等，并以图形化的方式显示当前无线信号的强度和信道拥堵情况，有利于根据接入点名称查看 Wi-Fi 信号强度和传输速度，规避信道冲突、同频干扰等问题，有效保障无线信号的稳定性。

### （二）ZigBee 信号检测软件

ZigBee 主要工作于 2.4 GHz、915 MHz、868 MHz 频段。为了减少 ZigBee 信号传输过程产生的衰减，保证网络交互质量，避免资源与成本浪费，可使用 ZigBee 信号检测软件监测空间范围内 ZigBee 设备及其网络信号质量。通过原厂串口调试软件进行 ZigBee 模块信号的检测，实现信号强度数据监控的同时，满足串口调试，利用 AT 指令的输入获取 ZigBee 信号强度，并且支持 ASCII 码、十六进制两种形式的指令操作。不同厂商的 ZigBee 模块配置的 AT 指令不同，AT 指令操作需在 ZigBee 模块满足要求的前提下输入，可根据厂商设备手册操作。

# 第三节　数据定时备份

本节介绍了数据备份的基本概念，并且分别讲解了热备份、冷备份和温备份三种数据备份的方法，列举常见的数据备份工具，使读者能够了解不同备份工具间的功能特点。以 mysqldump 与 xtrabackup 的数据备份为例，具体讲解数据备份工具的使用方法。

**考核知识点及能力要求：**

- 了解常见的数据备份方法与工具。

- 掌握 mysqldump 备份工具与 xtrabackup 备份工具的使用。

## 一、数据备份方法

数据备份作为保障数据安全完整的重要策略，以重新利用作为根本目的，其采用两个或两个以上存储介质存储完全一致的数据信息，用于保障数据库稳定运行。在数据传输、数据存储、数据通信过程中无法避免的偶然性故障，可能会导致数据丢失、系统运行崩溃。而数据备份的意义在于防患于未然，建立完备可靠的数据库备份系统，通过预先备份的系统数据尽快恢复系统运行状态。数据的备份需采用备份策略进行管理，其基于备份数据的大小与重要程度，进行备份周期与备份介质的选择，有效发挥数据备份的作用。备份方法的选择是备份策略关键性的步骤，目前常用的数据备份方法包括热备份、冷备份与温备份。

### （一）热备份

热备份作为中断时间最少的备份方法，在执行期间，数据库处于运行联机状态，仍然可以实现数据的读写操作，依靠归档模式通过高速通信线路完成备份系统内数据的实时或定时的更新同步，实现对控制文件、日志文件、表空间等内容的全数据备份。若由于操作失误或故障导致数据丢失，不需要追溯全系统数据，利用少部分数据集合即可快速恢复数据，并依靠备份系统衔接源工作系统运行，保证源数据与备份数据的一致性，提高信息数据的有效存储。在具有备份时间快、恢复运行迅速、数据完整性高等优势的同时，热备份需要保持备份系统与源工作系统的状态一致、备份操作考究、环境要求严格、管理维护不易等缺点也影响热备份的实用性。

### （二）冷备份

冷备份的执行需满足数据库正常关闭状态，此时无法访问系统数据，无执行读写操作权限，主要利用系统与服务断电将关键性数据备份至对应路径。在源运行系统出现故障后，备份系统的切换无法保证备份系统正常启动后与源运行系统进程状态一致，造成关键数据的丢失。冷备份由于仅实现文件数据的备份，因此，备份速度较之热备份、温备份更迅速，且更易归档，安全系数也更高，但备份操作过程中需提供完整数据，保持数据库脱机状态，适用于非归档类数据备份。

## （三）温备份

温备份在执行期间，仅有公用需求部件处于运行状态，运行部件采用周期性方式，并依据需求，备份系统运行中的关键数据，备份期间可以正常执行数据读取操作，但无法执行写入操作。温备份技术依靠冗余备份配置操作实现备份系统的状态、环境、数据与源运行系统一致，并通过应用系统业务周期性更新数据。在源运行系统停止之前，备份系统需保证启动并同步更新后才能停止运行系统，若由于源运行系统故障切换至备份系统后，系统迅速代替源系统运行，并改进了热备份与冷备份的功耗大、控制进程等部分缺点。温备份虽然对于备份环境需求不高，但恢复周期长，且备份数据的完整性不如热备份。

## 二、数据备份工具

处理故障以恢复数据库作为核心目的，而保障恢复数据库的重要手段是数据库备份。基于备份技巧，数据备份可以分为物理备份与逻辑备份。物理备份主要针对数据文件、日志文件进行文件层内容复制，适用于不涉及逻辑参数的重要数据备份，包括归档日志与非归档日志两种工作模式；逻辑备份作为物理备份的补充手段，弥补了物理备份的缺陷，需利用导出工具读取执行数据库文件，涉及数据库逻辑组件。由于物理备份与逻辑备份的不易操作性，因此依赖于数据备份工具的使用，可采用工具将系统数据从庞大的数据库文件当中剥离出来用于数据备份，在保障备份数据有效性的同时，保障了备份进程的可操作性。常用的备份工具主要包括 cp 与 tar 命令、mysqldump、xtrabackup 等。

### （一）cp、tar 命令

cp、tar 命令作为操作系统自带的复制备份工具，主要利用文件打包、复制技术直接完成数据库文件的备份，属于物理备份工具。其具有快速方便的优势，但数据库文件备份的过程中需保证数据库文件并没有处于使用状态。为确保备份数据的完整性与一致性，一般按照关闭服务器、备份数据库、重启服务器的操作顺序进行数据备份。使用 cp、tar 命令实现备份数据与事务日志的同时，需要保证数据与日志位于同一路径。

## （二）mysqldump

mysqldump 作为 MySQL 数据库自带的逻辑备份工具，主要用于将数据库转化为可执行的 SQL 脚本，以便将备份数据转存至支持 SQL 语句的服务器上，实现恢复源数据库与数据表创建的功能。mysqldump 可以利用所有的存储引擎完成数据备份，并且支持将指定数据库或数据表用于备份，整个备份过程于数据库内部进行，实现多线程备份功能的同时支持备份文件移植至不同硬件结构设备以供使用。根据执行过程可以细分为导入、导出与备份三步骤，数据文本备份后以表结构的形式存在，数据集备份后以文本文件形式存在，因此数据集备份与数据文本备份需依次进行。

## （三）xtrabackup

xtrabackup 作为一款基于 MySQL 数据库的开源热备份工具，在实现数据全量、增量备份的同时，备份期间不锁定数据库，允许不间断事务处理。由于 xtrabackup 包中主要有 xtrabackup 和 innobackupex 两个工具，因此支持 XtraDB、InnoDB 存储引擎备份数据，具有自动备份校验、故障恢复快、压缩磁盘空间等优势，但不支持数据表结构、触发器等的备份。

## 三、使用 mysqldump 备份数据示例

mysqldump 备份数据根据需备份数据库情况不同，语法格式存在差异。当需要进行备份单个数据库或单个数据库中指定数据表时，使用"mysqldump［选项］database 数据库名［数据表名］"；当备份多个数据库时，使用"mysqldump［选项］--databases 数据库名1［数据库名2］［数据库名3］..."；当备份所有数据库时，使用"mysqldump［选项］--all-databases"。以"在 Ubuntu 18.04 操作系统下，使用 mysqldump 备份 MySQL 数据库 assetmanage"为例。

### （一）查看数据库信息

备份前需先查看数据库相关信息以便验证结果，可参考以下步骤如图 9-6 所示：①利用 Ubuntu 终端登录 MySQL 数据库后，使用"SHOW DATABASES;"命令查看当前数据库；②使用"USE assetmanage;"命令进入 assetmanage 数据库；③使用"SHOW TABLES;"命令查看当前数据库数据表；④使用"SELECT * FROM admin;"命令查看 admin 数据表数据。

```
mysql> SHOW DATABASES;
+--------------------+
| Database           |
+--------------------+
| information_schema |
| assetmanage        |
| mysql              |
| performance_schema |
| sys                |
+--------------------+
5 rows in set (0.00 sec)
mysql> USE assetmanage;
Reading table information for completion of table and column names
You can turn off this feature to get a quicker startup with -A
Database changed
mysql> SHOW TABLES;
+-----------------------+
| Tables_in_assetmanage |
+-----------------------+
| admin                 |
+-----------------------+
1 row in set (0.00 sec)
mysql> SELECT * FROM admin;
+----+-----------+-----------+----------+--------------+---------------------+---------------------+
| id | admincode | adminname | password | lastloginip  | lastlogintime       | createtime          |
+----+-----------+-----------+----------+--------------+---------------------+---------------------+
|  1 | admincode | admin     | 1        | 192.168.1.90 | 2019-12-10 11:03:35 | 2019-12-20 10:55:11 |
+----+-----------+-----------+----------+--------------+---------------------+---------------------+
1 row in set (0.00 sec)
```

图 9-6　查看数据库信息

### （二）使用 mysqldump 备份数据库

使用 mysqldump 备份数据库 assetmanage 至新建数据库下，备份配置步骤如图 9-7 所示：①返回 Ubuntu 终端，使用"mysqldump –uroot –p assetmanage > backup.sql"命令并输入数据库密码将数据库备份到 backup.sql 文件；②再次登录 MySQL 数据库，使用"CREATE DATABASE TEST1;"命令创建空数据库用于备份；③返回 Ubuntu 终端，使用"mysql –uroot –p TEST1 < backup.sql"命令将 assetmanage 数据导入新建数据库；④最后登录 MySQL 数据库，使用"USE TEST1;"与"SELECT * FROM admin;"命令验证数据表内容是否与源状态一致。

```
nle@nle:~$ mysqldump -uroot -p assetmanage > backup.sql
Enter password:
nle@nle:~$ mysql -u root -p
Enter password:
mysql> CREATE DATABASE TEST1;
Query OK, 1 row affected (0.00 sec)
mysql> exit
Bye
nle@nle:~$ mysql -uroot -p TEST1 < backup.sql
Enter password:
nle@nle:~$ mysql -u root -p
Enter password:
mysql> USE TEST1
Reading table information for completion of table and column names
You can turn off this feature to get a quicker startup with -A
Database changed
mysql> mysql> SELECT * FROM admin;
+----+-----------+-----------+----------+--------------+---------------------+---------------------+
| id | admincode | adminname | password | lastloginip  | lastlogintime       | createtime          |
+----+-----------+-----------+----------+--------------+---------------------+---------------------+
|  1 | admincode | admin     | 1        | 192.168.1.90 | 2019-12-10 11:03:35 | 2019-12-20 10:55:11 |
+----+-----------+-----------+----------+--------------+---------------------+---------------------+
1 row in set (0.00 sec)
```

图 9-7　使用 mysqldump 备份数据库

## 四、使用 xtrabackup 备份数据示例

xtrabackup 主要针对 InnoDB 存储引擎表来做备份，语法中常用选项包括"--defaults-file=""--user=""--password=""--databases"，分别表示配置文件指定路径、MySQL 数据库用户名、MySQL 数据库用户密码、指定备份数据库名。以"在 Ubuntu 18.04 操作系统下，使用 xtrabackup 工具备份 MySQL 数据库"为例。

### （一）下载并安装 xtrabackup 工具

默认情况下，xtrabackup 工具未安装，在使用 xtrabackup 备份数据前需安装 xtrabackup 工具，若采用软件包管理器进行安装，可参考以下步骤如图 9-8 所示：①使用"sudo apt-get update"命令列出所有可更新的软件清单；②使用"sudo apt-get install percona-xtrabackup"命令安装 xtrabackup 工具；③使用"xtrabackup -v"命令验证 xtrabackup 安装版本。

```
nle@nle:~$ sudo apt-get update
nle@nle:~$ sudo apt-get install percona-xtrabackup
正在读取软件包列表... 完成
正在分析软件包的依赖关系树
正在读取状态信息... 完成
将会同时安装下列软件:
  libcurl4 libdbd-mysql-perl libdbi-perl libev4 libmysqlclient20 libperl5.26 perl perl-base
  perl-modules-5.26
建议安装:
  libmldbm-perl libnet-daemon-perl libsql-statement-perl perl-doc libterm-readline-gnu-perl
  | libterm-readline-perl-perl make
下列【新】软件包将被安装:
  libcurl4 libdbd-mysql-perl libdbi-perl libev4 libmysqlclient20 percona-xtrabackup
下列软件包将被升级:
  libperl5.26 perl perl-base perl-modules-5.26
nle@nle:~$ xtrabackup -v
xtrabackup version 2.4.9 based on MySQL server 5.7.13 Linux (x86_64) (revision id: a467167cdd4)
```

图 9-8 安装 xtrabackup 工具

### （二）使用前端工具 innobackupex 备份数据库

使用前端工具 innobackupex 备份数据库前需登录 MySQL 数据库，创建新数据库用户，需要拥有访问备份数据库的权限，输入下列命令：

CREATE USER 'backuper'@'localhost' IDENTIFIED BY 'test1234';

GRANT ALL PRIVILEGES ON *.* TO 'backuper'@'localhost';

FLUSH PRIVILEGES;

备份参考以下步骤如图9-9所示：①使用"sudo mkdir /var/mysql_backup"命令创建目录作为备份使用；②使用"sudo innobackupex --user=backuper --password=test1234 --host=127.0.0.1 /var/mysql_backup"命令执行备份操作；③使用"sudo systemctl stop mysql"命令停止MySQL数据库运行；④使用"sudo mv /var/lib/mysql mysql_old"命令备份旧数据库数据；⑤使用"sudo innobackupex --apply-log /var/mysql_backup/2022-01-15_16-58-57"与"sudo innobackupex --copy-back /var/mysql_backup/2022-01-15_16-58-57"命令恢复旧数据库数据；⑥使用"sudo chown -R mysql:mysql /var/lib/mysql"与"sudo systemctl start mysql"命令启动MySQL数据库。

```
nle@nle:~$ sudo mkdir /var/mysql_backup
nle@nle:~$ sudo innobackupex --user=backuper --password=test1234 --host=127.0.0.1 /var/mysql_backup
220115 16:58:57 innobackupex: Starting the backup operation
xtrabackup: Transaction log of lsn (2755239) to (2755248) was copied
220115 16:59:03 completed OK!
nle@nle:~$ sudo systemctl stop mysql
nle@nle:~$ sudo mv /var/lib/mysql mysql_old
nle@nle:~$ sudo innobackupex --apply-log /var/mysql_backup/2022-01-15_16-58-57
220115 17:04:57 innobackupex: Starting the apply-log operation
220115 17:05:00 completed OK!
nle@nle:~$ sudo innobackupex --copy-back /var/mysql_backup/2022-01-15_16-58-57
220115 17:18:07 innobackupex: Starting the copy-back operation
220115 17:18:08 completed OK!
nle@nle:~$ sudo chown -R mysql:mysql /var/lib/mysql
nle@nle:~$ sudo systemctl start mysql
```

图9-9 使用innobackupex备份数据库

## 第四节 操作系统定时备份

本节介绍了操作系统备份的基本概念，并且分别讲解了Windows Server操作系统与Ubuntu操作系统环境下的两种定时备份文件的方法，使读者能够根据操作系统环境结合备份需求，完成操作系统定时备份功能。

**考核知识点及能力要求：**

- 了解 Windows Server 操作系统环境下的定时备份方法。
- 掌握 Windows Server 操作系统环境下使用操作系统自带功能备份方法。
- 掌握 Windows Server 操作系统环境下使用第三方工具备份操作系统的方法。
- 掌握 Ubuntu 操作系统环境下备份脚本的编写。
- 掌握 Ubuntu 操作系统环境下 crond 服务定时备份的步骤。

## 一、Windows Server 操作系统环境下的定时备份文件

在信息化时代带来便利快捷服务的同时，硬件故障、黑客攻击、操作错误等因素会引发操作系统故障，导致数据丢失。如何保障数据文件完整性是现阶段的关键性问题。Windows Server 操作系统虽然具备相对稳定的内核，并且不定期发布补丁用于修复漏洞，但仍然难以避免系统文件的损坏，操作系统定时备份文件是保障文件安全完整的唯一可行的解决方案。不同操作系统的文件备份有不同的操作方式，Windows Server 操作系统环境下的定时备份文件，通常使用操作系统自带的备份方式与第三方工具进行备份，将原始文件数据定时复制到异地，在原始数据丢失后，利用备份数据恢复，有效防止文件数据丢失带来的巨大损失，保证系统业务的连续性。

### （一）使用操作系统自带备份方法

操作系统备份作为 Windows Server 操作系统自带的系统组件，在操作系统数据损坏后，保证数据不丢失的同时，快速恢复至某一起始状态。

以"在 Windows Server 2019 操作系统下，使用操作系统自带的备份方法"为例。由于 Windows Server 2019 操作系统默认没有安装 Windows Server 操作系统备份功能，需先从"服务器管理器"中添加角色与功能，根据配置向导安装 Windows Server 操作系统备份功能后，然后利用"服务器管理器—工具—Windows Server 备份—本地备份"完成备份计划向导，如图 9-10 所示。操作系统自带备份功能无须安装代理软件即可实现操作系统文件备份和还原，规范化日常的操作系统管理维护，但由于采用一定压缩方式进行复制存储，导致备份速度受限，且占用磁盘资源，影响操作系统运行速度。

图 9-10　Windows Server 2019 操作系统自带备份功能

### （二）使用第三方工具备份操作系统

Windows Server 操作系统常见的第三方备份操作系统工具包括 Symantec Ghost、Acronis True Image 等。备份软件采用的备份方式主要为完整备份、差异备份和增量备份，从空间与时间两个维度，利用有限的存储空间尽可能快速完成操作系统数据备份与恢复。

Symantec Ghost 作为一款硬盘备份与还原工具，具有最大限度减少操作系统装机时间、操作系统升级与迁移、定时备份、自动恢复等功能，支持多种硬盘分区格式，包括 FAT、FAT32、swap、NTFS 等。基于物理层，以扇区为单位进行数据备份，实现周期性复制对象的同时，支持将大备份文件拆分压缩打包至相应分区。

Acronis True Image 作为针对还原服务器、迁移磁盘、恢复文件数据而研发的一款工具，在服务器开启情况下进行操作系统分区的完整备份。在备份位置方面，支持云备份与本地备份两种方式，具备与操作系统的高整合性与高可靠性，基于时间、方式层面的备份定制化，创建备份计划用于操作系统镜像定期备份。为防止恶意病毒破坏，保障操作系统文件可靠性，可利用隐藏分区存放操作系统镜像文件，实现操作系统日常维护管理。

## 二、Ubuntu 操作系统环境下的定时备份文件

Ubuntu 操作系统作为 Linux 操作系统的一个发行版本，由于其源码公开、性能出色等诸多优势，被广泛应用于各行各业。但由于 Ubuntu 操作系统所有的数据都以文件的形式存在，具有嵌入式系统的复杂性，在操作系统使用过程中，若出现数据异常、意外掉电、病毒攻击等现象都可能导致操作系统瘫痪，引发数据丢失。因而将 Ubuntu 操作系统数据进行及时备份和有效恢复作为保障操作系统持续运作的一项重要工作。当前 Ubuntu 操作系统第三方备份工具多为商用软件，价格高昂，无法满足特殊性需求，因此 Ubuntu 操作系统环境下的定时备份文件多采用其自带实用工具实现操作系统备份恢复，通常不需要购买或下载第三方工具。

### （一）备份脚本的编写

Ubuntu 操作系统在备份与恢复方面，具备包括 tar、dd 等命令工具用于实现手动操作性备份，满足实时数据文件的实时备份。

以"在 Ubuntu 18.04 操作系统下备份脚本的配置"为例介绍备份脚本的编写，实现文件目录 /home/backups 备份压缩至 /home 目录，可参考以下步骤，如图 9-11 所示：①使用"sudo touch /home/backups"命令创建 backups 文件；②使用"sudo touch /home/backup.sh"命令创建脚本；③使用"ls –l /home"命令查看创建结果；④使用"sudo vim /home/backup.sh"命令编辑 /home/backup.sh 脚本配置文件，在配置文件添加如下命令；⑤保存并关闭配置文件后使用"sudo sh /home/backup.sh"命令执行脚本；⑥使用"ls –l /home"命令验证脚本执行结果。

```
mkdir /home/beifen

cp -r /home/backups  /home/beifen

tar -zcPvf /home/backup$(date +%Y%m%d).tar.gz /home/beifen

rm -rf /home/beifen/

find ./ -mtime +30 -name "*.tar.gz" -exec rm -rf {} \;
```

```
nle@nle:~$ sudo touch /home/backups
nle@nle:~$ sudo touch /home/backup.sh
nle@nle:~$ ls -l /home
总用量 4
-rw-r--r--  1 root root     0 12月 17 11:35 backups
-rw-r--r--  1 root root     0 12月 17 11:36 backup.sh
drwxr-xr-x 15 nle  nle   4096 12月 17 08:32 nle
nle@nle:~$ sudo vim /home/backup.sh
nle@nle:~$ sudo sh /home/backup.sh
/home/beifen/
/home/beifen/backups
nle@nle:~$ ls -l /home
总用量 12
-rw-r--r--  1 root root   152 12月 17 11:38 backup20211217.tar.gz
-rw-r--r--  1 root root     0 12月 17 11:35 backups
-rw-r--r--  1 root root   453 12月 17 11:38 backup.sh
drwxr-xr-x 15 nle  nle   4096 12月 17 11:38 nle
```

图 9-11　备份脚本配置

### （二）crond 服务定时备份

crond 服务作为守护进程，主要用于周期性自动执行某项任务或等待处理事件。默认情况下，Ubuntu 操作系统安装完成后，crond 服务便自启动，并以分钟为周期检查操作系统需要执行的任务。为实现 Ubuntu 操作系统定时文件备份，结合 crond 服务，根据时间节点合理设置执行脚本的时间间隔，自动周期性执行备份脚本，完成指定时间段自动备份操作。若设置脚本执行周期为 7 天，可参考以下步骤，如图 9-12 所示：①使用"service cron status"命令检查 crond 服务运行状态；②使用"sudo vim /etc/crontab"命令编辑用户的 crond 服务配置文件，在配置文件添加如下命令；③保存并关闭 crond 服务配置文件后使用"service cron restart"命令重新启动 crond 服务。

```
0 0 /7 * /home/backup.sh
```

```
nle@nle:~$ service cron status
● cron.service - Regular background program processing daemon
   Loaded: loaded (/lib/systemd/system/cron.service; enabled; vendor preset: ena
   Active: active (running) since Fri 2021-12-17 08:32:03 CST; 3 weeks 4 days ag
     Docs: man:cron(8)
 Main PID: 467 (cron)
    Tasks: 1 (limit: 2333)
   CGroup: /system.slice/cron.service
           └─467 /usr/sbin/cron -f
nle@nle:~$ sudo vim /etc/crontab
nle@nle:~$ service cron restart
==== AUTHENTICATING FOR org.freedesktop.systemd1.manage-units ====
重新启动"cron.service"需要认证。
Authenticating as: NLE,,, (nle)
Password:
==== AUTHENTICATION COMPLETE ====
```

图 9-12　crond 服务定时备份配置

## 第五节　系统软件和功能组件升级与维护

本节介绍了 Windows Server 操作系统环境下本地检查更新的基本步骤，以及讲解了常见的软件、驱动更新第三方工具，通过案例说明使用第三方工具如何完成软件、驱动的升级，使读者能够完成组件与操作系统软件的升级与维护操作。

**考核知识点及能力要求：**

- 了解 Windows Server 操作系统环境下的检查更新功能。
- 了解第三方升级软件、驱动的工具。
- 掌握 Windows Server 操作系统环境下检查更新的操作步骤。
- 掌握 Windows Server 操作系统环境下使用第三方工具升级软件的方法。

### 一、Windows Server 操作系统环境下的检查更新功能

Windows Server 操作系统版本较多，如 Windows Server 2012 R2 操作系统、Windows Server 2016 操作系统、Windows Server 2019 操作系统等。对于操作系统的操作可归为升级、安装、迁移与许可证转换。升级也称"就地升级"，指操作系统从较旧版本移动到较新版本，同时仍在相同的物理硬件上，如硬盘上。Windows Server 操作系统可以通过至少一个（有时可能是两个）版本进行升级，如从 Windows Server 2016 操作系统升级到 Windows Server 2019 操作系统，版本的升级可以使设置、服务器角色、数据保持不变。

（一）网络环境确认

操作系统升级应先确认是否已连至互联网，因为在安装过程中需要下载更新驱动

程序和可选功能选项，也会涉及产品密钥的输入和网络的配置。网络环境只需确认当前 PC 可连接外网即可，因此可以通过查看浏览器是否可以正常浏览"百度"之类的外网网页，或者在命令行工具下通过"ping 网站域名"命令测试连通性。

### （二）检查更新

并非所有的较低版本操作系统都拥有升级到每个较高版本操作系统的路径。例如，无法在任何配置为"从 VHD"启动的 Windows Server 操作系统上执行就地升级。在 Windows Server 2019 操作系统的"服务器管理器—本地服务器"属性窗口可以看到计算机名、工作组、上次安装的更新、Windows 更新、上次检查更新的时间等，如图 9-13 所示。

图 9-13　服务器管理器查看属性

单击"上次安装的更新"链接将跳到"设置—Windows 更新"界面，单击"检查更新"按钮即可开启 Windows Server 操作系统更新操作。在保证外网连通正常、电量充足（建议此时插上电源适配器为 PC 供电）的情况下更新操作系统，更新界面如图 9-14 所示。

操作系统更新后，将提示更新的内容项并建议重新启动 PC。

### （三）查看更新历史记录

在"设置—Windows 更新"界面同一窗口提供了"查看更新历史记录"的链接，只需单击该链接就可以查看操作系统更新记录。更新历史记录中将列出更新的内容项与更新时间，如图 9-15 所示。

## 二、使用第三方工具升级软件、驱动

Windows Server 操作系统的更新可以使用微软官方提供的安装工具进行，也可以

第九章 系统运行维护

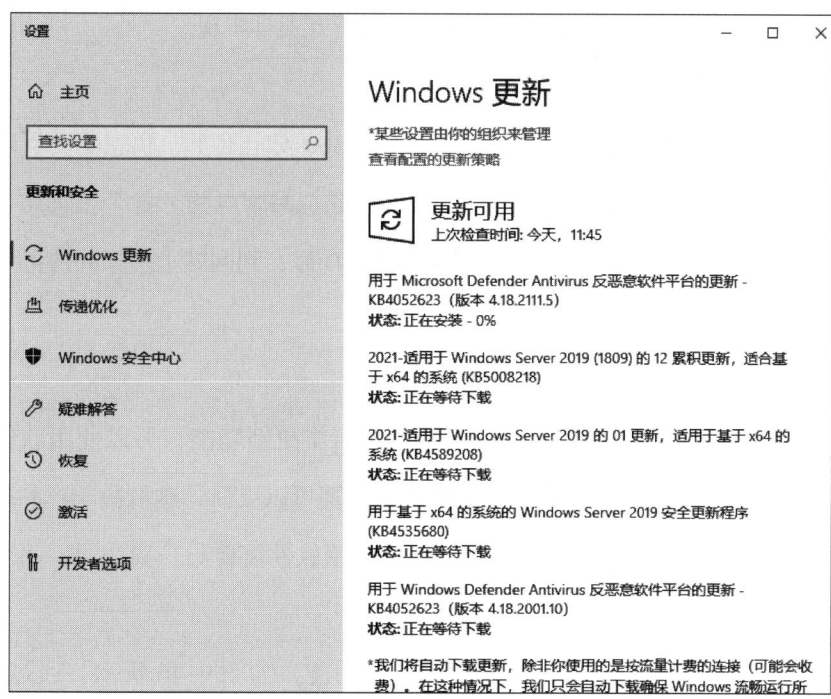

图 9-14 Windows Server 操作系统更新操作界面

图 9-15 查看更新历史记录

在安装操作系统的步骤中选择"升级：安装 Windows Server 操作系统并保留文件、设置和应用程序"，选择该操作则会将文件、设置和应用程序移动到 Windows Server 操作系统。操作系统软件和硬件驱动的更新可使用第三方工具实现。

### （一）常用第三方工具

常用于升级或更新的第三方工具有鲁大师、360安全卫士、联想驱动管理等，前两者不局限在硬件厂商，联想驱动管理一般用于联想品牌电脑。各个工具均有其优缺点，安装或更新硬件驱动时可以通过查看设备的ID号，到网站上搜索对应的驱动，再到其官网下载驱动进行安装与使用。

### （二）使用第三方工具升级软件

即时通信类型的软件如微信、QQ均提供了版本更新功能，可以使用软件自带的"检查更新"功能对软件进行更新。并非所有软件都可以更新，这取决于产品的生命周期或者采购合同，如进销存管理系统等自购的应用软件需要与厂商沟通，问询其是否支持更新功能。

以360安全卫士为例，它提供了软件管家功能，如图9-16所示。通过该功能，可以直接实现软件的升级，升级功能支持单个软件升级，也支持所有软件一键全升级。

图9-16　360安全卫士操作界面

### （三）第三方工具更新驱动

更新硬件的驱动程序可以通过右击此电脑，选择"属性"，并打开设备管理器，右击要更新的硬件选择"更新驱动程序"进行更新，也可以使用第三方工具更新驱动。可通过360安全卫士主界面下载并安装"360驱动大师"，并使用360驱动大师安装硬件驱动，如图9-17所示。驱动可以单个更新，也可以选择一键安装所有硬件驱动。

图 9-17　360 驱动大师操作界面

## 思考题

1. 数据库系统故障主要有哪几类？
2. DDoS 攻击后系统存在哪些现象？
3. Web 应用系统出现故障编码 400，可能的原因是什么？
4. 列举网线检测器与网络寻线仪的区别。
5. 常见的光纤检测工具有哪些？
6. 简述网络检测硬件与软件的优缺点。
7. 数据库数据备份方式有哪几类？
8. mysqldump 与 xtrabackup 工具分别具有什么优势？

# 第十章
# 系统安全管理

由于系统与各分系统间相互的关系存在交互性与复杂性，导致信息系统面临着严峻的安全威胁，因此需针对系统可能出现的危险源，采取切实可行的系统安全管理措施。系统安全管理以安全作为主要目的，明确安全管理对象，通过适合的管理方式，在有效识别各项风险的同时，制定规避风险策略，利用预知性完成系统安全维护。作为贯穿整个系统运行生命周期的环节，结合网络安全等级保护制度2.0标准，运用安全管理技术手段，配合相关工具使用，把控系统安全风险，实现完善的系统安全管理。

- **职业功能：** 物联网系统运行与维护。
- **工作内容：** 系统安全管理。
- **专业能力要求：** 能根据项目实施方案，使用多鉴别机制实现用户身份真实性鉴别；能根据项目实施方案，完成产品及解决方案的安全性测试；能根据物联网系统运行情况，对安全事件进行响应与取证。
- **相关知识要求：** 身份鉴别知识，安全测试知识。

# 第一节 身份鉴别

本节介绍了网络安全等级保护制度 2.0 关于身份鉴别与认证的相关规定，列举了各项身份鉴别技术以及不同等级与身份鉴别的要求，通过案例说明 Windows Server 操作系统环境下与 Ubuntu 操作系统环境下的权限设置方法，使读者能够根据身份需求完成操作系统的权限策略设置。

**考核知识点及能力要求：**

- 了解身份鉴别技术的概念与分类。
- 了解不同等级与身份鉴别的要求。
- 掌握 Windows Server 操作系统和 Ubuntu 操作系统环境下的权限设置方法。

## 一、等级保护制度 2.0 标准关于身份鉴别与认证规定

2019 年，网络安全等级保护制度 2.0 标准正式发布，新标准［包括《信息安全技术　网络安全等级保护实施指南》（GB/T 25058—2020）、《信息安全技术　网络安全等级保护定级指南》（GB/T 22240—2020）、《信息安全技术　网络安全等级保护设计技术要求》（GB/T 25070—2019）、《信息安全技术　网络安全等级保护测评要求》（GB/T 28448—2019）等］用于定期对定级对象安全状况实施等级测评，为安全防御工作提供指导意见，指明安全等级保护工作要求。其中的身份鉴别作为网络信息安全体系的一个重要部分，主要以确认用户实体身份与来源为根本目的，采用身份鉴别技术维护用户身份特征，核实用户对象所声称的身份信息（包括用户名称、操作系统、应

用名称等），本质上用于核实用户是否具备数据使用权，保障用户操作合法性的同时，避免数据安全受到威胁。

## （一）身份鉴别技术

身份鉴别作为主动防御的一项安全机制，为了适应不同行业场合，开发出多样化的身份鉴别技术，针对安全等级、涉密区域、软硬件等需求条件，实现高安全系数的身份鉴别，维护传输数据的完整性与有效性。常用的身份鉴别技术依据智能物品、生物特征、口令密码等对信息进行区分。

**1. 密码**

密码鉴别是最基础的鉴别，通过用户输入密码的方式进行身份鉴别。由于使用灵活方便、易于实施、支持多种场景等优势，成为应用范围最广的一种身份鉴别手段。密码鉴别技术在安全方面，需依赖一定措施进行保障，如规定密码长度、增加密码复杂度、设置多次密码错误锁定、定期更改密码等。

**2. 口令**

口令鉴别利用通行字机制，建立在用户名与文本口令基础之上，通过与服务器端存储的用户信息表进行比较，实现身份鉴别。虽然口令鉴别具有开销成本低、易于实现的优点，但也存在管理使用不便、安全性低等问题。为了弥补口令鉴别的缺点，推出一次性口令机制，保障口令的动态不可预测性，防止非法用户通过监听窃取口令登录。

**3. 指纹**

指纹鉴别属于生物特征识别验证手段，利用手指正面末端纹路信息的唯一性与客观性，验证用户身份信息。虽然该鉴别技术安全性相对较高，但具有需要用户的配合程度较高、使用专用设备等硬性要求。指纹鉴别技术目前广泛应用于手机、门禁、考勤等方面。

## （二）各级身份鉴别要求

根据计算机信息系统的重要程度，将计算机信息系统安全保护等级分为五级。级别越高，安全要求越高，破坏后危害程度越大。在网络安全等级保护制度2.0标准中，身份鉴别要求仅涉及一至四级，各等级身份鉴别需要满足的要求见表10-1。

表 10–1　　　　　　　　　　　各级身份鉴别要求

| 保护级别 | 身份鉴别要求 |
| --- | --- |
| 一级 | 1. 应对登录的用户进行身份标识和鉴别，身份标识具有唯一性，身份鉴别信息具有复杂度要求并需定期更换<br>2. 应具有登录失败处理功能，应配置并启用结束会话、限制非法登录次数和当登录连接超时自动退出等相关措施 |
| 二级 | （在一级的基础上，额外添加）<br>3. 当进行远程管理时，应采取必要措施防止鉴别信息在网络传输过程中被窃听 |
| 三级 | （在二级的基础上，额外添加）<br>4. 应采用口令、密码技术、生物技术等两种或两种以上组合的鉴别技术对用户进行身份鉴别，且其中一种鉴别技术至少应使用密码技术来实现 |
| 四级 | 与三级要求一致 |

## 二、Windows Server 操作系统环境下的权限设置

权限设置作为维护操作系统安全的重要手段，权限的赋予与否决定着用户是否能够针对某个文件执行相应操作。以操作系统资源为对象，权限的设置可以定义不同账户对于文件、目录、注册表等操作系统对象的访问权利，精确约束用户操控操作系统的范围。在 Windows Server 操作系统环境下，用户分为三种类型，依次为管理员、普通用户、来宾用户，用户权限设置仅限在本地终端用户级别，并实现基于策略的用户权限设置在终端上生效。权限设置的意义在于维护操作系统的稳定运行，防止非法用户对于操作系统数据的破坏操作，导致操作系统崩溃。从权限设置安全策略方面，Windows Server 操作系统提供了一系列管理设置，包括用户权限分配策略、安全选项策略和账户锁定策略。

### （一）用户权限分配策略

用户权限根据赋予控制项的不同进行权限的指派，指定某些用户在本地操作系统中能否拥有执行特殊任务的权利，常见策略如下。

**1. 关闭系统**

关闭系统策略定义用户是否具备关闭 Windows Server 操作系统的权限。

**2. 允许本地登录**

允许本地登录策略定义用户是否具备在设备启动交互式会话的权限。

### 3. 备份文件和目录

备份文件和目录策略定义用户是否具备绕过文件、目录等其他永久对象备份操作系统的权限。

默认情况下，用户权限按管理凭据进行权限任务指派。以"在 Windows Server 2019 操作系统下，进行用户权限分配"为例。通过访问本地组策略编辑器的"计算机配置—Windows 设置—安全设置—本地策略—用户权限分配"用于进行用户权限分配策略的设置，如图 10-1 所示。

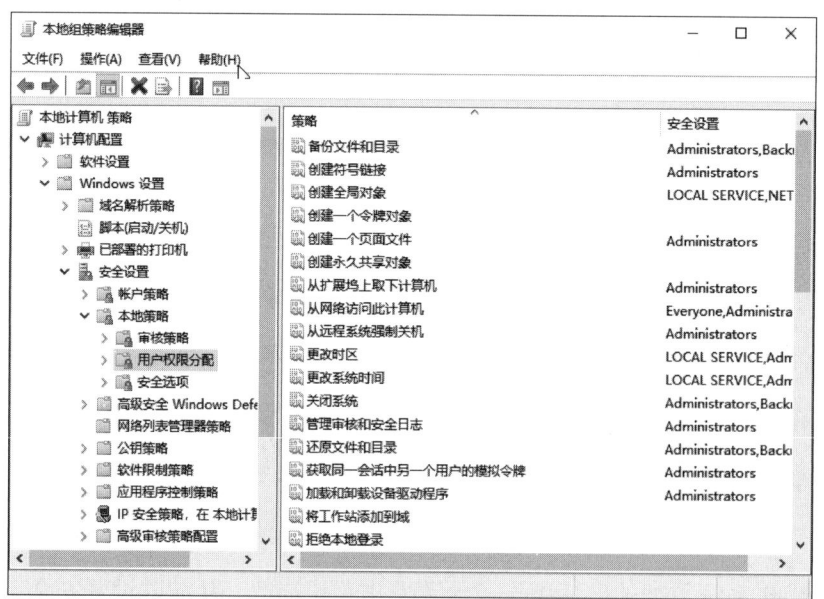

图 10-1　用户权限分配

### （二）安全选项策略

利用安全选项策略，用于实现操作系统安全相关策略的设置，常见策略如下。

#### 1. 账户

管理员账户状态，此策略定义本地管理员账户启用与禁用状态。

#### 2. 设备

允许在未登录的情况下弹出设备，此策略定义用户在未登录情况下是否可从扩展坞中删除便携式设备。

**3. 交互式登录**

不显示上次登录，此策略定义操作系统是否在安全桌面上显示最后登录设备的用户名称。

以"在 Windows Server 2019 操作系统下，进行安全选项设置"为例。通过访问本地组策略编辑器的"计算机配置—Windows 设置—安全设置—本地策略—安全选项"用于进行安全选项策略的设置，如图 10-2 所示。

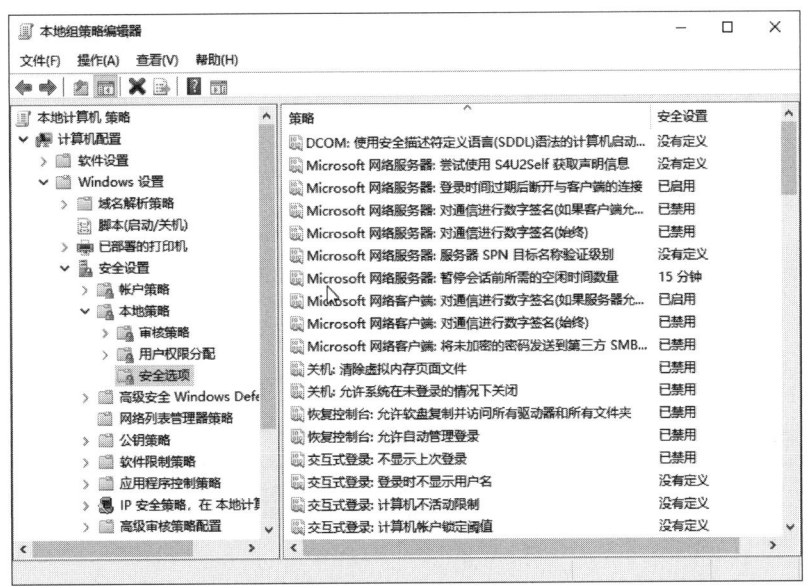

图 10-2　安全选项设置

**（三）账户锁定策略**

为了防止恶意用户尝试登录设备，账户锁定策略通过设定尝试登录设备的次数、配置禁用账户等参数，实现设备账户密码安全，常见策略如下。

**1. 账户锁定时间**

账户锁定时间策略定义账户保持锁定的时间。

**2. 账户锁定阈值**

账户锁定阈值策略定义尝试失败上限次数，达到次数后账户锁定。

**3. 重置账户锁定计数器**

重置账户锁定计数器策略定义用户登录失败的次数，在登录成功后，该计数器重置为 0。

以"在 Windows Server 2019 操作系统下,进行账户锁定设置"为例。通过访问本地组策略编辑器的"计算机配置—Windows 设置—安全设置—账户策略—账户锁定策略"用于进行账户锁定策略设置,如图 10-3 所示。

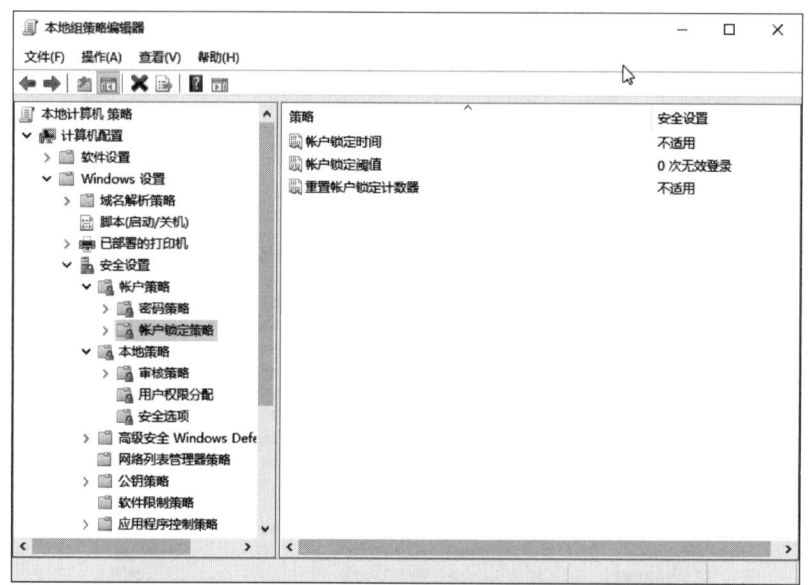

图 10-3　账户锁定设置

## 三、Ubuntu 操作系统环境下的权限设置

由于 Ubuntu 操作系统与 Windows Server 操作系统底层构造的不同,导致 Ubuntu 操作系统环境下的权限与 Windows Server 操作系统环境下的权限存在较大差异。Ubuntu 操作系统环境下,任意事务都以文件形式存在,并且赋予不同属性,因此内置文件管理体系,根据使用需求,设置不同用户对于不同文件的数据访问权限,即为文件存取许可机制。保护操作系统安全的关键点在于保护操作系统权限,利用权限的设置,防止文件数据被破坏,有效配合其他运行机制,用于保障操作系统稳定运行,防止黑客的入侵。该操作系统包含文件基本权限、权限掩码、ACL 权限、sudo 权限等。

### (一)文件基本权限

Ubuntu 操作系统设置用户为访问单位,分别通过 r、w 与 x 形式的权限设置,实现不同用户对于目标文件的读、写、执行的权限控制。由于在 Ubuntu 操作系统中将用户归纳为文件拥有者、文件所属组和其他用户，其基于组类别划分用户。用户作为一个或多个组成员，因此文件拥有者同组成员作为文件所属组，其他组成员以其他用户的形式存在。读取权限表示具备显示文件或目录等内容的权限，写入权限表示具备对于文件或目录的删除与增加等权限，执行权限表示具备访问指定目录下文件内容的权限。在 Ubuntu 操作系统下，利用“ls –l”命令可以查看文件详细信息与文件基本权限，文件属性采用 10 位参数表示。在 Ubuntu 操作系统下，使用“ls –l”命令查看文件基本权限，如图 10–4 所示，以目录“桌面”为例，文件基本权限为“drwxr–xr–x”，其中：

- d：表示文件类型。
- rwx：表示文件拥有者具备读、写、执行权限。
- 第一个 r–x：表示文件所属组具备读、执行权限。
- 第二个 r–x：表示其他用户具备读、执行权限。

```
nle@nle:~$ ls -l
总用量 48
-rw-r--r-- 1 nle   nle   8980 2月   23   2021 examples.desktop
drwxr-xr-x 2 nle   nle   4096 2月   23   2021 公共的
drwxr-xr-x 2 nle   nle   4096 2月   23   2021 模板
drwxr-xr-x 2 nle   nle   4096 2月   23   2021 视频
drwxr-xr-x 2 nle   nle   4096 2月   23   2021 图片
drwxr-xr-x 2 nle   nle   4096 2月   23   2021 文档
drwxr-xr-x 2 nle   nle   4096 2月   23   2021 下载
drwxr-xr-x 2 nle   nle   4096 2月   23   2021 音乐
drwxr-xr-x 2 nle   nle   4096 2月   23   2021 桌面
```

**图 10–4　查看文件权限属性**

### （二）权限掩码

权限掩码表示的是建立文件的权限值，用于在完成文件或目录的建立后自动赋予用户一定权限。权限掩码共包含 4 位，有效位为后 3 位，与文件基本权限共同体现了文件权限属性。只读权限的掩码累计值为 4，只写权限的掩码累计值为 2，只执行权限的掩码累计值为 1。在 Ubuntu 操作系统下，利用“umask”命令可以查看权限掩码。默认情况下，创建目录权限掩码为 777（表示具备读、写、执行操作权限），创建文件权限掩码最大值为 666（表示仅具备读、写操作权限）。在 Ubuntu 18.04 操作系统下，使用“umask”命令查看权限掩码数值，如图 10–5 所示，结果显示“0002”，表示普通用户默认权限掩码数值为 0002，其中：

> 第一个 0：表示文件特殊选项。
> 第二个 0：表示文件拥有者具备读、写、执行权限。
> 第三个 0：表示文件所属组具备读、写、执行权限。
> 第四个 2：表示其他用户具备读、执行权限。

（三）ACL 权限

ACL 权限应用于单一用户身份权限不满足访问单一文件的场景，由于 Ubuntu 操作系统下文件拥有者、文件所属组和其他用户三种用户身份的权限限制，ACL 主要用于解决用户权限不足的问题，并利用 ACL 权限赋予其额外权利。在 Ubuntu 18.04 操作系统下，使用"sudo mount –o remount,acl /"命令实现临时开启 ACL 权限。若实现永久开启 ACL 权限，需按照如下步骤，如图 10-6 所示：①使用"sudo vim /etc/fstab"命令编辑操作系统开机自动挂载文件；②在根分区后添加 ACL 字符；③使用"sudo mount –o remount /"命令重新挂载文件系统。

```
nle@nle:~$ umask
0002
```

图 10-5  查看权限掩码数值

```
nle@nle:~$ sudo vim /etc/fstab
nle@nle:~$ sudo mount -o remount /
```

图 10-6  ACL 权限开启

（四）sudo 权限

sudo 作为 Ubuntu 操作系统的管理命令，主要以命令作为管理对象，赋予普通用户执行超级用户命令的权限，旨在提高用户间切换效率的同时，提高操作系统安全性。操作执行 sudo 命令时，操作系统后端根据 /etc/sudoers 文件，确认用户能否执行 sudo 权限，sudo 命令常用参数见表 10-2。

表 10-2  sudo 命令常用参数

| 参数 | 说明 |
| --- | --- |
| -V | 显示版本信息并且退出 |
| -l | 列出用户权限 |
| -u | 指定的用户运行命令 |
| -g | 指定的组名运行命令 |

## 第二节 安全性测试

本节介绍了安全系统的主要架构与安全等级的划分,讲解了安全日志的主要概念,列举了安全日志的主要记录内容,以及在日志完整性、正确性测试阶段的主要工作内容。

**考核知识点及能力要求:**

- 了解安全防护体系的组成。
- 了解主要安全系统的构成。
- 掌握安全日志的记录内容。

### 一、安全架构与等级

系统安全性测试的根本目标是保护信息的机密性、完整性与可用性,而测试依赖于完整的安全架构与明确的安全等级共同构建的防御体系,其在验证系统运行安全的同时也可排查潜在的安全缺陷。为明确安全架构概念,在构建安全架构的过程中,从系统安全角度出发,以统一管理、全面防御为架构目标,分析系统安全的需求,在宏观层面将各个防护体系与安全系统进行独立划分,并按照业务特点与等级保护需求划分安全等级,最终参照不同等级制定安全防护策略。

#### (一)防护体系

系统面临的主要威胁,从全新角度建立系统安全防护体系。安全防护体系的构建环节是集实体安全、数据安全、通信安全、应用安全、网络安全和运行安全于一体的全面化保障体系。

**1. 实体安全**

实体安全即物理化安全，防止各种人为或自然因素的危害。

**2. 数据安全**

数据安全即保障数据的完整性、保密性，可发挥数据备份和恢复功能。

**3. 通信安全**

通信安全即确保数据信息的安全与物理传输的可靠性。

**4. 应用安全**

应用安全即提供身份鉴别、确保通信保密性、进行访问控制等，提供使用系统过程中的防护机制。

**5. 网络安全**

网络安全即利用网络结构安全、网络设备防护等技术，避免通信网络受到恶意攻击等。

**6. 运行安全**

运行安全即提升系统功能运行过程中的安全性，采取入侵防御、资源控制等措施用于防止运行风险。

（二）主要安全系统的构成

安全系统基于系统工程原理，汇总影响系统安全运行的各个要素以及系统故障恢复手段，构建开放性防御系统，避免由人、设备、环境、管理等因素导致调整措施不及时，实现动态化管理、保障系统安全。以安全体系的4个层次，即网络安全、加密技术、安全认证和安全协议为标准。根据安全系统防护数据进行划分，主要包括证书业务服务系统、故障恢复与容灾备份、网络信任域系统、可信时间戳服务系统、可信授权服务系统、密码服务系统、密钥管理系统、证书查询验证服务系统。

（三）安全等级

为了更客观、准确评定系统安全变量，采用可度量的准则衡量系统数据的安全性，以系统需求量与故障涉及面作为指标参考，将安全程度进行等级类别划分，结合安全技术、安全服务与安全管理共同支撑系统安全结构。安全等级的定义是系统建设、测评、维护等工作开展的首要条件，实现不同安全等级所面临的威胁与安全策略间的对应关系。根据安全等级保护基本要求，梳理不同的控制目标，将安全等级划分为 5 个等级。

**1. 第 1 级**

用户自主保护级，其利用访问控制隔离方式实现用户自主安全保护，防止非法用户的破坏行为，适用于小型企业、乡镇单位等管理系统。

**2. 第 2 级**

系统审计保护级，其利用身份鉴别、审计跟踪等措施，制定更细化的标准，实现用户对自己的行为负责，适用于地市级单位的非重要管理系统。

**3. 第 3 级**

安全标记保护级，其在系统审计保护级功能的基础上，额外提供数据标记与强制访问控制等功能，适用于地市级单位的重要管理系统。

**4. 第 4 级**

结构化保护级，其利用应用与数据辨别强化鉴别机制，添加信道分析与可信路径功能，建立完善的安全策略模型，适用于国家重要领域单位的核心系统。

**5. 第 5 级**

访问验证保护级，其提供可信恢复机制，支持访问控制器需求，具备高度抗渗透能力，适用于国家重要领域单位的极度重要系统。

## 二、安全日志测试

安全日志作为安全性测试的重要手段，实现服务器运行信息的全面化跟踪。系统运行过程中产生的大量日志信息，包括非法用户操作、黑客入侵等记录，具备非可视化、非拓扑结构、大数据等特点，并可反映当前系统运行状况。借助日志的审核分析，可以有效侦查并截获非法入侵，保障系统的安全性。而对于保障系统日志的安全性需要利用加密认证等技术，有利于形成完备的日志文件，并建立完善的日志管理体系。

### （一）记录所有用户访问系统的操作内容

安全日志主要用于描述系统运行记录，利用日志采集系统负责执行，记录所有用户访问系统的操作内容，有效阻止非法用户违规行为的同时，协助完成系统故障恢复工作。安全日志记录内容包括用户行为、命令执行、注册表修改等，涉及用户 IP 地址、用户账号、操作时间、操作目录、操作行为等属性记录。

**1. 用户行为**

指记录用户成功登录系统后的行为轨迹。

**2. 命令执行**

指记录用户在某个时间段内所执行每一条命令。

**3. 注册表修改**

指记录注册表通过应用程序自动或手动修改的信息。

（二）日志完整性与正确性测试

系统安全对日志的需求主要包括完整性与正确性两个方面，旨在防止日志信息被非法破坏与恶意修改删除，干扰系统正常工作。为了保障安全日志的可靠性，除了采用加密认证的防御方式外，还可以主动通过安全日志完整性与正确性的测试进行维护。完整性与正确性的检测用于判断日志信息是否可信，日志记录采用一定策略算法生成报文编码与编码密钥，并且将编码密钥存放于日志数据库中。在日志完整性与正确性测试阶段，对照编码密钥计算报文编码验证是否一致，以检验系统运行过程中日志是否被篡改，有助于及时发现系统入侵行为、潜在系统漏洞，满足了高可用性环境对安全日志的需求。

# 第三节　安全事件响应与取证

本节介绍了基于物联网安全事件的相关规定，并且讲解了安全事件的响应流程，通过列举常见的网络监控工具，使读者能够了解不同网络监控工具的功能特点，并以

Jperf 网络性能测试工具与 Wireshark 网络包分析工具的使用为例，具体讲解网络监控工具的使用方法。

**考核知识点及能力要求：**

- 了解物联网安全事件相关规定。
- 了解安全事件的响应流程。
- 掌握 Jperf 网络性能测试工具的使用方法。
- 掌握 Wireshark 网络包分析工具的使用方法。

## 一、物联网相关规定

随着信息时代的到来，个人、组织越来越依赖于网络共享，信息网络安全也受到了前所未有的重视，我国也逐步完善了对于网络安全法律法规的构建。网络安全的基础概念是保障网络硬件、软件传输过程中信息数据的完整性与可靠性。为进一步健全网络安全法律法规，在法律程序的基础上国家提出融入技术手段与管理制度，构建完整的管理体系，保护公民合法权益，不断优化解决措施，满足信息化建设的要求。

### （一）《国家网络安全事件应急预案》

《国家网络安全事件应急预案》（以下简称《预案》）是针对由于人为原因、软硬件缺陷或故障、自然灾害等对网络和信息系统或者其中的数据造成危害，它是对社会造成负面影响的事件的一种应急工作机制，该《预案》共八章。该《预案》旨在建立健全国家网络安全事件应急工作机制，提高应对网络安全事件能力，预防和减少网络安全事件造成的损失和危害，保护公众利益，维护国家安全、公共安全和社会秩序。该《预案》就监测与预警、应急处置、调查与评估、预防工作提出了要求和指导思想。该《预案》明确网络安全事件分为四级，即特别重大网络安全事件、重大网络安全事件、较大网络安全事件和一般网络安全事件。

### （二）《中华人民共和国网络安全法》

《中华人民共和国网络安全法》是第一部全面规范网络空间安全管理方面问题的基础性法律，该法共七章 79 条。该法中给出了网络、网络安全、网络运营者、网络数据、个人信息的含义。其中，网络安全是指通过采取必要措施，防范对网络的攻击、侵入、干扰、破坏和非法使用以及意外事故,使网络处于稳定可靠运行的状态,以及保障网络数据的完整性、保密性、可用性。该法是为了保障网络安全,维护网络空间主权和国家安全、社会公共利益,保护公民、法人和其他组织的合法权益,促进经济社会信息化健康发展。该法强调在网络安全等级保护制度的基础上,对关键信息基础设施实行重点保护,明确关键信息基础设施的运营者负有更多的安全保护义务,并配以国家安全审查、重要数据强制本地存储等法律措施,确保关键信息基础设施的运行安全。该法在法律责任中提高了违法行为的处罚标准,加大了处罚力度。

(三)《中华人民共和国突发事件应对法》

《中华人民共和国突发事件应对法》自 2007 年 11 月 1 日起施行,该法共七章 70 条。该法是为了预防和减少突发事件的发生,控制、减轻和消除突发事件引起的严重社会危害,规范突发事件应对活动,保护人民生命财产安全,维护国家安全、公共安全、环境安全和社会秩序。该法就预防与应急准备、监测与预警、应急处置与救援、事后恢复与重建提出了要求和指导思想,对违反该法的行为将由公安机关依法给予处罚。

## 二、安全事件响应流程

安全事件响应应备有预案,对于可能造成影响的干系人、安全等级、处理方式、处理流程都设有预案。当安全事件发生时,应根据国家有关规定及时处理事件,并处理好对干系人的影响,一般建议按识别、分类、调查、取证、抑制、恢复、根除、通知和公关等流程处理。

(一)识别和分类

识别和分类是对潜在的、正在发生的信息安全事件初步确认其影响范围和严重程度,并对事件的初始分类。分类可按照有害程序事件、网络攻击事件、信息破坏事件、设备设施故障和灾害性事故进行分类,如 DDoS 攻击、网络扫描窃听、网络钓鱼可归为网络攻击事件;自然灾害、人为灾害可归为灾害性事故。当发生信息安全事件时应记录事件并采取措施直到事件被解决。

(二)调查和取证

调查和取证是要识别根本原因并着手恢复。调查取证应定位事件发生的根本原因、确认人员与部门的受影响程度、丢失或破坏数据与资产的数量与程度、对人员或数据或资产残留威胁的严重程度,如果安全事件发生在第三方服务提供者处,应及时联系并获取初步报告,并请求定时地更新进展。调查和取证应对预设的、经测试的流程进行调查取证,应妥善保存收集到的证据,应与业务或资产所有人沟通。

### (三)抑制、根除和恢复

抑制、根除和恢复是要全面制定执行抑制策略与步骤,采取措施根除风险,使信息、资产和基础设施恢复正常运转。抑制要充分考虑类似事件的再次发生、其他攻击方式的应对、根除对将来业务运行的影响等。根除和恢复应卸载恶意软件、删除被感染且确认不再可用的文件和文件夹、阻止某个或某段IP地址、禁止对某个URL地址的访问、永久禁用或删除某个账户、修复重建或更新操作系统与软件。

### (四)通知和公关/外部通信

通知和公关/外部通信是将事件全部过程通知到管理层,从公司形象角度配合公关和外部通信。通知和公关/外部通信应先识别涉及的干系人,如客户、雇员、当事人等。应准备一个完整的计划来减轻事件对客户关系的影响。当涉及一个以上客户或合作方的时候,应注意通信的关联性和次序,应为各方提供常见问题解答等。如果安全事件发生在第三方服务提供者处,应从技术层面审查相关合同的责任条款,评估赔偿或其他索赔的权利。

### (五)事后工作

事后工作是将安全事件和恢复过程进行最终文档化,防止事件的复发,提供给监管部门检查和必要的诉讼。安全事件响应处理结束后应分析与原定计划的偏差并提出改进方案,最后总结经验教训,增强日常的监控,有针对性地对其他部门开展培训,防止类似事件的复发。

## 三、网络监控工具使用

网络监控工具用于监控网络设备的运行状态,使用户不受网络性能影响并检测故障隐患,以保障系统的正常、高效运行。市面上网络监控工具较多,如开源或免费的Nagios、Nedi、EasyNetMonitor等。

## （一）Jperf 网络性能测试工具的使用

Jperf 网络性能测试工具是将 iperf 命令行图形化的 Java 程序。使用 Java 程序能简化复杂命令行参数的构造，既保存测试结果，又实时显示图形化结果；Jperf 可以测试 TCP 和 UDP 带宽质量，测量最大 TCP 带宽时，其具有多种参数和 UDP 特性；还可以报告带宽、延迟抖动和数据包丢失。Jperf 服务器用于监听到达的测试请求，Jperf 客户端用于发起测试会话。

以两台 PC 为例，一台作为 Jperf 服务器，系统环境为 Windows Server 2019 操作系统；另一台作为 Jperf 客户端，系统环境为 Windows 10 操作系统。Jperf 命令为：

> bin/iperf.exe -c 192.168.1.100 -P 1 -i 1 -p 5001 -C -f k -t 20

该命令中，参数 –c 指运行 Jperf 客户端模式；参数 192.168.1.100 指服务器地址；参数 –i 指带宽报告的时间间隔，单位为秒；参数 –p 指服务器监听的端口；参数 –t 指测试的时长，单位为秒。客户端运行效果如图 10-7 所示。

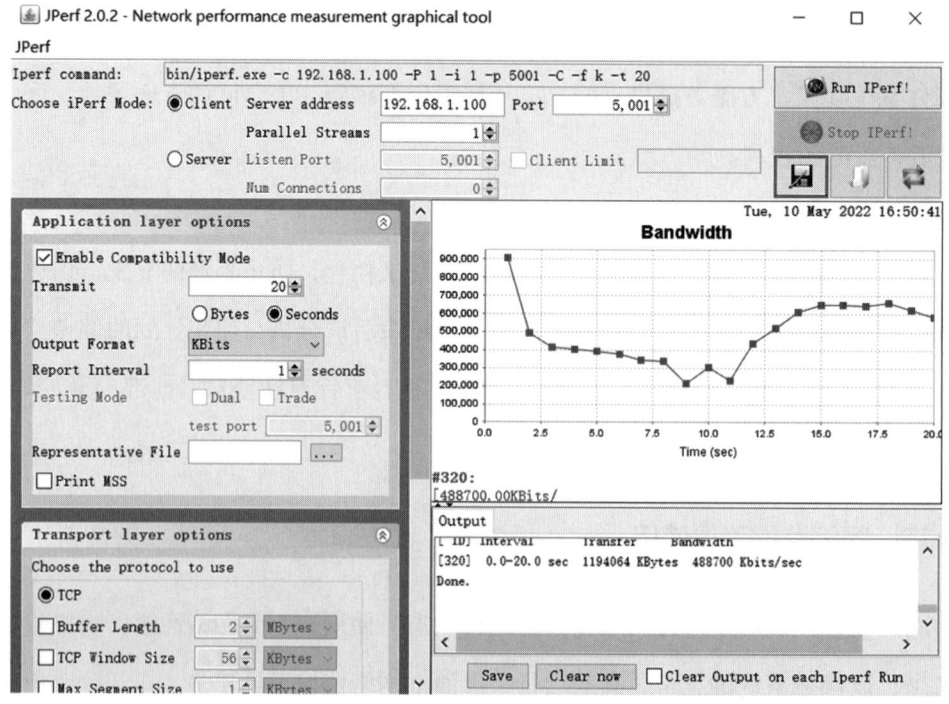

图 10-7　Jperf 客户端运行效果

## （二）Wireshark 网络包分析工具使用

Wireshark（前身为 Ethereal）是一个网络包分析工具。该工具主要是用来捕获网络数据包，并自动解析数据包，为用户显示数据包的详细信息，供用户对数据包进行分析。它可以运行在 Windows Server 和 Ubuntu 操作系统上。Wireshark 常用的过滤器见表 10-3。

表 10-3　　　　　　　　　　　　　　Wireshark 过滤器

| 过滤器名称 | 作用 |
|---|---|
| arp | 显示所有 ARP（地址解析协议）数据包 |
| bootp | 显示所有 BOOTP（引导程序协议）数据包 |
| dns | 显示所有 DNS 数据包 |
| ftp | 显示所有 FTP 数据包 |
| http | 显示所有 HTTP 数据包 |
| icmp | 显示所有 ICMP（网络控制报文协议）数据包 |
| ip | 显示所有 IPv4 数据包 |
| ipv6 | 显示所有 IPv6 数据包 |
| tcp | 显示所有基于 TCP 的数据包 |
| tftp | 显示所有 TFTP（简单文件传输协议）数据包 |

例如，要查看所有使用 HTTP 协议访问的信息，即在过滤器中输入"http"并进行抓包，抓包结果将显示在 Packet List、Packet Details、Packet Bytes。Packet List 显示 HTTP 数据包的列表，Packet Details 显示 HTTP 数据包的物理层数据帧概况、数据链路层以太网帧头信息、网络层 IP 包头部信息、传输层数据段头部信息、应用层信息、源 MAC 地址、目标 MAC 地址等，如图 10-8 所示。由于对使用 HTTP 协议的数据进行抓包，因此，在实验过程中需先在浏览器任意访问某个网站或网页。

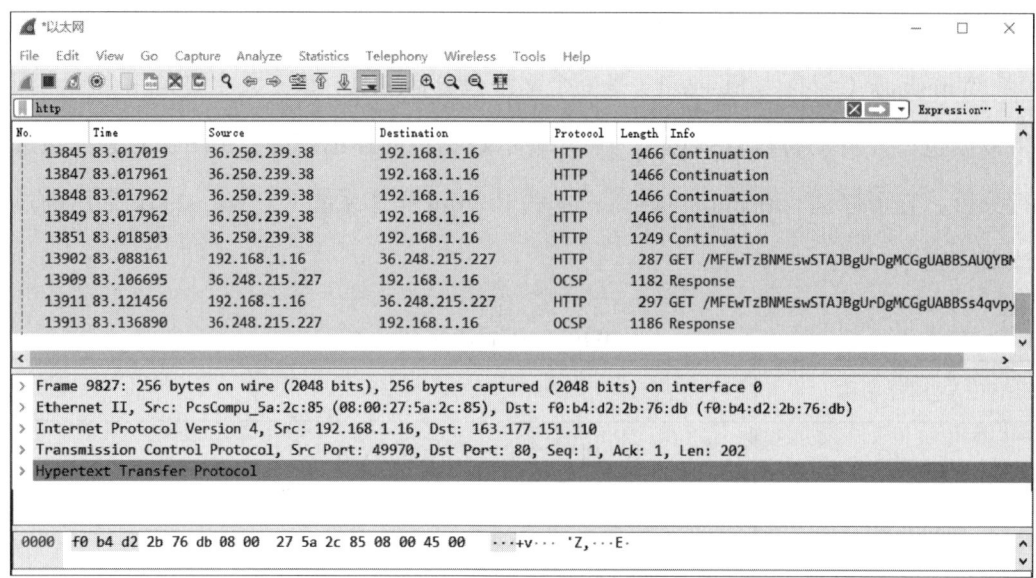

图 10-8　Wireshark 运行效果

## 思考题

1. 常见的身份鉴别技术有哪些？

2. Windows Server 操作系统环境下安全权限设置包括哪些？

3. Ubuntu 操作系统下的读、写、执行操作分别采用什么字母表示？

4. 安全系统的防护体系包括哪几个方面？

5. 根据安全等级保护基本要求，定义了哪些安全等级？

6. 简述安全日志存在的意义。

# 第四篇
# 物联网技术咨询与服务

  物联网技术咨询与服务是以技术为基础的一种贸易活动形式,其通过物联网技术知识与解决方案经验,结合实际业务现状,采用技术咨询、技术文档编制、产品宣读、解决方案撰写与展示、问题跟踪等经营活动,提供专业的物联网技术方案与服务。技术咨询与服务的范围规定了咨询服务的主题内容,其针对特定技术项目从管理、技术、制作等方面提出解决方案,实现问题的发现、分析与解决。物联网技术咨询常见的方式包括可行性研究、技术评估、管理咨询、政策咨询等,用于提供客户达成项目目标的建议,而技术服务则指导用户利用解决方案实现项目目标。因此,技术咨询与服务是相互联系的有机整体。

# 第十一章 技术咨询

技术咨询不仅是售前工程师、技术人员的工作内容之一,也可以帮助解决方案经理了解、分析客户的需求,将潜在客户转换为签单客户,提供客户满意的解决方案。在项目从机会可研之初至项目交付整个过程中,都需要编写技术文档,如需求规格说明书、用户手册等。这就要求编制者应具备物联网相关技术与知识以保证技术文档的准确性。

- **职业功能:** 物联网技术咨询与服务。
- **工作内容:** 技术咨询。
- **专业能力要求:** 能根据售后服务方案,为客户提供工程技术及标准规范相关问题的咨询服务;能总结项目服务案例,整理业务知识并编写技术文档。
- **相关知识要求:** 售后服务方案知识,技术文档编写知识。

# 第一节 咨询服务

本节介绍了物联网相关标准规范,并且讲解了物联网工程的相关知识,通过列举技术咨询的常用技巧,使读者能够了解咨询过程中的注意事项。

**考核知识点及能力要求:**

- 了解物联网相关标准规范。
- 掌握物联网工程的相关知识。
- 掌握咨询的常用技巧。

## 一、物联网相关标准规范

标准是一个行业技术成熟到某个阶段的标志,它是一个行业发展到某个阶段的经验与智慧的结晶。现行与物联网相关标准包括《物联网 面向 Web 开放服务的系统实现 第 1 部分:参考架构》(GB/T 40778.1—2021)、《电力物联网信息通信总体架构》(GB/T 40287—2021)等。

### (一)GB/T 36951—2018 标准

《信息安全技术 物联网感知终端应用安全技术要求》(GB/T 36951—2018)发布于 2018 年 12 月 28 日(以下简称《标准》),于 2019 年 7 月 1 日实施,该《标准》针对感知终端应用提出了通用的安全技术要求,该《标准》规定了物联网信息系统中感知终端应用的物理安全、接入安全、通信安全、设备安全、数据安全等安全技术要求,适用于物联网信息系统建设运维单位对感知终端进行安全选型、部署、运行和维护。

该《标准》中对感知终端的定义为"能对物或环境进行信息采集和/或执行操作，并能联网进行通信的装置"。

在物联网信息系统中，感知终端处于特定的物理环境中，与该环境中的感知对象交换数据，或对感知对象进行控制；感知终端接入信息通信网络，并通过网络进行通信。感知终端应用的安全包括物理安全、接入安全、通信安全、设备安全和数据安全。该《标准》从这5个安全展开，分为基本要求和增强要求。

如基本物理安全要求中的供电要求为"感知终端的供电应稳定可靠"。增强物理安全要求中的供电要求在基本要求基础上增加了"关键感知终端应具有备用电力供应，至少满足在规定的供电时长内保持感知终端正常运行；应提供技术和管理手段监测感知终端的供电情况，并能在电力不足时及时报警"。

**（二）GB/T 37025—2018 标准**

《信息安全技术 物联网数据传输安全技术要求》（GB/T 37025—2018）发布日期为2018年12月28日（以下简称《标准》），于2019年7月1日实施，该《标准》规定了物联网（工业终端除外）数据传输安全分级及其基本级和增强级安全技术要求等，适用于相关方对物联网数据传输安全的规划、建设、运行、管理等。

该《标准》中对传输安全的定义为"保护网络中所传输信息的完整性、保密性、可用性及用户定制等特性"。

物联网数据传输安全技术要求分为基本级和增强级，对数据传输完整性、数据传输可用性、数据传输隐私、数据传输信任、信息传输策略和程序、信息传输协议、传输协议的审定与更新进行规定。其中，增强级还包括数据传输保密性、日志与审计。

如基本级数据传输完整性要求为"传输时支持信息完整性校验机制，实现管理数据、鉴别信息、敏感信息、重要业务数据等重要数据的传输完整性保护（如校验码、消息摘要、数字签名等）；具有通信延时和中断处理功能，配合终端进行完整性保证"。增强级数据传输完整性要求在基本级基础上增加了"对于重要数据，使用密码技术保证数据传输完整性；在检测到完整性遭到破坏时采取措施来恢复或重新获取数据"。

### (三) GB/T 36620—2018 标准

《面向智慧城市的物联网技术应用指南》(GB/T 36620—2018) 发布日期为 2018 年 10 月 10 日（以下简称《标准》），于 2019 年 5 月 1 日实施，该《标准》规定了智慧城市中物联网系统各功能域以及支撑域功能实现的 IT 基础设施的构成，适用于智慧城市中物联网系统的规划和设计实现。

智慧城市中物联网系统包含感知控制域、服务提供域、运维管控域、资源交换域、用户域以及支撑域功能实现的云计算平台、边缘计算平台、人机交互平台等智慧城市 IT 基础设施。该《标准》从感知控制域、服务提供域、运维管控域、资源交换域、用户域给出了各域的构成与实体描述。

控制执行实体描述为"可根据控制指令对智慧城市控制对象进行操控"。

## 二、物联网工程相关知识

物联网工程项目是基于物联网技术、物联网设备的行业应用工程建设活动。物联网工程涉及的技术领域较为宽泛，包括了传感器技术、通信技术、控制技术、微电子技术、云计算技术等，涵盖了从信息获取、传输、存储、处理直至应用的全过程。

### (一) 物联网通信技术

物联网通信技术按传输媒介（信道）的物理特征，可以分为有线通信技术、无线通信技术。有线通信技术是指利用金属导线、光纤等有形媒介传送信息的技术。有线通信技术可靠性高、稳定性高，但连接受限于传输媒介。无线通信技术是利用电磁波信号可以在自由空间中传输的特性进行信息交换的一种通信方式。无线通信技术按传输距离分为短距离无线通信和长距离无线通信。

常见的有线通信技术有 RS-232、RS-485、控制器局域网（controller area network, CAN）、RS-422 等；常见的无线通信技术有 NB-IoT、LoRa、Wi-Fi、蓝牙、ZigBee、Sigfox 等。

对于 RS-232、RS-485 与 RS-422 正确的描述应为"串行通信接口技术，一般以 DB-9 或 DB-25 形态出现，如台式电脑上的串行接口外设"。Modbus 协议分为 Modbus

RTU、Modbus ASCII、Modbus TCP 三种模式,前两种采用的物理硬件接口为 RS-232、RS-422 和 RS-485,而 Modbus TCP 模式的硬件接口为以太网口。CAN 于 1983 年开发,最早被应用于汽车内部控制系统的监测与执行机构间的数据通信,目前是国际上应用最广泛的现场总线之一。由于 CAN 总线具备高可靠性、高性能、功能完善和成本较低等优势,其应用领域已从最初的汽车工业慢慢渗透进航空工业、安防监控、楼宇自动化、工业控制、工程机械、医疗器械等领域。总线标准有 ISO 11898-2(CAN 高速物理层)、ISO 11898-3(CAN 低速可容错物理层)、ISO 11898-4(时间触发 CAN)、ISO 11898-5(低功率模式高速介质存取单元)等。

无线通信技术从传输距离上区分,可以简化分为两类:一类是短距离无线通信技术,包括 ZigBee、Wi-Fi、蓝牙等,目前发展成熟并有各自应用的领域;另一类是长距离无线通信技术,包括宽带广域网例如电信码分多址(CDMA)技术、移动和联通的 3G/4G 无线蜂窝通信和低功耗广域网。低功耗广域网又分为:工作在非授权频段的技术,如 LoRa、Sigfox 等;工作在授权频段的技术,如 NB-IoT、eMTC 等。

NB-IoT、LoRa、Sigfox 三者的区别见表 11-1。

表 11-1　　　　　　NB-IoT、LoRa、Sigfox 区别

| 技术 | NB-IoT | LoRa | Sigfox |
| --- | --- | --- | --- |
| 信道宽带 | 200 kHz | 7.8～500 kHz | 100 kHz |
| 峰值速率 | <200 kbit/s | 几百 bit/s | 600 bit/s |
| 覆盖 MCL | 164 dB(提升 20 dB+) | 157 dB(+13 dB) | 146 dB |
| 网络部署 | 与现有蜂窝基站复用 | 独立建网 | 独立建网 |
| 移动性 | 低速或静止 | 低速或静止 | 低速或静止 |
| 电池寿命 | >10 年 | >10 年 | 20 年 |
| 模组成本 | 有望达 2 美元以内 | 预计 2 美元 | 1 美元 |
| 频谱安全性 | 授权频段 GUL 牌照波段,有基于成熟的核心网认证权机制,安全性高 | 无牌照波段,用户认证低 | 安全性低 |
| 干扰可控性 | 有网络规划,干扰可控 | 无牌照波段,安全性低 | |
| 适用业务类型 | 低速,低时延特征业务 | 低速,低时延,安全性要求不高特征业务 | |

短距离无线通信技术区别见表 11-2。

表 11-2　　　　　　　　短距离无线通信技术区别

| 技术 | Wi-Fi | ZigBee | 蓝牙 | UWB | NFC | RFID |
|---|---|---|---|---|---|---|
| 通信模式 | — | 网站 | 单点对多点 | — | 点对点 | — |
| 通信距离 | 0~100 m | 10~75 m | 0~10 m | 0~10 m | 0~20 m | 0—50 m |
| 传输速度 | 54 Mbit/s | 10~250 kbit/s | 1 Mbit/s | 53.3~480 Mbit/s | 424 kbit/s | — |
| 安全性 | 低 | 中 | 高 | 高 | 极高 | 高 |
| 频段 | 2.4 GHz | 2.4 GHz（全球）、868 MHz（欧洲）、915 MHz（美国） | 2.4 GHz | 3.1~10.6 GHz | 13.56 MHz | 多频段 |
| 国际标准 | 802.11b、802.11g、802.11n、802.11ac、802.11ax | IEEE 802.15.4 | 802.15.1x | 无 | ECMA340、ECMA352 | — |
| 成本 | 低 | 低 | 低 | 高 | 低 | 低 |

### （二）各行业常用的传感器

传感器属于物联网的神经末梢，是人类全面感知自然的最核心元件。传统的传感器主要是为了满足信息的准确传输需求；而智能传感器（微机械传感器）中的微处理器具有采集、处理、交换信息的能力，是传感器集成化与微处理器相结合的产物，如被应用于电子烟的力学传感器、差压传感器、流量传感器等。

目前，传感器已广泛应用于工农业、医疗、交通、航海、航空、航天等各个领域中，下文将列举部分行业常用的传感器。

**1. 智慧农业常用传感器**

智慧农业常用传感器包括土壤水势传感器、土壤热通量传感器、土壤盐分传感器、土壤管式剖面水分仪、叶面温度传感器、茎秆微变化传感器、叶面湿度传感器、土壤水分传感器、果实膨大传感器、土壤温度传感器、空气温湿度传感器、二氧化碳传感器、光照强度传感器等。

**2. 工业机器人常用传感器**

工业机器人常用传感器包括位移传感器、距离传感器、三维视觉传感器、力矩传感器、碰撞检测传感器等。

**3. 智能手机常用传感器**

智能手机常用传感器包括加速度传感器、磁力传感器、方向传感器、陀螺仪传感器、重力传感器、线性加速度传感器等。

**4. 智能家居常用传感器**

智能家居常用传感器包括压力传感器、化学传感器、电磁传感器、热电偶红外传感器、流量传感器等。

### （三）物联网系统集成项目生命周期

从物联网项目开始至结束的时间段构成了物联网项目的生命周期，一般分为策划决策立项阶段、勘察设计阶段、建设准备阶段、施工阶段、生产准备阶段、竣工验收阶段及考核评价阶段。

**1. 策划决策立项阶段**

策划决策立项阶段，又称为建设前期工作阶段，主要包括编报项目建议书和可行性研究报告。策划决策立项阶段处于项目发展周期的初始阶段，在项目建议书批准后方可开展对外工作。项目建议书是建设单位向上级主管部门提交项目申请时所必需的文件，是对拟建设项目提出的框架性的总体思路。项目建议书核心内容包括了项目的必要性、项目建设必需的条件、项目的市场预测、产品方案或服务的市场预测。可行性研究报告在项目建议书被批准后进行，是项目前期工作最重要的内容。

**2. 勘察设计阶段**

复杂工程的勘察过程分为初勘与详勘，为设计提供实际依据。物联网建设项目设计过程划分为初步设计阶段和施工图设计阶段。初步设计根据批准的可行性研究报告，以及有关的设计标准、规范，并通过现场勘察工作取得可靠的实际基础资料后进行编制。初步设计的主要任务包括确定项目的建设方案，进行设备的选型，编制工程项目总概算量等。初步设计文档应满足编制施工招标文件、主要设备材料订货和编制施工图设计文档，是下一阶段施工图设计的基础。施工图设计阶段主要任务包括根据批准的初步设计和主要订货合同，绘制正确、完整和详细的施工图纸，并编制施工预算。施工图设计完成后，必须报具备审查资格的单位审查并报审批部门进行审批。施工图设计完成后，不得擅自进行修改，若必须修改则应重新报请原审批部门，由原审批部门委托审查机构审查后再批准实施。

**3. 建设准备阶段**

建设准备阶段主要任务包括制定建设工程管理制度，落实管理人员，汇总技术资料，落实施工和生产材料、设备的订货，办理建设工程质量监督手续，准备必要的施工图纸，组织施工招投标，择优选定施工单位等。

**4. 施工阶段**

建设单位将建设工程发包，对施工、监理单位进行招投标，从中确定技术管理水平高、信誉可靠且报价合理的中标企业，确定中标企业相应的工程施工资质或工程监理资质。建设工程具备开工条件并取得施工许可证后方可开工。监理单位代表建设单位对施工过程中的工程质量、进度、资金使用进行全过程管理控制。

**5. 生产准备阶段**

对于生产性建设项目，在其竣工投产前，建设单位应适时组织专门班子或机构，有计划地做好生产准备工作，包括团队组建，组织有关人员参加设备安装、调试和工程验收，落实原材料供应，组建生产管理机构，健全生产规章制度等。

**6. 竣工验收阶段**

竣工验收是全面考核建设成果、检验设计和施工质量的重要步骤，也是建设项目转入生产和使用的标准。验收合格后，建设单位编制竣工决算，项目正式投入使用。

**7. 考核评价阶段**

建设项目后考核评价是工程项目竣工投产与生产运营一段时间后，再对项目的立项决策、设计施工、竣工投产、生产运营等全过程进行系统评价的一种技术活动，是固定资产管理的一项重要内容，也是固定资产管理的最后一个环节。考核评价分为前期准备后评价、实施后评价、财务后评价和社会效益影响后评价。前期准备后评价是指项目勘察设计后评价、项目开工准备后评价、项目招投标后评价和工程项目管理模式后评价。实施后评价是指施工进度控制考核评价、质量控制考核评价、施工安全考核评价和竣工阶段考核评价。社会效益影响后评价是指对地区的影响和对群众生活的影响。

# 第二节 技术文档编制

本节介绍了文档编制的相关标准规范,并且讲解了技术文档的编制方法以及注意事项,使读者能够了解技术文档编制的流程。

**考核知识点及能力要求:**
- 了解文档编制的相关标准规范。
- 掌握技术文档的编制方法。

## 一、文档编制规范

项目离不开文档的编制,常见的文档编辑器如 MacDown 编辑器、Typora 编辑器、MarkdownPad 编辑器既可用于写产品的中英文技术文档和使用说明,也可用于写个人博客。对于整个项目来说,由于项目需配套大量技术文档,一般建议为项目创建独立的文件夹,并将项目按照模块或者功能分割为不同目录,使其形成具有等级的目录树,并在每个目录下配套自述文件用于记录该目录的功能、修改记录、用途、版本更新等信息。而对于单个技术文档来说,建议其根据国家标准、行业标准形成软件需求规格说明、软件用户手册、软件测试报告等,技术文档在编制时除了内容应符合项目的目的外,建议在排版上也应有助于使用者阅读,如提供定位导航、关键文字加粗或斜体等。

### (一) GB/T 5271.1—2000 标准

《信息技术词汇 第 1 部分:基本术语》(GB/T 5271.1—2000)发布日期为 2000 年 7

月 14 日（以下简称《标准》），于 2001 年 3 月 1 日实施，该《标准》采用了国际标准化组织、国际电工委员会等国际国外组织的标准，给出了与信息处理领域相关的概念的术语和定义，并明确了条目之间的关系。如信息、数据、文本、信息处理、数据处理、数据处理中心、信息系统等定义。

此处列举了其中的部分定义。

**1. 虚拟机的定义**

一种虚拟的数据处理系统，在某个特定用户的独占使用下，但其功能是通过共享真实数据处理系统的各种资源得以实现的。

**2. 软件包的定义**

为类属的应用或功能提供给若干用户的一套完整的、带文档的程序。

**3. 流程图的定义**

一种过程或问题的分步解法的图形表示形式，使用流线连接的并加适当注释的几何图形为过程或程序进行设计或编写文档。

### （二）GB/T 8567—2006 标准

《计算机软件文档编制规范》（GB/T 8567—2006）发布日期为 2006 年 3 月 14 日（以下简称《标准》），于 2006 年 7 月 1 日实施，该《标准》主要对软件的开发过程和管理过程应编制的主要文档及其编制的内容、格式规定了基本要求，适用于所有类型的软件产品的开发过程和管理过程。

该《标准》给出了软件生存周期中应具备的文档，包括可行性分析（研究）报告、软件（或项目）开发计划、软件需求规格说明、接口需求规格说明、系统/子系统设计（结构设计）说明、软件（结构）设计说明、接口设计说明、数据库（顶层）设计说明、（软件）用户手册、操作手册、测试计划、测试报告、软件配置管理计划、软件质量保证计划、项目开发总结报告、软件产品规格说明、软件版本说明等。并给出文档编制格式，如可行性分析（研究）报告格式应包括引言、引用文件、可行性分析的前提、可选的方案、所建设的系统、经济可行性、技术可行性、法律可行性、用户使用可行性、其他与项目有关的问题、注解和附录。

## 二、技术文档的编制方法

优秀的技术文档可以提升软件产品的质量,使用户在使用产品时可以根据技术文档解决问题。不同的使用者所需的技术文档不同,如对于产品用户一般需提供软件产品规格说明、软件版本说明、用户手册、操作手册等。在编制技术文档之前建议制定技术评价核对表,并从技术上对技术文档进行核实,技术文档里编写的程序与步骤应准确。

### (一)需求分析

需求分析并非确定系统要如何完成工作,而是确定系统必须要完成的工作是什么,是对目标系统提出完整、准确、清晰且具体的需求。项目的需求分析阶段是对用户需求进行分析,将用户的需求用逻辑的软件工程语言表达出来,设计好功能和数据库模型,编写成软件需求设计书。软件需求分析是调查、评价以及肯定用户对软件需求的过程,因此,需求分析实际上是对用户意图不断进行揭示和判断的过程。需求分析的具体任务包括确定对系统的综合需求(功能需求、性能需求、环境需求、接口需求、用户界面需求)、分析系统的数据需求、建立软件的逻辑模型、编写软件需求规格说明书和需求分析评审。需求分析的步骤包括需求获取、需求提炼、需求描述、需求验证。软件需求分析常用的方法有面向功能分解方法、结构化分析方法、信息建模方法和面向对象分析方法。

### (二)技术文档编写准确性

技术文档是为管理人员、开发人员、维护人员和用户所编写的文档,文档的准确性尤为重要。管理人员可以为技术文档编写者设置适当的技术准确级别,要求其将技术文档的准确性保持在某一范围内,可以通过以下方法加强编写者对于具体技术的更深层次认识:一是让编写者多参加有关产品设计与开发的小组会议,了解产品设计与开发的相关内容;二是让编写者参与到技术要求、功能范围以及设计方案的开发工作中;三是将编写者纳入开发小组的邮件列表中。

### (三)软件需求规格说明书编制

软件需求规格说明书(software requirement specification,SRS)有助于开发团队与

项目干系人对系统形成初始的、共同的理解。软件需求规格说明书的正文包括范围、引用文件、需求、合格性规定、需求可追踪性、尚未解决的问题、注解。

**1. 范围**

软件需求规格说明书的范围包括系统概述、标识、文档概述和基线。系统概述用于简述 SRS 适用的系统和软件的用途，概述系统开发、运行和维护的历史。标识主要指标识项目的投资方、需求方、用户、开发方和支持机构；标识当前和计划的运行现场；列出其他有关的文档。文档概述描述 SRS 的用途和内容，并描述与其使用有关的保密性和私密性要求。基线用于说明编写 SRS 所依据的设计基线。

**2. 引用文件**

列出 SRS 所有引用文档的编号、标题、修订版本和发行日期。

**3. 需求**

软件需求规格说明书中的需求包括所需的状态和方式、需求概述、需求规格、计算机软件配置项（computer software configuration item，CSCI）能力需求、CSCI 外部接口需求、CSCI 内部接口需求、CSCI 内部数据需求、适应性需求、保密性需求、保密性和私密性需求、CSCI 环境需求、计算机资源需求、软件质量因素、设计和实现的约束、数据、操作、故障处理、算法说明、有关人员需求、有关培训需求、有关后勤需求、包装需求与其他需求。

**4. 合格性规定**

定义一组合格性方法，对于需求指定所使用的方法，以确保需求得到满足。合格性方法包括演示、测试、分析、审查、特殊的合格性方法。

《计算机软件文档编制规范》（GB/T 8567—2006）虽然对软件需求规格说明书内容进行了规定，但并非所有 SRS 都按此规定编写，如图 11-1 所示是某家公司对部门级文档管理系统所编制的 SRS。

1. 前言......5
 1.1. 文档目的......5
 1.2. 范围说明......5
  1.2.1. 产品标识......5
  1.2.2. 产品概述......5
  1.2.3. 术语定义......5
  1.2.4. 参考资料......5
2. 项目概述......5
 2.1. 产品描述......5
 2.2. 系统功能......6
 2.3. 客户特点......7
 2.4. 假定和约束......7
3. 业务流程......7
4. 详细需求......7
 4.1. 功能需求......7
  4.1.1. 文档管理(1)......7
  4.1.2. 文档入库(1.1)......7
  4.1.3. 电子文档入库(1.1.1)......8
  4.1.4. 纸质文档入库(1.1.2)......8

a）SRS示例（1）

5. 数据描述......20
 5.1. 原始数据描述......20
  5.1.1. 输入数据......20
  5.1.2. 输出数据......20
 5.2. 数据流程图......20
6. 界面要求......24
 6.1. 报表格式......24
 6.2. 图形要求......24
 6.3. 输入输出要求......25
7. 接口要求......25
8. 运行环境需求......25
 8.1. 网络和硬件设备......25
 8.1.1. 网络......25
 8.1.2. 硬件设备......25
 8.2. 软件环境......26
 8.2.1. 操作系统平台......26
 8.2.2. 其它支撑软件......26
9. 其他专门需求......26
 9.1. 安装和操作......26
 9.2. 安全保密......26
 9.3. 维护服务......26
附录 1 业务流程图图例......26
附录 2 数据流程图图例......27

b）SRS示例（2）

**图 11–1　SRS 示例**

## 思考题

1. 感知终端应用的安全技术要求包括哪些？

2. 请简述 NB-IoT、LoRa、Sigfox 三者的区别。

3.《计算机软件文档编制规范》（GB/T 8567—2006）中给出了软件生存周期中应具备哪些文档？

4. 软件需求规格说明书的正文应包含哪些内容？

5. 请简述技术文档的编制方法。

# 第十二章
# 技术支持

技术支持服务于整个项目阶段,包括负责产品的售前技术支持、售中技术指导及售后技术问题的跟踪。其按照服务内容划分为技术方案编写、产品宣讲培训、系统设备技术维护等方向。技术支持不仅需要熟悉技术与产品,还应具备良好的沟通协调能力和明晰的逻辑思维。技术支持作为产品与技术间的媒介,具有多元化的发展潜力,技术支持可以在提升客户满意度的同时,实现用户群体的延展。

- **职业功能:** 物联网技术咨询与服务。
- **工作内容:** 技术支持。
- **专业能力要求:** 能进行产品宣讲和解决方案展示;能解决客户技术咨询问题,并提供技术解决方案;能收集整理客户反馈的信息,进行问题跟踪处理。
- **相关知识要求:** 市场推广知识。

# 第一节 产品宣读和解决方案展示

本节介绍了逻辑的基本概念，讲解了表达与解决问题的逻辑养成方法，并且说明了如何提高演讲能力与 PPT 制作能力。通过列举解决方案的示例与架构图，使读者能够充分掌握产品宣读的技巧，提高对解决方案的认知。

**考核知识点及能力要求：**

- 了解逻辑养成的技巧。
- 掌握提高演讲能力的技巧。
- 掌握提高 PPT 制作能力的技巧。
- 了解解决方案的应用以及架构图。

## 一、逻辑的养成

产品宣读和解决方案展示除了需要具备理论思维与总结能力，同时逻辑思维也应贯穿于整个市场推广阶段。在日常生活中，通常利用掌握的知识与经验进行有效推理，寻求解决方法，而通过逻辑的养成可实现表达严谨性、事务推理性，在产品宣读和解决方案展示方面，主要需要培养表达逻辑与解决问题逻辑两个方面。

### （一）表达的逻辑养成

表达是语言使用者在情景对话模式下提出见解的一种途径，在表达过程中需要准确把握逻辑关系，做到有理有据表达个人观点。表达的逻辑要求掌握多样化思维模式，明确表达重点，采用快速组织思维方式，呈现优秀表达能力。表达的逻辑养成有三种方法：阅读、倾听与沟通，利用阅读把握逻辑思维模式，通过倾听增强思维联想，运用沟通训练支配思维与灵感的能力。表达过程中，根据结论先行、前后照应、归类分组、逻辑递进的框架，使用基本的表达规律，准备表达论点论据。

（二）解决问题的逻辑养成

解决问题是改变客观事物发展规律的途径，而解决问题的思维逻辑贯穿在整个事物活动过程中，用于实现解决问题的方法与设计的选择。解决问题的思维需要基于逻辑进行思考，分析问题产生的原因，根据实际情况制定解决策略，采用事实界定、分析原因、说明结论和方案提出的框架进行问题解决。可以按照简易程度制定不同解决问题方式，理解复杂问题的内部本质与逻辑，按照逻辑次序，有顺序地针对独立点寻求解决方案。

## 二、提高演讲能力

高素质复合型人才除了需要拥有一定专业技术知识外，还得具备演讲与口语表达能力。演讲作为一门语言艺术，采用肢体语言配合有声语言的形式，阐明个人观点，从视觉与听觉两方面引起听众的认同、共鸣，激发演讲者与听众的关联性。演讲的成功依赖于运用语言技巧的熟练程度，演讲能力的提高可以通过加强对演讲知识素材的积累、强化语言驾驭能力、提高逻辑思维能力、掌握演讲活动知识技能等实现。由于任何能力的提高都是在不断的练习中形成的，演讲能力的提高更是离不开积极的训练、长期经验的积累，可在增强个人信心的同时，认清个人的缺点并加以改善，逐渐提高个人的演讲综合能力。

## 三、PPT 制作能力

PPT 作为制作产品演示电子版幻灯片的工具，主要用于工作汇报、产品推广、授课培训等场景，其采用图形、文字、视频、音频、图表等方式来呈现内容。PPT 作为行业中使用频率较高的工具之一，具备活跃交流气氛、提高演示效果、突破书面束缚等交互兼容方面的优势，可为演讲者提供清晰思路、为受众营造良好的视觉氛围，比传统文字演示更加吸引观众、展示主题条理更加明确。因此 PPT 制作能力的掌握不仅辅助了汇报工作，亦达到利用简练语言表达核心主题的效果。

### 四、解决方案示例

解决方案作为定制化产品，依据客户需求而生成整体化解决方案，具有集成多种功能、涉及不同解决对象的特点。物联网解决方案必须包含应用场景、物联网平台、硬件设备三要素。优秀的解决方案需要完善的调研，针对项目背景、解决方案对象、用户需求、方案的呈现形式展开调查。本书列举了不同物联网应用场景的解决方案，以智能仓储解决方案、智慧物流综合解决方案和智慧安全消防解决方案为例。

#### （一）智能仓储解决方案

结合项目调研，某智能仓储解决方案实例主要包含两类系统技术：仓储管理系统（warehouse management system，WMS）和仓储控制系统（warehouse control system，WCS）。WMS利用条码系统、射频、无线网络等技术实现入库、出库以及库内盘点等管理业务；WCS作为智能仓储全过程的控制调度核心，完成运单配送线路规划、货物跟踪签收等环节。智能仓储解决方案架构如图12-1所示，其利用软件与硬件结合的一体化系统，采用先进技术手段对仓储中物品进行智能化管理，适用于多地多仓的不同使用场景，满足采用订单或电子标签等多种方式完成收货、拣货的需求。

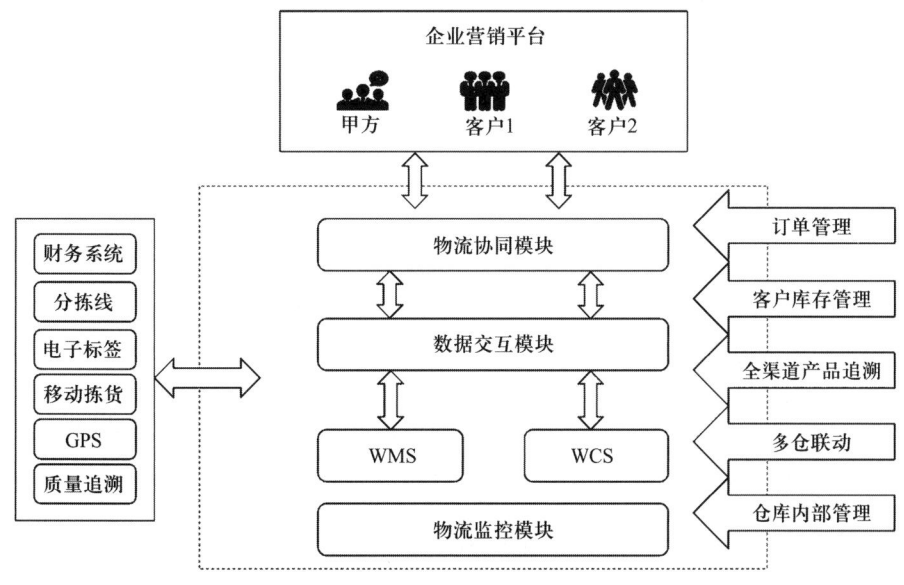

图12-1　智能仓储架构图

## （二）智慧物流综合解决方案

某智慧物流综合解决方案以传统物流为基础，结合物联网、云计算、大数据等技术，涉及仓库管理、运输管理、物流管理三个子系统，实现物流车辆的状态与位置实时跟踪，利用视频环境监控与异常告警，对进出货物车辆进行安全化管理，并且提供出入库管理与远程盘点功能，支持车辆轨迹的回溯功能，以提高物流业务管控水平。智慧物流综合解决方案架构如图12-2所示，该方案适用于大部分物流园区的综合管理，支持外设连接串口，可为客户的特定需求进行定制化扩展。

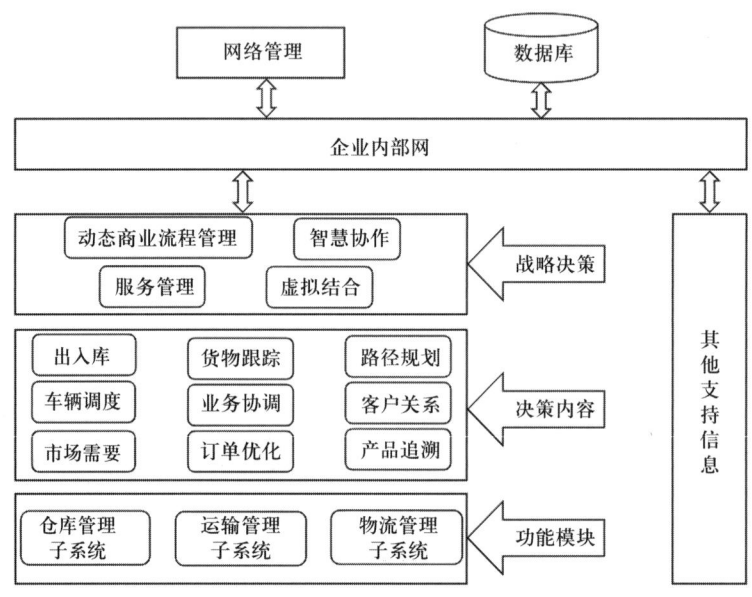

图 12-2 智慧物流综合架构图

## （三）智慧安全消防解决方案

为避免火灾发生、做好防御工作，某智慧安全消防解决方案提出将灭火救援指挥系统与感知预警物联网系统结合，提供统一访问与多种渠道接入的服务平台，利用信息收集、资源互联与信息分析的方式，实现自动化消防预警与智能化灭火救援的功能。对设备用水、用电实时状态采用图像传输三维远程监控，以判断火情，不仅提供了消防信息保障，还有利于火警出现后的可视化调度。该方案适用于政府、消防部门、高层住宅等需要防范火灾管辖区域，智慧安全消防解决方案架构如图12-3所示。

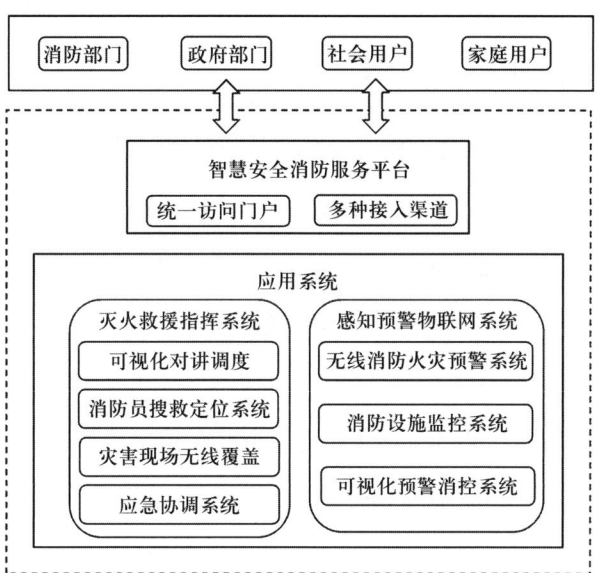

图 12-3 智慧安全消防架构图

# 第二节 技术解决方案提供

本节介绍了技术解决方案的内容结构，分别说明了系统架构图与子系统功能阐述的意义，通过列举 5G 专网技术解决方案与软件即服务（software as service，SaaS）平台技术解决方案，使读者能够了解技术解决方案的内容结构。

**考核知识点及能力要求：**

- 了解技术解决方案的系统架构。
- 了解技术解决方案的子系统功能描述。
- 掌握技术解决方案的编写。

## 一、技术解决方案内容

技术解决方案设计作为系统工作,内容涵盖项目规划设计的技术层面,包括项目概述、需求分析、系统架构设计、子系统功能描述、产品介绍、设备清单、附件内容等。系统架构设计与子系统功能描述作为技术解决方案的核心内容,以项目目的与业务需求作为项目背景,阐明技术手段与产品特色,从技术角度实现用户具体诉求,凸显方案优势。

### (一)系统架构

系统架构是解决方案思路的进一步体现,描述系统架构前可对系统现状进行说明,结合系统现状与需求,针对性完成系统架构优化,体现解决方案优势。其作为设计解决方案的主题模块,利用物理模型明确系统的体系架构,从系统组成模块、功能、特点、模式等方面进行阐述,并且可以采用架构图抽象描述模块与模块间关系,主要的系统架构图包括以下四种。

**1. 逻辑视图**

用于描述系统的功能组成,反映系统功能拆分后的模块关系,体现系统组成模块。

**2. 场景视图**

用于描述系统参与人员与功能用例间、功能用例与功能用例间的关系,介绍各个模块间交互关系。

**3. 开发视图**

用于描述系统的模块元素组织,介绍系统开发实施过程。

**4. 物理视图**

用于描述从系统软件至物理硬件的递进关系,体现部署模块系统的步骤。

### (二)子系统功能描述

在说明系统架构的过程中,为了提高技术解决方案的逻辑性,通常将复杂的系统按照一定原则划分为多个简单的子系统。系统与子系统都可用于实现特定需求的功能组合,但子系统与系统的概念是相对的。系统独立承载整体业务的设计产品,而子系统仅针对业务的某个方面,相对于系统功能而言具有一定局限性。子系统功能描述主要以详尽描述系统设计为目的,将整体系统拆解成各个子系统,进行逐层功能点的描述，从重点问题解决手段、系统特点、实现效果等方面细化业务分离模块，利用技术角度结合业务维度进行描述以便于客户理解。

## 二、技术解决方案示例

技术解决方案作为解决方案的一种，侧重于利用需求分析提出技术解决手段，从合规性、安全性、可靠性等方面涵盖系统架构，技术解决方案的编写需要结合客户需求，以概括性的方式描述系统各方面的技术愿景，满足功能、非功能性需求的同时，提供扩展性与维护性的功能。以下列举不同应用场景的技术解决方案，以 5G 专网技术解决方案与 SaaS 平台技术解决方案为例。

### （一）5G 专网技术解决方案

为建立专有网络、满足业务数据控制需求，某企业 5G 专网技术解决方案提出利用 5G 所具备的高可靠性、低延迟率、多连接数的特点，结合网络物理切片与边缘计算技术，针对 5G 专网应用场景，采用 5G 独立专网网络架构来避免低于限制，实现专网跨区域，为不同用户构建独享的网络资源并提供差异化、安全化与稳定化服务。该 5G 专网技术解决方案将接入和移动性管理功能（access and mobility management function，AMF）、会话管理功能（session management function，SMF）、用户端口功能（user port function，UPF）网元与核心网元进行私有化共用，应用场景丰富多样，包括港口、钢铁、交通等行业，其技术解决方案网络架构如图 12-4 所示。

### （二）SaaS 平台技术解决方案

为了构建在线软件租赁平台、为企业提供定制化软件用于管理企业经营活动，某 SaaS 平台技术解决方案提出利用统一服务平台管理各应用系统，集成资源管理、产品管理、运营管理等子系统，针对不同用户角色定义不同功能视图，满足多重权限用户的日常使用，实现企业信息化管理系统的建设。该 SaaS 平台技术解决方案采用网页服务技术完成数据接口的集成，避免平台由于不同技术架构标准导致访问异常，并且在防火墙与应用服务器防护的基础上，使用逻辑隔离技术创建安全区域，保证 SaaS 平台的安全性。其采用网络负载均衡技术与服务器集群机制，提高业务系统的可靠性，适用于零售、电子商务、公共服务等行业，其技术解决方案架构如图 12-5 所示。

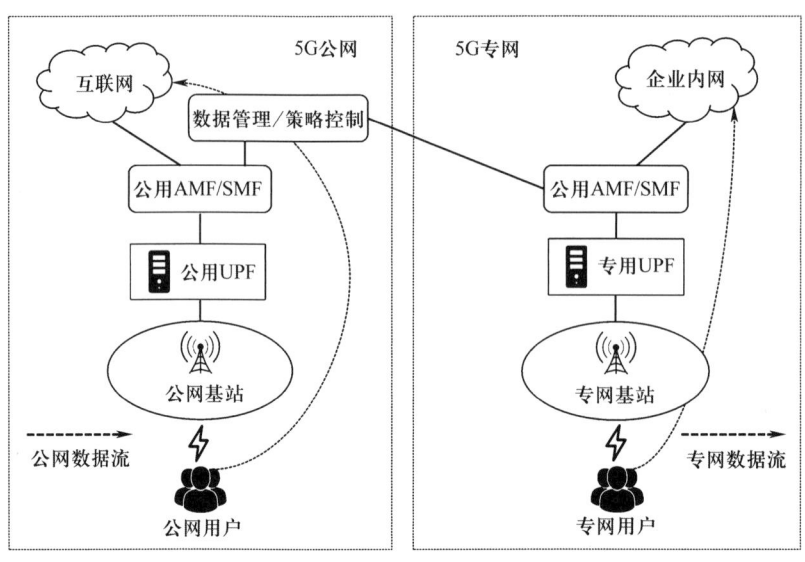

图 12-4　5G 专网网络架构

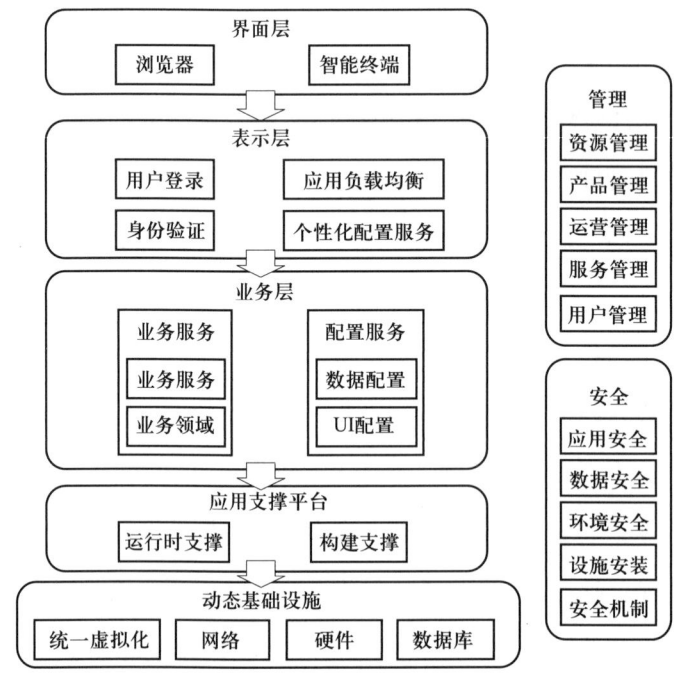

图 12-5　SaaS 平台架构

# 第三节　问题跟踪处理

本节介绍了问题跟踪处理表的编制步骤，并且讲解了问卷调查表的编制内容与发放方式，说明了问题收集与处理的注意事项，使读者能够了解问题跟踪与问卷调查的相关流程。

**考核知识点及能力要求：**

- 掌握问题跟踪处理表编制方法。
- 了解问卷调查的发放方式。
- 掌握问卷编制的方法。

## 一、问题跟踪处理表编制

项目问题是项目生命周期中不可避免的对象，解决问题是保证运行的必要环节，项目的成功很大程度上取决于是否能有效解决问题，及时定义问题影响层面与跟踪问题进展有利于判断调整问题的处理进度，实现问题的有效合理解决。为了实现问题的动态跟踪，可以编制问题跟踪处理表作为辅助工具，应用问题故障锁定、控制问题导向、跟进处理状况，对问题状态以及影响程度及时进行系统记录，通过书面的方式进行问题的定义与跟踪。

（一）模块设计

问题跟踪处理表的模块是在填表过程中必须定的，通过不同关键词模块描述问题的信息，便于问题查找定位，同时实现问题的统计分析。将问题跟踪处理表的模块划分为编号、问题描述、问题严重程度、影响范围、责任人、提出时间、计划完成时间、实际解决时间、解决方案,见表 12-1。

表 12-1　　　　　　　　　问题跟踪处理表模块设计

| 编号 | 问题描述 | 问题严重程度 | 影响范围 | 责任人 | 提出时间 | 计划完成时间 | 实际解决时间 | 解决方案 |
| --- | --- | --- | --- | --- | --- | --- | --- | --- |
|  |  |  |  |  |  |  |  |  |
|  |  |  |  |  |  |  |  |  |

### (二)内容编制

项目问题处理需要大量基础数据用于跟进问题,将所有的问题都记录至问题跟踪处理表中,依据模块划分完成问题内容编制,用于描述问题的所有属性信息。以下为主要模块的内容编制要点。

**1. 问题描述**

主要包括背景以及问题要点,并且可以采用图片方式说明。

**2. 问题严重程度**

对问题严重程度进行分析评估,结合问题动态化的进展,采用"严重""一般""轻微"三个等级评估。

**3. 影响范围**

利用软硬件工具,对系统影响范围进行排查,填写涉及层面与系统。

**4. 计划完成时间**

对问题解决进行合理时间安排,根据问题排查、提出方案、实施解决的阶段进行统筹安排。

**5. 实际解决时间**

依据实际问题解决时间进行填写。

**6. 解决方案**

在深入了解和充分掌握问题状态的基础之上,满足方案的科学制定与合理实施的需求,填写方案各个阶段步骤。

## （三）评审

完成问题跟踪处理表的内容填写后，需根据提交问题的内容进行评审，评估问题属性的完整程度，并且针对各个问题按照其严重程度、影响范围以及提出时间综合评审，利用问题排序实现优先处理判断，评估计划解决时间的合理性，在减少决策时间的同时，提高问题处理效率。为方便后期跟踪问题进展，应根据计划完成时间与当前处理状况，评审问题跟踪结果，判别重大问题并提出对应措施，修订完善问题跟踪处理表的内容呈现。

## 二、客户回访型问卷调查

客户回访作为一个问题反馈调研的方式，利用与客户沟通的环节，及时获取客户意见与需求，及时处理客户问题，在健全客户回访制度的同时，提高品牌在客户心目中的信誉度。而问卷调查作为客户回访型的重要科学方案之一，具备调研效率高、实施方便、容易量化等优势，利用统一设计的语言文字收集调查对象的资料信息。但由于问卷调查的数据真实性受到调查对象的配合程度影响，因此对于问卷的编制与问题的收集需要进一步确认，尽量减少无关变量的干扰。

### （一）问卷编制与发放

问卷的编制与发放作为问卷调查的核心工作，问卷编制的质量决定调查对象是否能够理解问卷内容，而发放方式影响调查对象是否能提供真实回答。问卷发放形式包括书面送发式、邮寄式、电话回访式、网络问卷式等，应依据客户性质与需求选择恰当的发放形式。通常一份完整的问卷调查需要包含卷首语、问卷说明、问题与答案及其他资料等内容，编制要点如下。

**1. 卷首语**

定义调研主题，用于介绍调研目的，说明调研对象以及保密性质，提高问卷对象的兴趣。

**2. 问卷说明**

解释问卷填写方式，指导注意事项以及某些专用名称含义。

**3. 问题与答案**

针对调查对象的个人信息，采用假设性、意见性、判断性等方式的问题类型，涉及内容依据调研主题进行设定。

### (二) 问题收集与处理

问卷调查提供了解客户特点与需求的渠道，实现及时掌握客户需求的同时，利用问题收集机制完善回访机制，提供有价值的信息。问卷的问题设计要结合现实因素，遵循客观性，通过精练的问题保证调研质量，以调研为核心目的，只问必要的问题，保证调研对象的调研体验。在获取客户数据信息的同时，明确用户问题需求，提出预防与解决方案，根据问题需求优先情况处理解决客户问题。问题收集与处理有以下注意事项：

- ➢ 明确调研目的、调研对象、调研范围等内容后进行策划。
- ➢ 问题中尽量避免使用专业的术语。
- ➢ 问题排序按照逻辑顺序，均衡分布变量比重。

## 思考题

1. 演讲前一般需要的准备工作包括哪些？
2. 主要的系统架构图包括哪几种？
3. 请说明技术解决方案中子系统功能描述的意义。
4. 问题跟踪处理表需要包含哪些内容？
5. 完整的问卷调查需要包含哪些内容？
6. 客户回访型问卷编制需要注意哪些方面内容？

# 第五篇
# 智能展厅监控系统项目

物联网项目管理作为一种科学的管理方式,其管理流程一般分为四个阶段,分别是需求调研与方案设计、设备安装与调试、系统部署、运行与维护。以客户满意度为目标,针对特定项目需求指定明确的工作范围,采用项目小组为单位,通过有效的项目管理控制,在目标时间与成本内达成项目目标。有效的项目管理不仅能保证项目的质量,而且具有提高工作效率与利润的功能。本篇以智能展厅监控系统项目为例,结合物联网工程技术知识,探讨物联网项目的管理过程,通过对真实案例的设计分析,巩固所学物联网工程技术,为技术知识在真实项目中的使用提供参考。

# 第十三章
# 需求调研与方案设计

为确保有序完成智能展厅监控系统项目,需预先梳理用户的需求,设计完善的方案,因此需求调研阶段与方案设计阶段是项目的成功性保障。在需求调研阶段需全面了解用户需求,明确项目主要实现目标,为方案设计阶段提供基准;在方案设计阶段进一步分析所收集的资料与信息,结合项目预算、目标效果、涉及技术等方面,提出有效方案响应用户需求。

# 第一节 需求调研

本节以智能展厅监控系统项目为背景，介绍了需求调研的内容信息，说明了常见的需求调研方法，讲解了用户需求调研的实施步骤，使读者能够通过案例场景学习需求调研的主要工作内容。

**考核知识点及能力要求：**
- 了解需求调研的内容。
- 掌握需求调研的方法。
- 掌握用户需求调研的实施步骤。

## 一、需求调研内容

需求调研作为项目建设的前期工作，以了解用户期望与需求为目的定义项目边界、描绘产品框架，需求调研的完成情况直接影响项目设计与项目成果是否能够满足用户需求。结合智能展厅监控系统项目，在需求调研阶段，需了解调研的内容包括项目基本信息、业务情况、项目建设内容、其他信息等，明确项目的需求范围的同时，为项目后续阶段的建设思路、功能细节和业务流程提供管理标准。

### （一）项目基本信息

项目基本信息的调研内容包括项目背景、项目建设目标、总体工期要求、投资预算等信息，为后续的技术层面交流提供支撑。

**1. 项目背景**

随着网络和数字化社会的到来，各种展示历史人文、城市发展的展厅也趋近于智能化与现代化。该智能展厅监控系统的部署在解决传统展厅监控缺陷的同时，满足了项目展厅的智能化建设。该展厅位于博物馆内部，提供先进智慧解决方案与产品展示，带来更多的互动与体验场馆，致力于打造全数字控制基地，充分利用技术实力与产业整合实力促进了产业科技发展。

**2. 项目建设目标**

为更好地使用智能展厅监控系统，充分考虑展厅实际功效，在与项目用户沟通后，确定了该展厅监控系统以监控智能化、管理高效化、预警及时化为项目建设目标，设计了烟火自动识别报警子系统、展厅室内环境子系统与安防监控子系统三大功能子系统，切实加强展厅的安全保障能力，为展厅向网络化和数字化发展奠定了技术基础。

**3. 总体工期要求**

根据项目需求，项目工程总体工期要求在 $N$ 个工作日内，并要求根据系统部署工作提前完成准备工作。

**4. 投资预算**

给出具体资金预算额，并要求对各项资金的主要用途、预算范围进行详细说明。

（二）业务情况

业务情况的调研，内容包括行业业务模式、内部组织结构等信息，旨在保证系统功能的前提下维护业务运行情况。

**1. 行业业务模式**

展厅的业务模式主要采用展览与陈列的方式，以传达发展历程、智慧解决方案与产品功能为主要目标。

**2. 内部组织结构**

针对智能展厅监控系统项目成立专项小组，并选拔项目经理作为项目负责人员，项目经理需具备足够的决策指挥和协调能力，指挥专项小组完成该项目部署执行。专项小组的具体内部组织结构如图 13-1 所示。

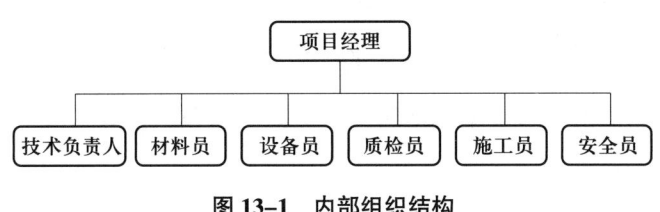

图 13-1　内部组织结构

### （三）项目建设内容

项目建设内容作为项目部署的核心目标，在需求调研阶段需明确基础设施设备、应用系统、安全需求等内容，确保达到项目建设目标。

**1. 基础设施设备**

为满足智能展厅监控系统项目三大业务子系统，采用传感器、红外对射、报警灯、道闸、公共广播、监控显示器等设备配合服务器、电源、接地系统等设施提供基础支撑。

**2. 应用系统**

采用物联网技术部署烟火自动识别报警子系统、展厅室内环境子系统与安防监控子系统构建智能展厅监控系统，融合了包括烟雾报警、温湿度监测、非法入侵报警、人员监控等一系列应用功能。

**3. 安全需求**

为保障系统项目数据的安全，遵循网络安全等级保护制度，项目建设需设置安全、备份策略以维护数据信息的完整性、可靠性，如采用防火墙等技术可实现数据信息安全。

### （四）其他信息

其他信息的需求调研主要为充分落实业务需求，最大限度满足实际使用。要求监控系统拥有良好的扩展性与兼容性的同时，形成以人员管理、车辆安全管理的高效监控管理机制，提供展厅监控事件的防范、处理和回溯的功能，构建事件的预判、预警和防御体系。

## 二、需求调研方法

需求调研阶段的核心在于理解用户的业务，用户通常情况下无法明确确切的需求，调研人员需要采用需求调研的方法，挖掘用户需求的同时，引导用户将需求完整地表述出来。因此需求调研不仅需要熟悉专业技术知识，还要求掌握与用户沟通、引导用户的技巧。需求调研的主要方法包括用户访谈法、问卷调查法、需求调研会法和标杆对照法。

### （一）用户访谈法

用户访谈法作为最常见的需求调研方法，主要通过与用户交谈了解用户对项目的理解以及业务未来发展趋势。具体的访谈形式包括面对面、微信、电子邮件、电话等沟通方式。为达到有效的访谈效果，访谈前需要收集项目相关文档资料，制订详尽的访谈计划，完成访谈内容与问题的设计。

### （二）问卷调查法

问卷调查法主要采用纸质问卷或电子问卷的方式发布，通过用户填写情况来获取项目需求，该方式主要针对用户规模大的业务项目，提高问题收集的效率，但存在问题的局限性，仅能粗略地获取项目需求、使用需求等。调查问题需根据用户情况进行适当的调整，尽可能简洁明了，且以选择题为主。

### （三）需求调研会法

需求调研会法主要通过召开需求调研会的方式获取用户需求，适用于涉及多方人员的项目需求调研。需求调研会前需充分了解项目背景、客户组织机构和重要干系人；会中需把握会议节奏，遵循会议计划，确定人员分工；会后需完成会议总结，整理进一步工作安排。

### （四）标杆对照法

标杆对照法作为一种评估自我偏差与学习优秀案例的手段，在需求调研方法中主要将此次项目的建设需求与同类项目的最佳者进行比对，以优秀项目作为标杆，改进自身项目的不足，用于定义项目质量标准，优化项目执行计划。

## 三、用户需求调研实施

在需求调研实施阶段，由项目实施方配合客户方以确定项目需求为目标完成详细调研，作为系统设计部署参照的同时，用于完成业务和系统间的匹配。需求调研的实施主要分为熟悉项目资料、调研准备、调研实施、调研结果整理与分析、编制需求调研报告五个环节，以获取用户需求、分析用户需求作为调研实施的主要任务，最终解决方案的编制依赖于需求调研成果的输出。

**（一）熟悉项目资料**

通过互联网搜索或与相关人员的沟通，收集熟悉智能展厅监控系统项目资料，明确项目名称、建设单位、参与单位、负责人，以及项目建设主要内容、规模、进度要求等，作为需求调研成功的基本保障。

**（二）用户调研准备**

在调研准备阶段，根据项目经验、参考类似项目进行分析，整理咨询用户问题，列出问卷问题清单。制订详细的调研计划，利用调研方式、调研起始时间、调研地点等模块编制调研计划表，见表13-1。

表 13-1　　　　　　　　　　　调研计划表

| 调研准备内容 | 调研计划 | 备注 |
| --- | --- | --- |
| 调研方式 | 问卷调查法 | |
| 调研时间 | 2022年1月1日—2022年1月7日 | |
| 调研地点 | 智能展厅 | |
| 调研对象 | 展厅参观用户 | |
| 调研人员 | 展厅工作人员 | |
| 调研内容 | 用户个人信息、用户需求、个人建议 | |

**（三）用户调研实施**

在调研实施阶段，按照制订的需求调研计划完成调研，利用发布电子问卷的方式进行调查，问卷调查内容见表13-2。

**（四）调研结果整理与分析**

根据用户问卷调研的情况完成内容信息的核实，及时归纳总结，完成调研结果整理，根据需求展开可行性分析，依据问卷调研数据形成需求分析资料，以此资料作为项目建设内容的初步成果。

**（五）编制需求调研报告**

在完成主体调研后，需根据调研资料进行整理分析。调研共发放问卷3 000份，回

表 13-2　　　　　　　　智能展厅监控系统项目问卷调查表

为了提高展厅对客户的服务质量,更好地为您提供优质优效的服务,特制定此调查问卷,感谢您的配合!

| | |
|---|---|
| 1. 请告知我们您的性别 | □男　□女 |
| 2. 请告知我们您的年龄段 | □18岁以下　□19~30岁　□30~40岁　□40~60岁<br>□60岁以上 |
| 3. 您认为展厅是否有监控系统的需求? | □是　□否 |
| 4. 您认为展厅灯光环境氛围如何? | □正常　□有点暗了　□太暗了　□没有关注 |
| 5. 您认为现今停车场管理如何? | □有序　□混乱　□没有关注 |
| 6. 您认为现今展厅室内环境如何? | □整体不错　□环境嘈杂　□没有关注 |
| 7. 您认为紧急通道指示是否清晰? | □很清晰　□根本看不到　□没有关注 |
| 8. 您认为监控系统需要具备以下哪些功能? | □烟雾报警　□紧急灭火　□火警广播<br>□光照调节　□温湿度监测　□噪声监测<br>□非法入侵报警　□人员监控　□停车场监控 |
| 9. 您对展馆的其他建议 | |

收 2 800 份,有效率为 93%;展厅参观者男女比例均衡,19~40 岁人群为展厅主要参观群体;大部分参观者认为目前展厅存在监控系统需进一步完善,还需针对烟雾报警、紧急灭火、火警广播、光照调节、温湿度监测、噪声监测、非法入侵报警、人员监控、停车场监控等模块制定功能点。最后,结合用户需求调研结果编制需求调研报告,具体见表 13-3。

表 13-3　　　　　　　　　　　需求调研报告

| 项目名称 | 智能展厅监控系统项目 ||||||
|---|---|---|---|---|---|---|
| 调研日期 | 2022年1月1日—2022年<br>1月7日 || 调研方式 | 问卷调查法 | 记录整理人 | LC |
| 客户参与人员 | 序号 | 姓名 | 部门 | 职务 | 联系方式 ||
| | 1 | | | | ||
| | 2 | | | | ||
| 我方参与人员 | 序号 | 姓名 | 联系方式 ||||
| | 1 | | |||| 
| | 2 | | ||||
| 项目基础信息 | ||||||
| 业务情况 | ||||||

续表

| 项目名称 | 智能展厅监控系统项目 | | | | |
|---|---|---|---|---|---|
| 调研日期 | 2022年1月1日—2022年1月7日 | 调研方式 | 问卷调查法 | 记录整理人 | LC |
| 项目建设内容 | 基础设施设备 | | | | |
| | 应用系统 | | | | |
| | 安全需求 | | | | |
| 其他需求信息 | | | | | |
| 用户需求点 | 烟雾报警 | | | | |
| | 紧急灭火 | | | | |
| | 火警广播 | | | | |
| | 光照调节 | | | | |
| | 温湿度监测 | | | | |
| | 噪声监测 | | | | |
| | 非法入侵报警 | | | | |
| | 人员监控 | | | | |
| | 停车场监控 | | | | |
| 现场照片 | | | | | |
| 项目收集资料 | | | | | |

# 第二节　项目方案设计

本节主要以智能展厅监控系统项目为背景，介绍了项目总体方案的设计内容，说明了子系统的设计内容，讲解了项目网络规划的实施步骤，使读者能够通过案例场景学习项目方案设计的主要工作内容。

**考核知识点及能力要求：**
- 了解项目总体方案设计的内容。
- 了解项目子系统设计的内容。
- 掌握项目网络规划的实施步骤。

## 一、总体设计

物联网系统项目根据国家和行业通用标准、协议和规范，采用先进、实用的技术和设备，进行具有针对性、系统性、可扩展性和安全性的设计。

在对展厅需求调研分析和项目可行性论证的基础上，完成对智能展厅监控系统的子系统划分、设备配备、系统实现规划等全方面合理安排，对系统总体架构进行设计，并完成总体网络拓扑结构的规划。

### （一）子系统划分

通常，物联网系统根据功能或逻辑划分成若干个子系统，子系统划分原则包括：①子系统内部的数据与功能紧密联系，满足高凝聚要求；②子系统与子系统之间的数据与功能相对独立，满足较弱的信息依赖性要求；③结合企业组织结构与管理工作需要的实际需求；④有助于分阶段实现系统总体功能。

物联网系统子系统划分有诸多方法，常见的子系统划分方法如下：①参照其他已实施物联网系统下子系统的划分或同行业公司同类项目的划分，同时结合当前项目的建设内容确定子系统；②参照建设单位现行组织机构和业务活动确定子系统；③参照信息需求分析所得信息和用户功能需求分析所得功能确定子系统。

展厅中长期展览或存放各种珍贵的展品，同时越来越多的参观人群对实现火情的自动监测与报警、展厅室内环境监测和安防监控对展厅的正常运营与管理起到了重要的作用。基于子系统的划分原则与方法，智能展厅监控系统根据功能可划分为三个子系统：烟火自动识别报警子系统、展厅室内环境子系统和安防监控子系统。

## （二）系统功能结构图

系统功能结构图是根据对系统的硬件、软件、解决方案等进行具体分析、分解，将系统功能的结构、构成与剖面进行详细的描述，按照由大及小、由粗到细、由上而下的顺序描绘的结构图。上层的功能涵盖下层的功能，越往下层描述的功能越具体。

智能展厅监控系统划分出三个子系统，将每个子系统分解出具体的功能模块，再将每个功能模块进一步分解出具体使用的感知层设备。智能展厅监控系统功能结构图如图13-2所示。

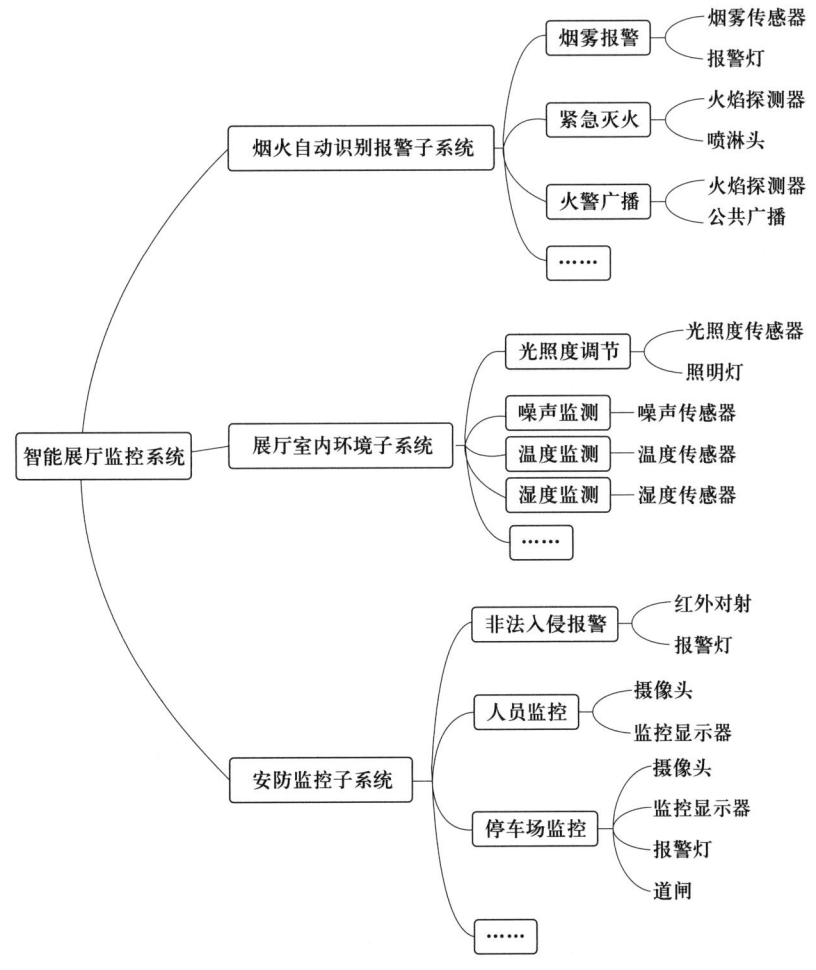

图13-2　智能展厅监控系统功能结构图

为了完善智能展厅监控系统的方案设计，需要结合系统现状与需求，针对性完成系统架构优化。智能展厅监控系统总体架构如图13-3所示，包括应用层、网络层和感知层三层。应用层利用感知数据为整个系统功能的实现提供服务，网络层进行感知数据到应用服务系统的传输，感知层完成数据的采集、处理、汇聚等功能并实现设备的通信和控制管理。

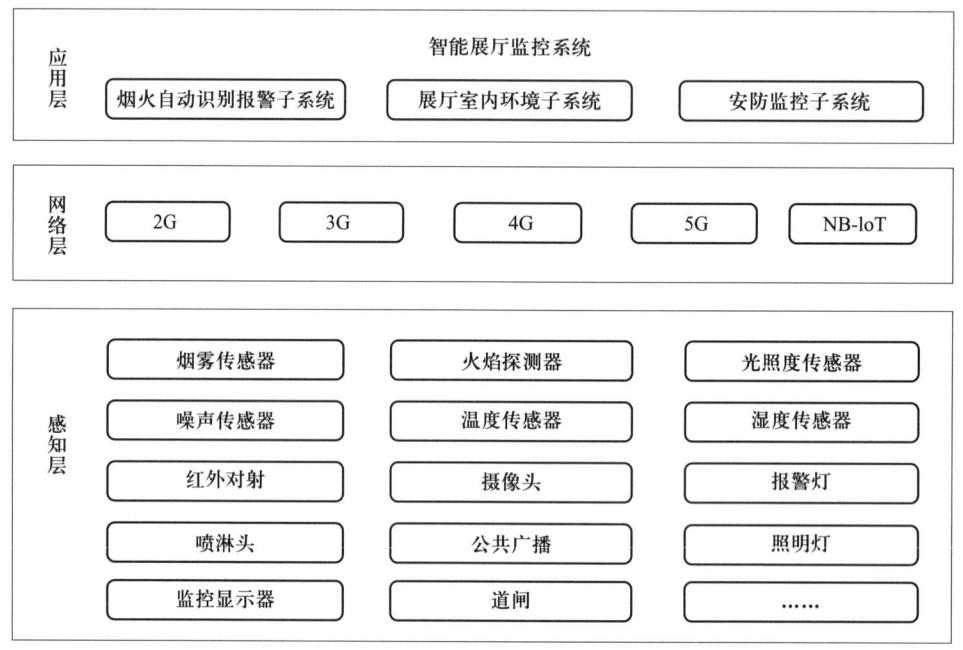

图13-3 智能展厅监控系统总体架构

## 二、子系统设计

子系统的划分要求满足内部数据和功能高凝聚，子系统间相对独立，并符合项目实际需求。因此，根据项目需求和功能对智能展厅监控系统的烟火自动识别报警、展厅室内环境和安防监控三个子系统进行设计。

### （一）智能展厅监控系统的组成

智能展厅监控系统利用物联网技术、数据通信技术、网络技术、数据库技术等先进手段，建立智能展厅全方位监控体系，使智能展厅监控系统便于进行全展厅监控的管理，提高调度能力与安全性。

烟火自动识别报警子系统主要由烟雾传感器、火焰探测器、喷淋头、报警灯等智能设备组成。该子系统利用传感设备实时监测展厅中烟雾浓度和火焰情况，对已发生或潜在的火警进行及时的响应，形成有效的闭环管控。

展厅室内环境子系统主要由光照度传感器、噪声传感器、温度传感器、湿度传感器和照明灯等设备组成。该子系统利用传感设备实时监测展厅室内各环境参数，对展厅室内环境舒适度实现实时把控。

安防监控子系统主要由红外对射、摄像头、报警灯、监控显示器、道闸等设备组成。该子系统利用传感设备实时监测展厅内外安防情况，保障展厅中展品和人员的安全。

**（二）智能展厅监控系统功能**

烟火自动识别报警、展厅室内环境、安防监控三个子系统具备各不相同的多种功能，利用传感设备实时监测展厅烟雾浓度、火焰、光照度、噪声、温湿度、非法入侵、人员、停车场车辆进出等情况，通过物联网通信技术对各种情况进行及时响应，最大化地提高展厅的火警防范及时性、室内环境舒适性及展馆安全性。

**1. 烟火自动识别报警子系统**

烟火自动识别报警子系统可根据现场环境在展厅中进行部署，具备烟雾报警、紧急灭火、火警广播等多功能。

（1）烟雾报警功能。由烟雾传感器和报警灯协同完成，当烟雾传感器监测到展厅中烟雾浓度超标，子系统将打开报警灯发出烟雾警报。

（2）紧急灭火功能。由火焰探测器和喷淋头协同完成，当火焰探测器监测到展厅中出现明火，子系统打开喷淋头进行紧急灭火。

（3）火警广播功能。由火焰探测器和公共广播协同完成，当火焰探测器监测到展厅中出现明火，子系统启用公共广播通知展厅中观展人员撤离。

**2. 展厅室内环境子系统**

展厅室内环境子系统可根据展馆设计和现场展品分布情况进行部署，具备光照度调节、噪声监测、温度监测、湿度监测等多项功能。

（1）光照度调节功能。由光照度传感器和照明灯协同完成，光照度传感器上传监测到的展厅室内光照度数据,子系统根据光照度调整照明灯亮度。

(2)噪声监测功能。由噪声传感器完成,噪声传感器上传监测到的展厅室内噪声值,子系统监视当前展厅室内噪声情况。

(3)温度监测功能。由温度传感器完成,温度传感器上传监测到的展厅室内温度值,子系统监视当前展厅室内的温度。

(4)湿度监测功能。由湿度传感器完成,湿度传感器上传监测到的展厅室内湿度值,子系统监视当前展厅室内的湿度。

**3. 安防监控子系统**

安防监控子系统可根据需要,具备非法入侵报警、人员监控、停车场监控等多项功能。

(1)非法入侵报警功能。由红外对射和报警灯协同完成,当红外对射监测到非法入侵时,子系统接收到非法入侵消息,立刻利用报警灯发出非法入侵警报。

(2)人员监控功能。由摄像头和监控显示器协同完成,摄像头将拍摄到的人员信息上传,子系统接收到人员信息,并显示在监控显示器上。

(3)停车场监控功能。由摄像头、监控显示器、报警灯和道闸协同完成,摄像头将拍摄到的进出停车场的车辆信息上传,子系统接收到车辆信息,显示在监控显示器上,并判断车辆是否违规进出,如果车辆正常进出则打开道闸,如果车辆违规进出则报警灯发出警报。

### 三、网络规划

智能展厅监控系统项目能够顺利运行,除了完善的子系统设计,合理有效的网络规划也起到了至关重要的作用。项目网络规划需要遵循国家或国际标准,结合网络拓扑环境,并参照项目实际规模,进行合理有效的 IP 地址空间分配,满足唯一性、可管理性、扩展性、层次性、节约性等要求。

**(一)规划原则与方法**

物联网系统网络规划时应遵循如下原则:①保证开放性,采用开放的技术标准,同时满足国家标准的要求,部分系统项目还需满足国际标准的要求;②保证稳定性和可靠性，并保证较高的平均无故障时间及较低的平均故障率；③保证安全性，考虑各类安全问题如数据可用性、网络防病毒、防黑客破坏系统等；④保证良好的兼容性和可扩展性，选用主流产品和技术。

智能展厅监控系统项目的网络规划应遵循上述原则，并在网络拓扑图的基础上，根据实际情况规划和分配网络设备的 IP 地址，保障系统项目的网络设备顺利运行。IP 地址规划原则如下。

**1. 基本原则**

为每个 VLAN 分配独立的 C 类地址，最多分配 254 台主机，避免因广播域过大导致的安全问题。

**2. 可汇总原则**

各段 IP 地址可实现路由汇总，使路由条目得到简化。

**3. 易管理原则**

从设备 IP 地址可直观看出是终端还是交换机，及所处区域。

基于以上原则，智能展厅监控系统项目的 IP 子网划分步骤如下：①确定子网个数，结合网络拓扑图和项目实际情况，确认子网数（一般按接入区域确定），再确认子网掩码位数。例如，子网数 =4，解 $2^X=4$ 得待定子网掩码位数 $X=2$。②估算各子网主机数，根据各子网中可用主机数量和各子网中主机数量扩展情况，估算各子网的最终主机数。③计算子网的合法主机 IP 数，合法主机 IP 地址数量 $=2^{Y-2}$，其中 $Y=$ 子网掩码总位数 $-X$，表示非子网掩码数的位数（子网掩码为 0 的位数）。如果合法主机 IP 地址数量≥子网最终主机数量，那么 $X$ 即为最终子网掩码位数。计算过程中按 C 类、B 类、A 类地址的顺序依次测试。④计算各子网的子网号，各子网之间增量值 =256- 子网掩码，即用点分十进制表示各子网号分别为 XXX.XXX.XXX.0、XXX.XXX.XXX.（0+ 增量值），依此类推。⑤计算各子网段的广播地址，各子网段中最后一个 IP 地址即为该子网段的广播地址。⑥计算合法主机 IP 地址，即把各子网段中的 IP 地址除去子网号与广播地址，余下的均为合法的 IP 地址。

**（二）网络拓扑图绘制**

网络规模大小关系到网络拓扑结构的规划设计。网络规模较大的项目通常采用分层设计，将网络系统划分成若干个较小、独立、互联的层，降低网络的复杂性，减少风暴传播、广播路由环路等问题的发生概率。合理的网络分层设计有利于带宽的分配和规划、信息流量的局部化，不同层之间的网络更新级别不会相互影响，更便于整个网络的管理和扩展。

三层网络架构采用分层设计，将复杂的网络设计分为三个层次：核心层、汇聚层和接入层。核心层是网络的高速交换主干，是网络的束流中心，对整个网络的连通起到不可或缺的作用。汇聚层在核心层和接入层之间提供基于策略的连接，具有实施策略、安全、工作组接入、VLAN 间路由、地址过滤等功能。接入层的作用是将工作站接入网络。

智能展厅监控系统项目采用三层网络架构，其网络架构图如图 13-4 所示。

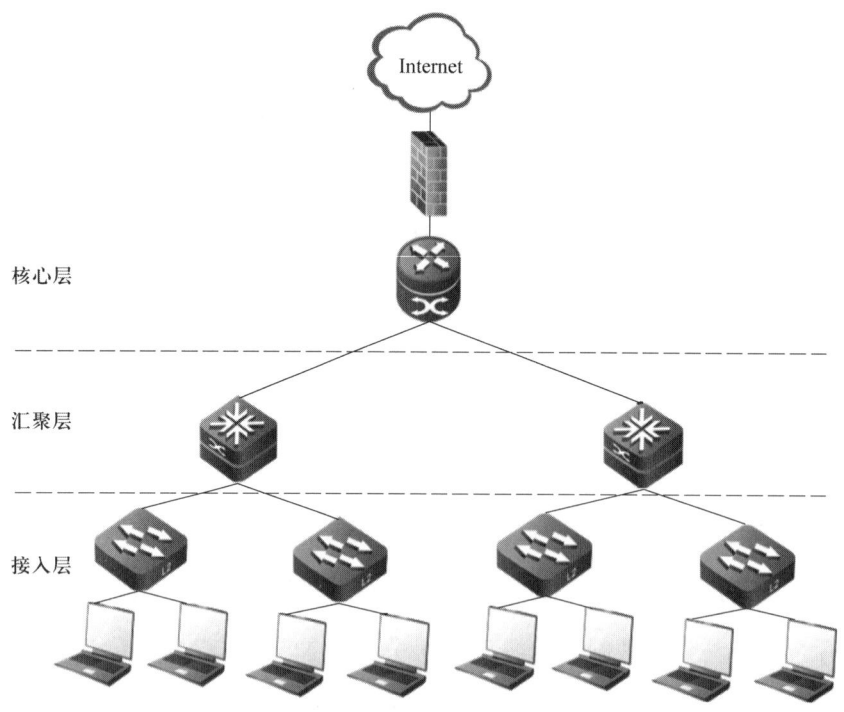

图 13-4 智能展厅监控系统项目网络架构图

基于智能展厅监控系统项目网络架构，绘制其网络拓扑图如图 13-5 所示。

（三）项目网络地址规划

物联网系统应根据实际情况进行子网划分，分配主机 IP 地址时应先分配两端的子网，以达到充分利用 IP 地址的目的。若某子网的实际主机数少于该子网的实际可用 IP 地址数，同样应将整个子网的 IP 地址分配给该子网。

根据智能展厅监控系统项目网络拓扑图和网络规划方法，选用 192.168.1.0 作为智能展厅局域网的网络号，子网掩码为 255.255.0.0，并对其进行子网划分。按照区域划分子网，将子网号为 192.168.1.0 的网段划分给区域 A 的网络设备，子网掩码为 255.255.255.0；将子网号为 192.168.2.0 的网段划分给区域 B 的网络设备，子网掩码为 255.255.255.0；以此类推，完成智能展厅监控系统项目的网络规划。

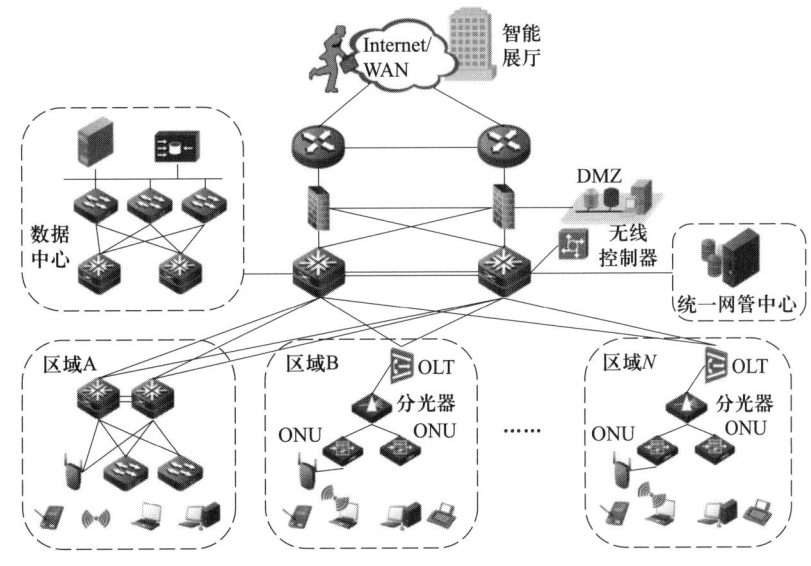

图 13-5　智能展厅监控系统项目网络拓扑图

## 思考题

1. 需求调研包含哪些内容？
2. 常见的需求调研方法有哪些？
3. 需求调研实施阶段具体包含哪些步骤？
4. 子系统划分原则有哪些？
5. 三层网络架构中哪一层可以实现工作站接入网络的功能？

# 第十四章
# 设备安装与调试

设备安装与调试是保障智能展厅监控系统项目运行的基础，设备安装与调试的质量对项目工期、设备使用寿命、设备发挥效率等有重大影响，因此设备安装调试需严格遵循工作流程。安装前需掌握设备有关技术，了解设备性能，明确部署过程中的注意事项。设备的入场根据项目合同完成设备开箱检查，确保设备在运输过程中无损坏、丢失。安装调试时，严格按照施工规范执行，保障项目实施进度，确保设备满足使用要求。

# 第一节　物联网设备开箱与验收

本节主要以智能展厅监控系统项目为背景，介绍了项目设备开箱前的检查细项，讲解了设备开箱验收的流程与注意事项，使读者能够通过案例场景学习项目设备开箱验收的主要工作内容。

**考核知识点及能力要求：**
- 了解设备开箱验收阶段设备的检查内容。
- 了解设备的开箱验收流程与注意事项。
- 掌握项目设备开箱验收实施步骤。

## 一、设备检查

设备检查是物联网设备开箱与验收的核心工作内容，主要针对设备清单、设备外包装、设备外形、设备装箱资料的情况进行检查，及时对设备存在的问题进行解决。

### （一）设备清单核对

设备入场后，核对装箱清单共到货 2 箱，核对设备清单见表 14-1，确保设备名称、型号、数量等参数与采购合同一致。

### （二）设备外包装检查

设备开箱前完成箱号、封装以及箱体外观的逐一检查，确定设备包装完好且不存在破损、变形、浸湿等情况，避免由于运输过程中的不当操作导致设备损坏。

表 14-1　　　　　智能展厅监控系统项目核对设备清单

| 项目名称 | | | | | | | |
|---|---|---|---|---|---|---|---|
| 序号 | 名称 | 规格/型号 | 单位 | 数量 | 单价 | 小计（元） | 备注 |
| 1 | 路由器 | D-Link DIR-823G | 套 | 1 | | | |
| 2 | 物联网中心网关 | NEW-CG | 套 | 1 | | | |
| 3 | DAM0404D | 聚英电子 DAM0404D 继电器 | 个 | 1 | | | |
| 4 | 二合一传感器 | NL-2IN1 | 个 | 1 | | | |
| 5 | 报警灯 | NL-Alarm | 个 | 1 | | | |
| 6 | USB 转串口线 | UT-8801、RS232 | 套 | 1 | | | |
| 7 | 网线 | 3 m | 条 | 3 | | | |

### （三）设备外形检查

设备开箱后，完成设备外形检查，具体设备外形如图 14-1 所示。确认设备无损坏、掉漆、腐蚀等现象，根据采购设备清单检查设备型号、外观、尺寸，确保入场设备均存在标签。经逐项检查后，确认与项目合同一致，并盖生产厂家质检章与质检部门公章。

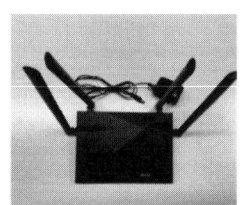
a) 路由器

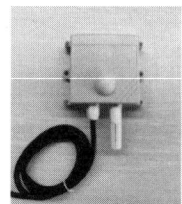
b) 二合一传感器

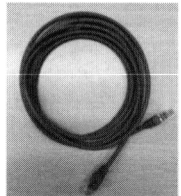
c) 网线

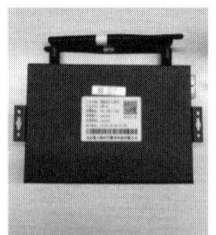
d) 物联网中心网关

e) USB转串口线

f) 报警灯

g) DAM0404D

图 14-1　设备外形

### （四）设备装箱资料检查

完成设备装箱资料检查，确认配件与相关技术资料配套齐全，核对装箱资料包括装箱清单、资料清单、营业执照、资质证书、生产许可证、产品合格证、检测报告、产品使用说明书等随箱资料。

## 二、开箱与验收流程

开箱与验收是安装调试验收的前期准备工作。在智能展厅监控系统项目设备到货后,需及时展开物联网设备开箱与验收工作,检查物联网设备是否与装箱单相符、有无磨损情况。制定物联网设备进场要求,遵循开箱验收程序及注意事项,编制开箱验收单用于存档,规范物联网项目设备开箱与验收工作。

### (一)开箱验收准备

了解到智能展厅监控系统项目设备到货日期为2022年2月1日后,成立检验工作组,确定完成开箱验收工作的时间。准备工作如下:一是联络开箱验收见证人员,包括监理单位、建设单位、供货单位负责人等;二是通知仓库管理人员提前准备物联网设备开箱工具与仪器、仪表检验工具;三是参与检验人员完成合同相关文件的翻阅工作,熟悉物联网设备技术功能、安装条件、配套要求等资料;四是由于涉及多方人员,制定验收程序、工作流程,将物联网设备按照部署调试的顺序进行分类检验,明确参与检验人员各自的分工与职责;五是根据各行业相关规范以及监理单位要求提前编制开箱验收单。

### (二)开箱验收流程及注意事项

作为设备运行期间进行设备管理的重要内容,项目设备到货后,需按照制定的开箱验收流程开展,具体流程如图14-2所示,验收注意事项包括:①开箱验收过程中,结合设备参数,完成对路由器、物联网中心网关等物联网设备的现场检测工作,确认是否满足物联网设备外观完好无损

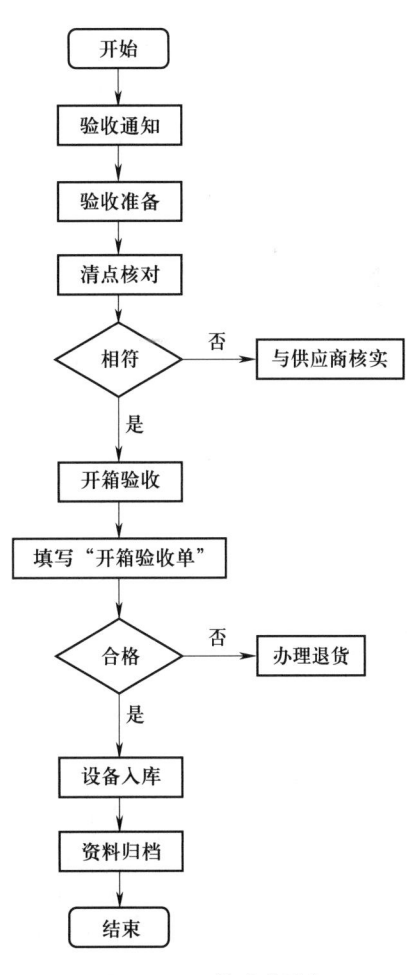

**图14-2 开箱验收流程**

坏、参数与环境相匹配、设备供电正常等要求；②开箱验收合格后，根据验收情况填写设备进场开箱验收单，验收完成后，见证人员共同签署验收合格意见；③将设备装箱原件资料归档，便于项目完成后移交。

### （三）开箱验收单填写

智能展厅监控系统项目开箱验收工作完成后，由参与检验人员与见证人员共同对开箱检验设备的合格性做出评定，判定进场设备是否符合规范要求，完成开箱验收单填写，如图14-3所示。

**工程设备进场开箱验收单**

合同名称：智能展厅监控项目　　　　　　　　　　　编号：ZNZTJCXM-2022-KKYS-01

智能展厅监控项目设备于 2022 年 2 月 1 日到达 F市博物馆 施工现场，设备数量及开箱验收情况如下：

| 序号 | 名称 | 规格/型号 | 数量/单位 | 检查 | | | | | | 备注 | 开箱日期 |
|---|---|---|---|---|---|---|---|---|---|---|---|
| | | | | 外包装情况（是否良好） | 开箱后设备外观质量（有无磨损、撞击） | 备品备件检查情况 | 设备合格证 | 产品检验证 | 产品说明书 | | |
| 1 | 路由器 | D-Link DIR-823G | 1套 | 外包装良好，开箱后设备外观质量无磨损、撞击，合格证、检定证书、说明书等随箱附件齐全。 | | | | | | | 2022.2.1 |
| 2 | 物联网中心网关 | NEW-CG | 1套 | 外包装良好，开箱后设备外观质量无磨损、撞击，合格证、检定证书、说明书等随箱附件齐全。 | | | | | | | 2022.2.1 |
| 3 | DAM0404D | 聚英电子DAM0404D继电器 | 1个 | 外包装良好，开箱后设备外观质量无磨损、撞击，合格证、说明书等随箱附件齐全。 | | | | | | | 2022.2.1 |
| 4 | 二合一传感器 | NL-2IN1 | 1个 | 外包装良好，开箱后设备外观质量无磨损、撞击，合格证、说明书等随箱附件齐全。 | | | | | | | 2022.2.1 |
| 5 | 报警灯 | NL-Alarm | 1个 | 外包装良好，开箱后设备外观质量无磨损、撞击，合格证、说明书等随箱附件齐全。 | | | | | | | 2022.2.1 |
| 6 | USB转串口线 | UT-8801、RS232 | 1套 | 外包装良好，开箱后设备外观质量无磨损、撞击，合格证、说明书等随箱附件齐全。 | | | | | | | 2022.2.1 |
| 7 | 网线 | 3 m | 3条 | 外包装良好，开箱后设备外观质量无磨损、撞击，合格证、说明书等随箱附件齐全。 | | | | | | | 2022.2.1 |
| 备注：经发包人、监理机构、承包人、供货单位四方现场开箱，进行设备的数量及外观检查，符合设备移交条件，自开箱验收之日起移交承包人保管。 ||||||||||||
| 发包人：N公司<br>代表：NA<br>日期：2022年2月1日 ||| 承包人：L公司<br>代表：LA<br>日期：2022年2月1日 ||| 监理机构：J公司<br>代表：JA<br>日期：2022年2月1日 ||| 供货单位：G公司<br>代表：GA<br>日期：2022年2月1日 |||

说明：本表一式4份，由监理机构填写。发包人、监理机构、承包人、供货单位各1份。

图14-3　智能展厅监控系统项目工程设备进场开箱验收单

# 第二节 物联网设备安装与调试

本节主要以智能展厅监控系统项目为背景，介绍了项目相关资料的识读方法，讲解了子系统设备调试的步骤与注意事项，使读者能够通过案例场景学习项目设备安装与调试的主要工作内容。

**考核知识点及能力要求：**

- 掌握项目资料内容的识读方法。
- 了解项目资料的主要内容。
- 掌握项目设备安装与调试的方法。

## 一、项目部分资料识读

智能展厅监控系统项目已完成设备采购、入场及检测后，应根据施工图纸、产品说明书等项目或产品资料进行设备的安装与调试，并且在安装后提交"安装、调试记录表"。对设备进行安装与调试是项目施工阶段的主要内容。通过详读设计图纸、安装图纸及说明，可确认施工现场与施工图纸的设备位置是否存在差异；确认终端设备的规格参数，如工作环境、设备型号与技术实施方案是否存在差异；确认通信协议是否符合组网设备的要求。因此，详读项目资料是保证项目实施的基础，是达到用户需求目标的基础。

### （一）产品说明书识读

厂商在提供产品时，一般会配套产品说明书、设备合格证、产品检验合格证等资料，在厂商的官网上多数也会提供相关资料的电子版方便用户下载。从产品说明书可以获知产品的使用环境、通信协议等基础信息。

**1. DAM0404D 产品说明书识读**

DAM0404D 厂商提供了关于产品的说明书，如图 14-4 所示。从产品说明书可获知产品的供电为 DC 30 V/10 A、通信接口为 RS-485 或 RS-232、通信波特率、产品功能等。

**DAM0404D 产品说明书**

**一、产品特点**
- 供电 DC 30V/10A；
- 继电器输出触点隔离；
- 通信接口支持 RS485 或 RS232；
- 通信波特率：2400,4800,9600,19200,38400（可以通过软件修改，默认9600）；
- 通信协议：支持标准 modbus RTU 协议；
- 可以设置 0-255 个设备地址，5 位地址拨码开关可以设置 1-31 地址码，大于 31 的可以通过软件设置；
- 具有闪开、闪断功能，可以在指令里边带参数、操作继电器开一段时间自动关闭；
- 具有频闪功能，可以控制器继电器周期性开关。

**二、产品功能**
- 四路继电器控制；
- 四路开关量输入；
- 支持电脑软件手动控制；
- 支持本机非锁联动模式；
- 支持本机自锁联动模式；
- 支持互锁模式；
- 双机非锁联动模式；
- 双机自锁联动模式。

图 14-4 DAM0404D 产品说明书

**2. 路由器产品说明书识读**

路由器厂商提供了关于产品的说明书，如图 14-5 所示。从产品说明书可获知产品提供 3 个 LAN 口和 1 个 WAN 口、适用环境温度为 0~40 ℃、电源适配器为 9 V/0.85 A 等。

**3. 物联网中心网关与报警灯产品说明书识读**

物联网中心网关厂商提供了关于产品的说明书，如图 14-6a 所示。从产品说明书可获知产品供电为 12 V 适配器，数据接口包括 RS-485 和 USB 等。

报警灯厂商提供了关于产品的说明书，如图14-6b所示。从产品说明书可获知产品提供频闪功能、供电为DC 12 V/24 V，使用螺栓固定。

## 路由器产品说明书

### 一、硬件规格

- 有线标准：IEEE802.3，IEEE802.3u
- 网络接口：GE WAN*1, GE LAN*3
- WPS键：支持
- 复位键：支持，与WPS键复用
- 指示灯：SYS*1, WIFI*1, WAN*1, LAN*1
- 天线：4*5dBi
- 电源适配器：9V~0.85A 国标
- 射频模块规格：2.4GHz（21dBm FOR 11B、21dBm FOR 11G、21dBm FOR 11N HT20/40）、5GHz
- （17dBm FOR 11AC HT20/40、15dBm FOR 11AC HT80）

### 二、软件功能

- 宽带接入方式：PPPoE、Dynamic IP、Static I、支持接入方式自动检测、支持账号密码迁移
- 工作模式：无线路由模式、AP模式、无线中继模式（Client+AP,WISP）
- DHCP服务器：DHCP服务器、DHCP客户端列表、DHCP静态IP地址保留与分配

### 二、其他

- 环境温度：工作温度：0℃-40℃，存储温度：-40℃-70℃
- 环境湿度：工作湿度：10%-90% RH（不凝结）、存储湿度：5%-90%RH（不凝结）
- 认证：CCC，SRRC

图14-5 路由器产品说明书

### 物联网中心网关产品说明书

**一、接口**
- USB HOST：USB2.0 共4个
- 以太网 10/100/1000IMbps，RJ451个
- 电源接口，12V DC1个
- 数字输出 I/O口1个
- 数字输入 I/O口2个
- OTG接口1个
- HDMI接口1个
- RS485接口1个

**二、其他**
- CPU：超强四核 Cortex-A17，频率高达 1.8GHz
- GPU：ARM Mali-T764 GPU,支持TE, ASTC, AFBC 内存压缩技术

a）物联网中心网关产品说明书

### 报警灯产品说明书

**一、硬件规格**
- 频率：频闪
- 功率：2-3W 高亮低耗
- 电压：DC12V/24V AC110V/220V
- 发光源：超亮LED灯珠
- 固定方式：螺栓
- 防护：防尘、防水（IP55），适应恶劣环境

**二、适用领域**
- 工厂监控、治安岗亭、工业设备监控、商场监控、医疗救护、车间机床等

b）报警灯产品说明书

图14-6 物联网中心网关与报警灯产品说明书

## （二）系统布局图识读

在实际安装之前，要事先规划设备布局，考虑以功能块作为分区或设备属性进行

布局，然后再进行施工，以节约线缆、辅材的使用量为目的，从而降低项目成本。智能展厅监控系统布局图如图14-7所示。

图14-7　系统布局图

**（三）系统接线图识读**

将硬件设施使用数据线或导线进行连通是实现数据上报的基础。对系统设备接线图的识读包括对引脚、供电、上下行数据流的理解，如图14-8所示。实际接线引脚将对应物联网中心网关的配置或ThingsBoard的数据读取；实际供电需核对

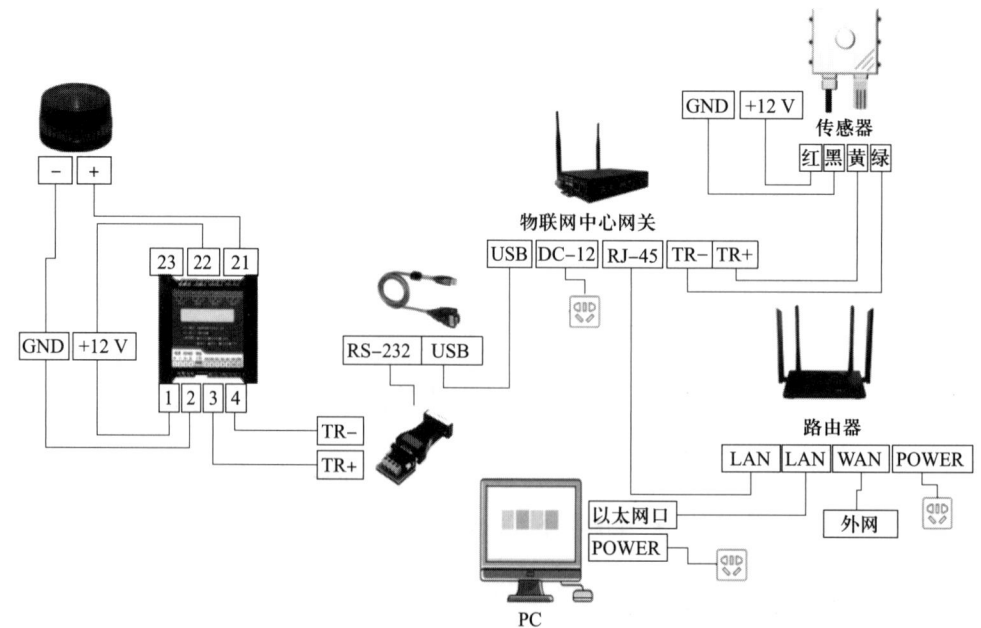

图14-8　智能展厅监控系统项目真实设备接线图

产品说明书所提供的供电标准;上下行数据的走向与物联网体系结构相对应,如物联网中心网关的南向模块为 DAM0404D、北向模块为 ThingsBoard。

## 二、子系统设备调试

智能展厅监控系统划分为烟火自动识别报警子系统、展厅室内环境子系统、安防监控子系统。其中,烟火自动识别报警子系统使用 DAM0404D、报警灯实现报警功能;展厅室内环境子系统使用二合一传感器实现噪声、光照度数据采集。

### (一)烟火自动识别报警子系统设备调试

DAM0404D 作为 RS-485 总线上的从节点可通过 USB 转串口线连接至物联网中心网关,也可直接接入物联网中心网关的 RS-485 口,两者的区别仅在于串口名称不同。

**1. DAM0404D 拨码开关与地址的确认**

DAM0404D 提供通过拨码开关设置设备地址的功能。DAM0404D 作为 RS-485 总线上的从节点,需设置设备地址以实现与 RS-485 主节点通信。拨码开关地址的设置通过拨码开关来实现,并通过厂商提供的软件确认地址。

从 DAM0404D 产品说明书可获知,如需设置 DAM0404D 的地址为 01,需将拨码开关 1 引脚拨至 ON、2—5 引脚拨至 OFF,如图 14-9 所示。

需要说明的是:DAM0404D 的拨码开关如发生变动需对设备重新上电,上电后可使用厂商提供的软件进行确认。

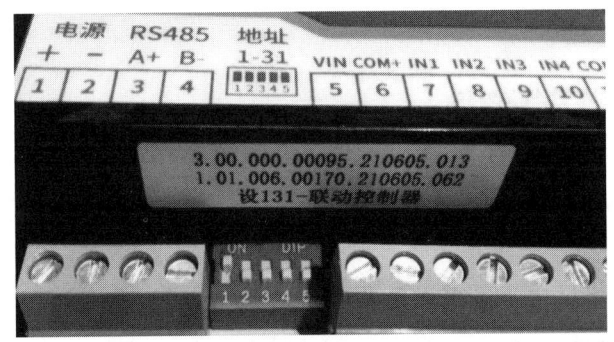

图 14-9 DAM0404D 拨码开关

**2. DAM0404D 与物联网中心网关联调**

当 DAM0404D 地址设置为 01 后，通过 USB 转串口线连接至物联网中心网关，并在物联网中心网关中设置 DAM0404D 设备地址，以便 RS-485 主节点寻找到从节点，如图 14-10 所示。其中，"从机地址"选项即 RS-485 从节点 DAM0404D 设备地址，"起始地址"选项指继电器编号，0000 对应 OUT1、0001 对应 OUT2、0002 对应 OUT3、0003 对应 OUT4。建议将从节点地址范围设置为 01—06。

图 14-10 在物联网中心网关中设置 DAM0404D 地址

配置正确后可使用物联网中心网关的数据监控界面控制 OUT1，当 OUT1 指示灯亮并听到"啪"的声音代表接线与配置正确，也可以使用 PowerShell 登录物联网中心网关并查看 DAM0404D 连接器的日志，如图 14-11 所示。参考产品说明书和截图日志可知，物联网中心网关发送"01 01 00 00 00 01 FD CA"指令给 DAM0404D 以查询继电器状态，该指令中第 1 位 01 指从节点设备地址，第 2 位 01 用于查询继电器状态指令，第 6 位 01 指要查询的继电器数量。DAM0404D 返回"01 01 01 01 90 48"给物联网中心网关，指令中第 1 位 01 指设备地址，第 2 位 01 用于查询继电器状态指令，第 3 位 01 指字节数，第 4 位 01 指继电器状态为开，如果在物联网中心网关执行关闭 OUT1 操作，则第 4 位将变为 00。

```
newland@newland:~$ sudo docker attach 1320
devIndex=0
 01 01 00 00 00 01 FD CA
Sending data: 01 01 00 00 00 01 FD CA
 01 01 01 01 90 48
 01 01 01 01 90 48
decode4017Data:2022-02-15 09:54:15
 01
publish topic:sensor/21
publish msg:{"t":3,"datatype":2,"datas":{"R_Alarm":{"2022-02-15 09:54:15":1}},"msgid": 14898}
```

图 14-11 DAM0404D 连接器日志查看

**（二）展厅室内环境子系统设备调试**

**1. 二合一传感器地址查询**

二合一传感器可作为 RS-485 总线上的从节点，将获取到的噪声、光照度数据上报至物联网中心网关,也可作为 ZigBee 终端节点将采集数据上报至 ZigBee 协调器。其作为 ZigBee 终端节点时,使用的是 ZigBee 无线通信技术;其作为 RS-485 从节点时,使用的是 RS-485 有线通信技术。

二合一传感器默认的从节点地址为 03,也可通过串口调试助手发送指令进行查询和修改,详见表 14-2。

表 14-2　　　　　　　二合一传感器从节点查询、修改指令

| 功能 | 发送指令 | 返回指令 | 说明 |
| --- | --- | --- | --- |
| 查询从节点地址 | 55 AA 00 00 80 0A C1 F5 | 55 AA 00 01 80 0A 00 03 01 FB | 返回指令中的"03"是指读取到的从节点地址为 03 |
| 修改从节点地址 | 55 AA 00 01 00 0A 03 52 41 | 55 AA 00 00 00 0A 00 AF 00 | 发送指令中的"03"是指将从节点地址修改为 03 |

**2. 二合一传感器与物联网中心网关联调**

当二合一传感器作为 RS-485 从节点时,可直接连接至物联网中心网关的 RS-485 口,并在物联网中心网关设置二合一传感器设备地址,以便 RS-485 主节点能寻找到从节点。需要注意的是,RS-485 总线上的不同从节点的设备地址应不相同,如图 14-12 所示。其中,"从机地址"选项是指作为 RS-485 从节点的二合一传感器设备地址,起始地址已固定写入 hex 文件。

配置正确后可通过 PowerShell 登录到物联网中心网关查看二合一传感器连接器的日志,如图 14-13 所示。其中,"03 04 00 65 00 01 20 37"指令用于读取噪声传感器值,"03 04 00 64 00 01 71 F7"指令用于读取光照度传感器值。

### 三、安装、调试记录表填写

安装、调试记录表是对设备是否安装正确、配置是否正确的确认,该表由技术人员填写,如图 14-14 所示。

a）光照度传感器配置　　　　b）噪声传感器配置

图 14-12　在物联网中心网关中设置二合一传感器地址

```
newland@newland:~$ sudo docker attach eec0
 03 04 02 00 2D 00 ED
 03 04 02 00 2D 00 ED
decode4017Data:2022-02-15 11:41:42
 00 2D
devIndex=1
 03 04 00 64 00 01 71 F7
publish topic:sensor/22
publish msg:{"t":3,"datatype":2,"datas":{"R_Noise":{"2022-02-15 11:41:42":45}},"msgid": 11842}
Sending data: 03 04 00 64 00 01 71 F7
 03 04 02 01 0C C1 65
 03 04 02 01 0C C1 65
decode4017Data:2022-02-15 11:41:43
 01 0C
publish topic:sensor/22
publish msg:{"t":3,"datatype":2,"datas":{"R_Light":{"2022-02-15 11:41:43":268}},"msgid": 11591}
devIndex=0
 03 04 00 65 00 01 20 37
Sending data: 03 04 00 65 00 01 20 37
 03 04 02 00 34 C1 27
 03 04 02 00 34 C1 27
decode4017Data:2022-02-15 11:41:45
```

图 14-13　在物联网中心网关中查看二合一传感器连接器日志

## 安装、调试记录表

| 合同名称：智能展厅监控项目 | | | 编号：ZNZTJCXM-2022-AZTS-01 | | |
|---|---|---|---|---|---|
| 项目名称 | 智能展厅监控项目 | | 合同编号 | ZNZTJCXM-2021-HT-01 | |
| 安装人员 | LB | | 安装日期 | 2022.2.5 | |
| 安装地点 | F市博物馆2楼 | | | | |
| 联系人 | 姓名/职务/职称 | | LB | | |
| | 单位 | | L公司 | | |
| | 联系电话 | | 13950000001 | | |
| 序号 | 设备名称 | 数量/单位 | 设备基本信息 | 调试内容 | 调试结果 |
| 1 | 路由器 | 1套 | 规格/型号：D-Link DIR-823G | 1.供电正常<br>2.指示灯正常<br>3.WAN口连接正常<br>4.LAN口连接正常 | 正常 |
| 2 | 物联网网关 | 1套 | 规格/型号：NEW-CG | 1.供电正常<br>2.指示灯正常<br>3.RJ-45口连接正常<br>4.RS485口连接正常<br>5.USB HOST口连接正常 | 正常 |
| 3 | DAM0404D | 1个 | 规格/型号：聚英电子DAM0404D继电器 | 1.供电正常<br>2.指示灯正常<br>3.OUT1-OUT4口正常<br>4.拨码正常 | 正常 |
| 4 | 二合一传感器 | 1个 | 规格/型号：NL-2IN1 | 1.供电正常<br>2.串口指令调试正常 | 正常 |
| 5 | 报警灯 | 1个 | 规格/型号：NL-Alarm | 供电正常 | 正常 |
| 6 | USB转串口线 | 1套 | 规格/型号：UT-8801、RS232 | 1.驱动安装正确<br>2.串口指令调试正常 | 正常 |
| 7 | 网线 | 3条 | 规格/型号：3m | 外观无破皮 | 正常 |
| 发包人：N公司<br>代表：NA<br>日期：2022年2月1日 | | 承包人：L公司<br>代表：LA<br>日期：2022年2月1日 | | 监理机构：J公司<br>代表：JA<br>日期：2022年2月1日 | |

图14-14 安装、调试记录表

## 思考题

1. 物联网设备开箱验收中的设备检查包含哪几个方面？

2. 请列举开箱验收前需要完成的准备工作。

3. 开箱验收单一般需要哪几方人员签字确认？

4. 对系统接线图的识读需注意哪些内容？

5. 如需设置 DAM0404D 的地址为 01，其拨码开关的引脚该如何设置？

6. 以从节点为二合一传感器为例，请简述在物联网中心网关中设置传感器设备地址的方法。

# 第十五章
# 系统部署

系统部署是物联网项目实施过程中的重要环节，需根据项目实际系统的需求实现分布或整合的部署方式，基于客户需求与项目方案设计完成从感知层到应用层的配置，在云平台上完成配置文件的编写、数据传输方案的选择、终端节点的配置等部署工作。基于 ThingsBoard 实现物联网项目的系统部署，要求物联网工程技术人员不仅要熟悉 ThingsBoard 操作，还要掌握物联网系统部署的原理与方法。

# 第一节　云平台上部署与呈现（真实设备）

本节主要以智能展厅监控系统项目为背景，介绍了 ThingsBoard 的基本概念，讲解了 ThingsBoard 与物联网中心网关的配置步骤，说明了仪表板部件的查看方法，使读者能够通过案例场景学习云平台上真实设备的部署与呈现。

**考核知识点及能力要求：**
- 了解 ThingsBoard 的概念。
- 掌握 ThingsBoard 的配置方法。
- 掌握物联网中心网关的配置方法。
- 掌握仪表板的配置与查看方法。

## 一、ThingsBoard 概述

ThingsBoard 是一个用于数据收集、处理、可视化和设备管理的开源（社区版）物联网平台，可实现物联网项目的快速开发、管理和扩展，ThingsBoard 南向连接器通过行业标准物联网协议，包括消息队列遥测传输（message queuing telemetry transport，MQTT）协议、约束应用协议（constrained application protocol，CoAP）和 HTTP 协议实现设备连接。ThingsBoard 含有用户界面和独立的数据库，能以独立模式作为应用程序运行，能存储接入设备数据和用户配置文件，并支持云和本地部署，如图 15-1 所示。

ThingsBoard 社区版功能包含了属性、遥测、实体和关系、数据可视化、规则引擎、远程过程调用、审计日志、API 限制、高级过滤器等。

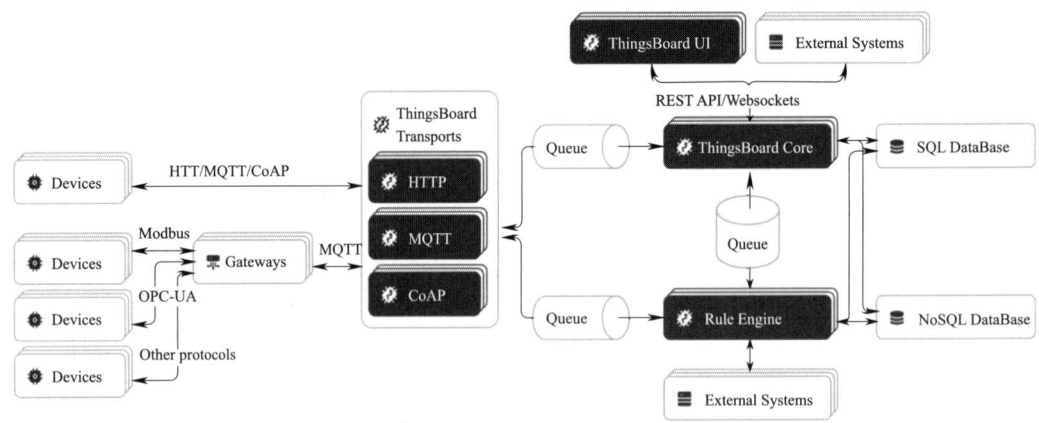

图 15-1 ThingsBoard 框架

ThingsBoard 物联网中心网关连接 ThingsBoard 的模块称为 ThingsBoard 客户端模块，也称为北向连接模块。ThingsBoard 物联网中心网关的北向连接模块连接到 ThingsBoard 内部的 MQTT Broker。ThingsBoard 物联网中心网关同时提供多种南向连接器，包括 MQTT connector、Modbus connector、OPC-UA connector、BLE connector、CAN connector、BACnet connector、HTTP(s)Request connector、ODBC connector、Custom connector。其中，MQTT connector 可以将具备 MQTT 通信能力的设备连接到 ThingsBoard；Modbus connector 可以将具备 Modbus TCP/RTU 通信能力的设备连接到 ThingsBoard。ThingsBoard 架构如图 15-2 所示。

（一）实体

ThingsBoard 提供了用户界面和表现层状态转移 API（representational state transfer API，REST API），方便在物联网（internet of thinys，IoT）应用程序中配置和管理多种实体类型及其关系。支持的实体包括租户、客户、用户、设备、资产、警报、面板、规则节点和规则链。实体支持属性、遥测数据和关系。属性是与实体相关联的静态和半静态键值对，遥测数据是用于存储、查询和可视化的时间序列数据点。

（二）资产

ThingsBoard 资产可看成一类设备的统称，绑定在租户和客户名下，归属于设备的一个属性。ThingsBoard 租户管理员可以创建、删除与管理资产，也可以将资产分配给某些客户。租户管理员和客户用户能够管理资产服务器端属性和浏览资产警报，还能允许客户用户使用 REST API 或网络产品界面设计来获取资产数据。

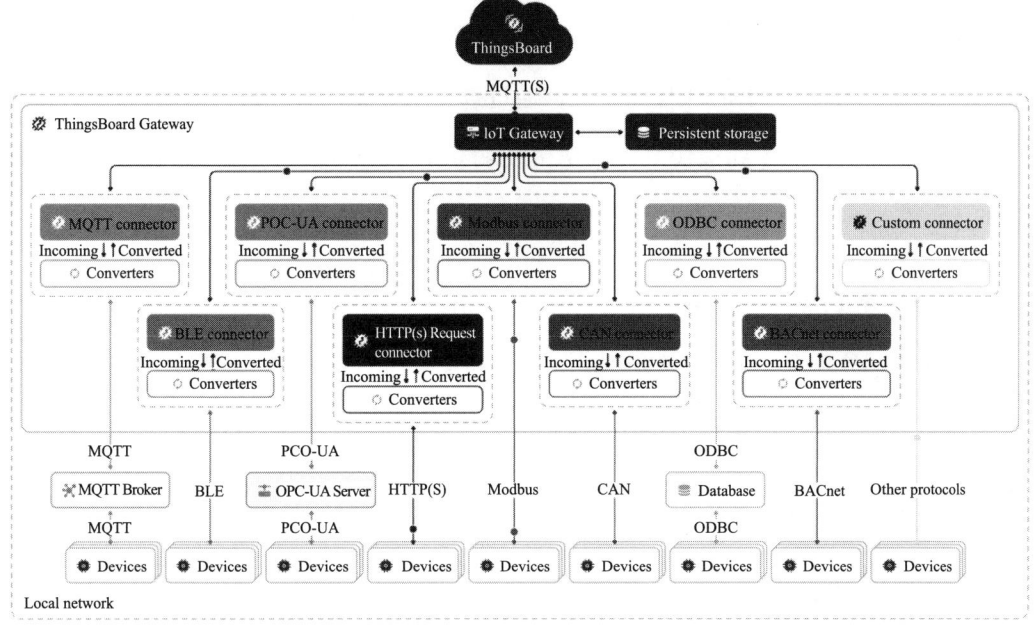

图 15-2　ThingsBoard 架构

## （三）设备

设备包括物联网中心网关以及挂载在物联网中心网关上的各种连接器的设备，设备可以是网关设备或者非网关设备，如传感器、执行器、开关等。非网关设备可以是真实设备或虚拟设备，还可以是通过 MQTT.fx 等模拟器上报虚拟数据的设备。

## 二、ThingsBoard 项目配置

ThingsBoard 项目的配置可依托 AIoT 云平台工具实现，市面上的 AIoT 云平台包括阿里云、华为云、百度云等，以某款 AIoT 在线工程实训平台操作为例，该平台结合了虚拟仿真、ThingsBoard 和虚拟机终端，在平台上可实现仿真设备接线与配置、容器部署、数据监测、自动化控制等功能。另外，平台引入 ChirpStack、Node-RED、Things-Board、Home Assistant 等开源物联网软件资源，实现物联网的感知层、网络层、应用层间的数据链路完整性，保证底层数据采集到前端应用效果的展现。

实现智能展厅监控系统项目需先登录 AIoT 在线工程实训平台，并在 ThingsBoard 上配置 ThingsBoard 物联网中心网关，以实现南向设备接入与北向数据展示。

## (一)登录 ThingsBoard

使用 AIoT 在线工程实训平台账号与密码登录平台,登录成功后单击"实验中心",可查看个人账户下的课程与任务,通过选择"开始任务"进入云平台,AIoT 在线工程实训平台提供了虚拟仿真、虚拟机终端和 ThingsBoard 等实验环境,如图 15-3 所示。

图 15-3 AIoT 在线工程实训平台

进入实验环境后即可选择 ThingsBoard,如图 15-4 所示。

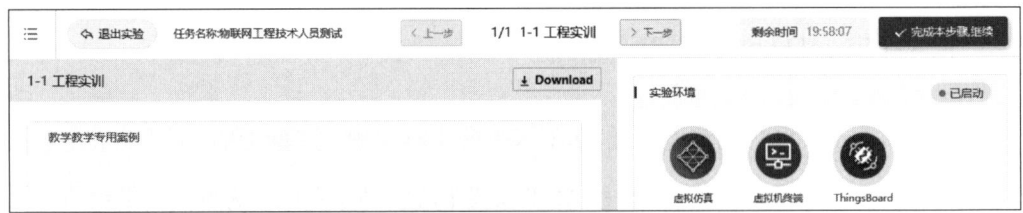

图 15-4 实验环境

## (二)添加资产与 Device profiles

资产可以是抽象的物联网对象,例如制造厂、工具等。本例中将整个系统当成一个资产,可在 ThingsBoard 首页的选项栏中选择"资产",单击"+"进行资产的添加,资产配置项见表 15-1。

表 15-1　　　　　　　　　　资产配置项

| 名称 | 资产类型 | 标签 | 描述 |
|---|---|---|---|
| 智能展厅监控系统 | 智能展厅监控系统 | — | — |

配置完成后将在资产列表中看到刚刚新建的资产，如图 15-5 所示。

图 15-5　资产列表

Device profiles 即设备配置，在本例中将 Device profiles 分为网关、传感器、执行器三种类型，之后添加的设备将从此三种类型中进行选择。三种配置类型的配置项见表 15-2。

表 15-2　　　　　　　　　Device profiles 配置项

| Name | 规则链 | Queue Name | Description |
|---|---|---|---|
| Ex_Sensor | Root Rule Chain | Main | 智能展厅监控系统传感器类型配置 |
| Ex_Actuator | Root Rule Chain | Main | 智能展厅监控系统执行器类型配置 |
| Ex_Gateway | Root Rule Chain | Main | 智能展厅监控系统网关类型配置 |

添加成功后将在 Device profiles 列表中看到刚刚新建的 Device profiles，如图 15-6 所示。

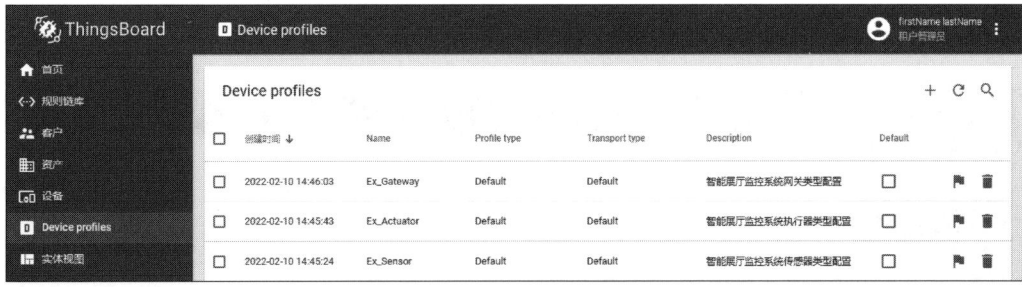

图 15-6　Device profiles 列表

### (三)添加物联网中心网关设备

ThingsBoard 中"设备"指的是可以通过远程过程调用（remote procedure call，RPC）命令处理物联网设备中的对象遥测数据，如传感器、执行器、开关、网关等。ThingsBoard 支持设备发起的 RPC 调用和服务器端发起的 RPC 调用，服务器端 RPC 调用可以分为单向调用和双向调用，如图 15-7 所示。

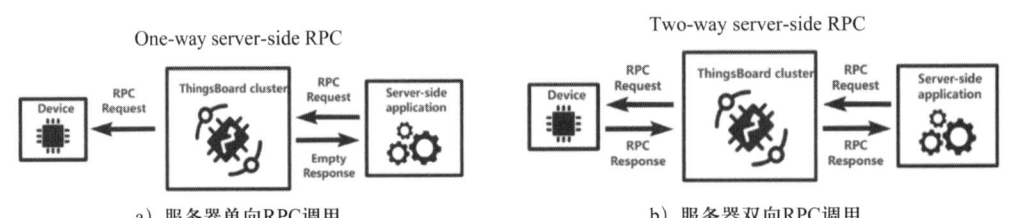

图 15-7　服务器 RCP 调用

ThingsBoard 提供了 ThingsBoard 物联网中心网关模块作为南向连接器，真实物联网中心网关接入 ThingsBoard，只需从 ThingsBoard 获取到 IP 地址（或域名）、访问令牌等信息即可实现南北向数据同步。

在 ThingsBoard 首页的选项栏中选择"设备"，单击"+"进行设备的添加，设备配置项见表 15-3。

表 15-3　　　　　　　　　　　物联网中心网关配置项

| 名称 | Label | Transport type | Device profile | 是网关 | 说明 |
|---|---|---|---|---|---|
| 物联网中心网关 | R_Gateway | Default | Ex_Gateway | 是 | 智能展厅监控系统真实网关设备 |

添加成功后将在设备列表中看到刚刚新建的物联网中心网关设备，如图 15-8 所示。

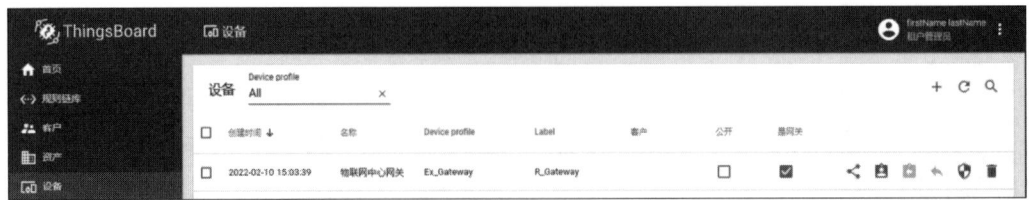

图 15-8　设备列表

## 三、物联网中心网关配置

物联网中心网关作为数据汇聚节点获取传感器或执行器上报的数据，再通过域名访问方式连接到 ThingsBoard，实现设备与服务器端的通信、数据展示和 RPC 调用等功能。

### （一）物联网中心网关 IP 地址配置与设备添加

物联网中心网关通过设置其 IP 地址实现与无线路由器同网段，通过无线路由器或交换机等网络设备进行外网连接，进而实现 ThingsBoard 域名的访问。

物联网中心网关提供的网页访问方式可实现 IP 地址的修改。使用用户名与密码登录物联网中心网关，并在"配置"选项中选择"设置网关 IP 地址"。可将物联网中心网关的 IP 地址设置为与无线路由器同网段，如图 15-9 所示。DNS 服务器可配置为无线路由器的 IP 地址，也可配置为通用的 DNS 地址 8.8.8.8 或 114.114.114.114。

图 15-9　物联网中心网关 IP 地址配置

本节物联网中心网关南向设备使用了 DAM0404D（亦称为 RS-485 I/O 控制器）与二合一传感器，DAM0404D 负责控制报警灯，二合一传感器接收噪声、光照度值。

二合一传感器配置方法见表 15-4。

表 15-4　二合一传感器配置表

| 连接器名称 | 连接器设备类型 | 设备接入方式 | 波特率 | 串口名称 | 采集间隔 |
|---|---|---|---|---|---|
| 二合一传感器 | MODBUS-RTU SERVER | 串口接入 | 9 600 | /dev/ttyS3 | 3 s |
| 一级设备 | 一级参数 | | 一级设备 | 一级参数 | |
| 噪声传感器 | 传感名称：噪声传感器<br>标识名称：R_Noise<br>传感类型：modbus rtu 传感器<br>从机地址：03<br>功能号：04（输入寄存器）<br>起始地址：0065<br>数据长度：0001<br>采样公式：无<br>设备单位：dB | | 光照度传感器 | 传感名称：光照度传感器<br>标识名称：R_Light<br>传感类型：modbus rtu 传感器<br>从机地址：03<br>功能号：04（输入寄存器）<br>起始地址：0064<br>数据长度：0001<br>采样公式：无<br>设备单位：lux | |

DAM0404D 及挂载设备配置方法见表 15-5。

表 15-5　DAM0404D 及挂载设备配置表

| 连接器名称 | 连接器设备类型 | 设备接入方式 | 波特率 | 串口名称 | 采集间隔 |
|---|---|---|---|---|---|
| DAM0404D | MODBUS-RTU SERVER | 串口接入 | 9 600 | /dev/ttySUSB4 | 3 s |
| 一级设备 | 一级参数 | | | | |
| 报警灯 | 传感名称：报警灯<br>标识名称：R_Alarm<br>传感类型：modbus rtu 传感器<br>从机地址：01 // 说明：该地址为 DAM0404D 设备地址<br>功能号：01（线圈）<br>起始地址：0000 // 说明：该地址为 OUT 端口号，OUT1 为 0000，依次加 1<br>采样公式：无 | | | | |

设备添加成功后将在"数据监控"界面控制报警灯，并查看到二合一传感器接收到的噪声值、光照度值，如图 15-10 所示。

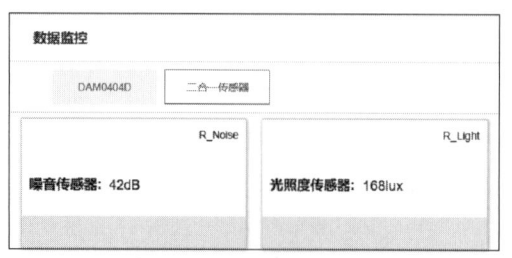

a）二合一传感器数据监控　　　b）DAM0404D数据监控

图 15-10　物联网中心网关数据监控

## （二）设置物联网中心网关连接方式

物联网中心网关与 ThingsBoard 的连接，需从 ThingsBoard 获取物联网中心网关的访问令牌，并在物联网中心网关"设置连接方式"界面配置 MQTT 服务端域名、MQTT 服务端端口和访问令牌。

ThingsBoard 中的设备都分配了唯一的访问令牌，可通过单击设备，选择"复制访问令牌"获取访问令牌，如图 15-11 所示。

图 15-11 复制设备的访问令牌

在物联网中心网关"配置"界面选择 TBClient 连接方式，并配置 MQTT 服务端 IP 与 MQTT 服务端端口，将从 ThingsBoard 中获取的设备访问令牌粘贴至 Token 值框中，具体配置见表 15-6。配置完成后应确认 TBClient 连接方式为启动状态。

表 15-6　　　　　　　　　　TBClient 连接方式配置表

| MQTT 服务端 IP | MQTT 服务端端口 | Token |
|---|---|---|
| tb.nlecloud.com | 1883 | ThingsBoard 设备访问令牌 |

配置成功后，刷新 ThingsBoard 设备页面，将在设备列表中看到包括物联网中心网关在内的所有设备，如图 15-12 所示。

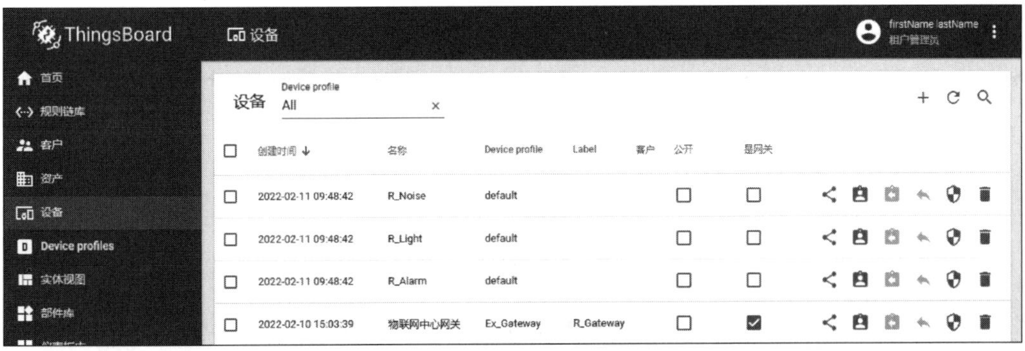

图 15-12　ThingsBoard 设备列表

当设备列表与物联网中心网关下挂载的所有设备一一对应后，可通过查看最新遥测数据确认设备状态。需要注意的是，物联网中心网关配置的连接器在ThingsBoard设备列表中不体现。

ThingsBoard仅读取所有设备的名称和遥测值，建议进一步对设备的Device profile、Label进行配置，有助于用户清晰了解设备的类型和用途，配置项见表15-7。

表15-7　　　　　　　　　　　　　设备配置项

| 名称 | Device profile | Label | 说明 |
| --- | --- | --- | --- |
| R_Noise | Ex_Sensor | 噪声传感器 | 传感器，真实设备，挂载在二合一传感器下 |
| R_Light | Ex_Sensor | 光照度传感器 | 传感器，真实设备，挂载在二合一传感器下 |
| R_Alarm | Ex_Actuator | 报警灯 | 执行器，真实设备，挂载在DAM0404D下 |

### 四、仪表板查看

ThingsBoard允许用户自定义物联网仪表板以进行数据可视化展示，在每个仪表板中包含许多小部件，使用这些小部件可以处理来自不同物联网设备的数据。仪表板提供超过30种可自定义的小部件，如Map、Alarm、Charts等部件，为用户提供数据可视化、远程设备控制以及显示静态自定义超文本标记内容。

#### （一）创建仪表板

在ThingsBoard首页的选项栏中选择"仪表板库"，单击"+"进行仪表板的添加，仪表板配置项见表15-8。

表15-8　　　　　　　　　　　　　仪表板配置项

| 标题 | 描述 |
| --- | --- |
| 智能展厅监控系统 | — |

添加成功后将在仪表板库列表中看到新建的仪表板，如图15-13所示。

#### （二）添加实体别名

通过单击""图标可对仪表板进行编辑，用户可以根据实际需求选择仪表板提供的部件。比如选择Timeseries Bars部件可实现噪声数据可视化，选择Switch control部件可远程控制报警灯。

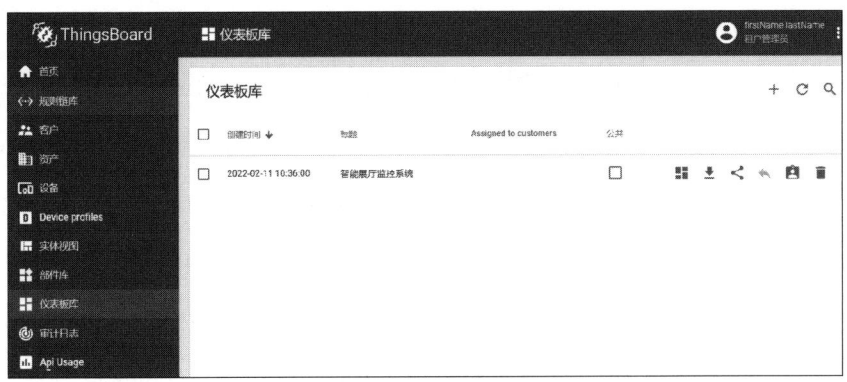

图 15-13 仪表板库列表

在添加部件前，必须先对设备进行"实体别名"的添加。进入智能展厅监控系统仪表板编辑界面，单击""图标进行实体别名的添加，如图 15-14 所示。

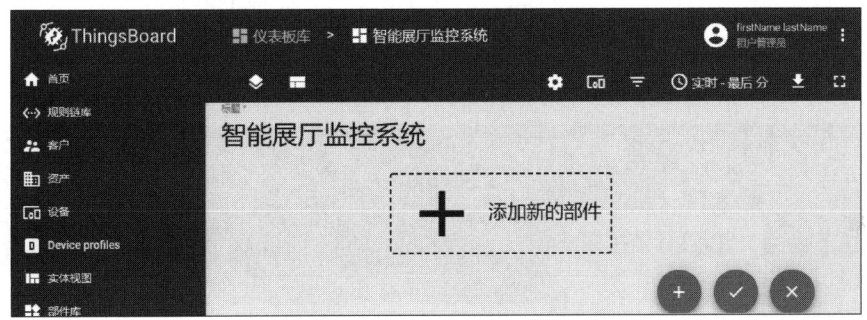

图 15-14 仪表板编辑界面

需要通过仪表板实现数据展示或控制的设备都需设置实体别名。再将已获取到遥测数据的终端设备，如噪声传感器、光照度传感器和报警灯通过使用部件将其展示在仪表板上。实体别名的配置项见表 15-9。

表 15-9 仪表板配置项

| 别名 | 过滤类型 | 类型 | 设备 |
| --- | --- | --- | --- |
| 噪声传感器 | 单个实体 | 设备 | R_Noise |
| 光照度传感器 | 单个实体 | 设备 | R_Light |
| 报警灯 | 单个实体 | 设备 | R_Alarm |

需要说明的是，配置项中的"设备"选项只能从 ThingsBoard 设备列表中选择对应设备的名称。

### (三)添加部件并查看仪表板

ThingsBoard 提供了五种部件类型,分别为 Latest values、Time-series、RPC(control widget)、Alarm widget 和 Static。Latest values 用于显示特定实体属性或时间序列数据点的最新值,这种小部件使用实体属性或时间序列的值作为数据源。Time-series 用于显示选定时间段的历史值或特定时间窗口中的最新值,这种部件仅将实体时间序列的值用作数据源,为了指定显示值的时间范围,可使用时间窗口进行设置。RPC(control widget)允许将 RPC 命令发送到设备并处理/可视化来自设备的答复,通过将目标设备指定为 RPC 命令的目标来配置 RPC 窗口小部件。Alarm widget 用于在特定时间窗口中显示与指定实体相关的警报。Static 用于显示静态的可定制超文本标记内容。用户应根据实际用途选择部件。

部件定义根据其用途划分部件包类型,包括有系统级别和租户级别的部件包。系统级别的有 Alarm widgets、Analog Gauges、Charts、Cards、Control widget、Date、Digital gauges 等。用户可在添加部件时进行选择,如图 15-15 所示。

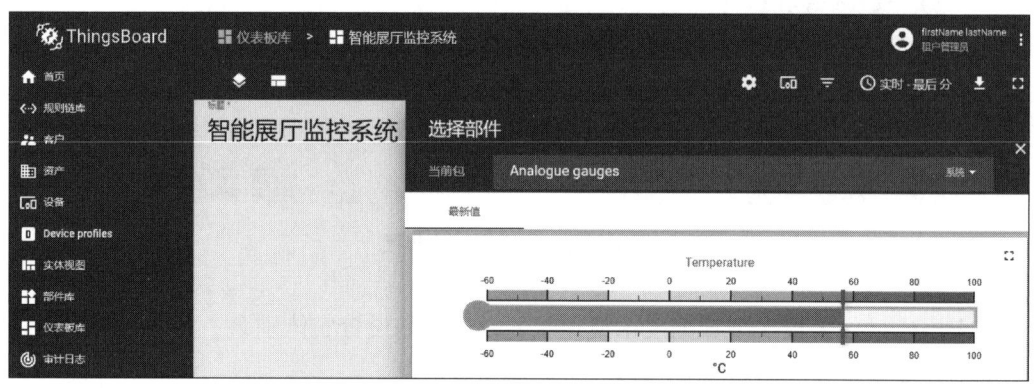

图 15-15 部件包选择列表

对于噪声传感器、光照度传感器和报警灯三个终端设备在此给出了配置示例,部件类型见表 15-10。

表 15-10 部件类型

| 设备 | 部件包 | 部件名称 |
| --- | --- | --- |
| 噪声传感器 | Charts | Timeseries Bars |
| 光照度传感器 | Cards | Timeseries table |
| 报警灯 | Control Widget | Switch control |

在添加部件时，需配置设备部件的数据源，部件数据源配置见表 15-11。

表 15-11　　　　　　　　　　　部件数据源配置

| 设备 | 类型 | 实体别名 | 时间序列 | 目标设备 |
| --- | --- | --- | --- | --- |
| 噪声传感器 | 实体 | 噪声传感器 | Value | — |
| 光照度传感器 | 实体 | 光照度传感器 | Value | — |
| 报警灯 | — | — | — | 报警灯 |

在设置时间序列时，真实终端设备的时间序列值均为 Value。

部件添加成功后，如果需要修改数据源或者对部件显示进行个性化设置，可通过部件提供的"✎"图标进行设置。如将 3 个终端设备对应部件的标题分别设置为噪声传感器、光照度传感器和报警灯，均可通过编辑部件实现。设置成功后的效果如图 15-16 所示。

图 15-16　仪表板效果图

# 第二节　云平台上部署与呈现（虚拟设备）

本节主要以智能展厅监控系统项目为背景，介绍了虚拟仿真接线与云终端的配置的方法，讲解了 JavaScript 对象表示法（JavaScript object notation，JSON）语法格式，说明了仪表板部件的查看方法,使读者能够通过案例场景学习云平台上虚拟设备的部署与呈现。

**考核知识点及能力要求:**
- 了解 JSON 语法格式。
- 掌握虚拟仿真接线的方法。
- 掌握云终端的配置方法。
- 掌握仪表板的配置与查看方法。

## 一、虚拟仿真接线

虚拟仿真平台依托多媒体、人机交互、数据库、网络通信等技术,搭建了一个仿真的虚拟实验环境,用户可在虚拟实验环境中完成物联网仿真设备的接线与配置,并成功开展模拟实验。实现智能展厅监控系统项目中虚拟设备在云平台上的部署与呈现,需使用虚拟仿真完成虚拟设备的接线与配置,进入实验环境后即可选择虚拟仿真。

### (一)仿真图绘制

在虚拟仿真的组件中选择智能展厅监控系统项目所需设备,包括烟雾、火焰探测、红外对射、485 温湿度、警示灯、喷淋、灯泡、ADAM4150、云终端、继电器和 485 转 232 转换器等,拖放至工作区适当的位置并完成接线。智能展厅监控系统项目的设备接线表见表 15-12。

表 15-12    设备接线表

| 设备名称 | 接入端口名称 | 供电电源 |
| --- | --- | --- |
| 烟雾 | DI0 | 24 V |
| 火焰探测 | DI1 | 24 V |
| 红外对射 | DI2 | 12 V |
| 485 温湿度 | ttyS0 | 24 V |
| 警示灯 | DO0 | 24 V |
| 喷淋 | DO1 | 220 V |
| 灯泡 | DO2 | 12 V |
| ADAM4150 | ttyS0 | 24 V |
| 云终端 | — | 220 V |

智能展厅监控系统项目虚拟仿真接线图如图 15-17 所示。

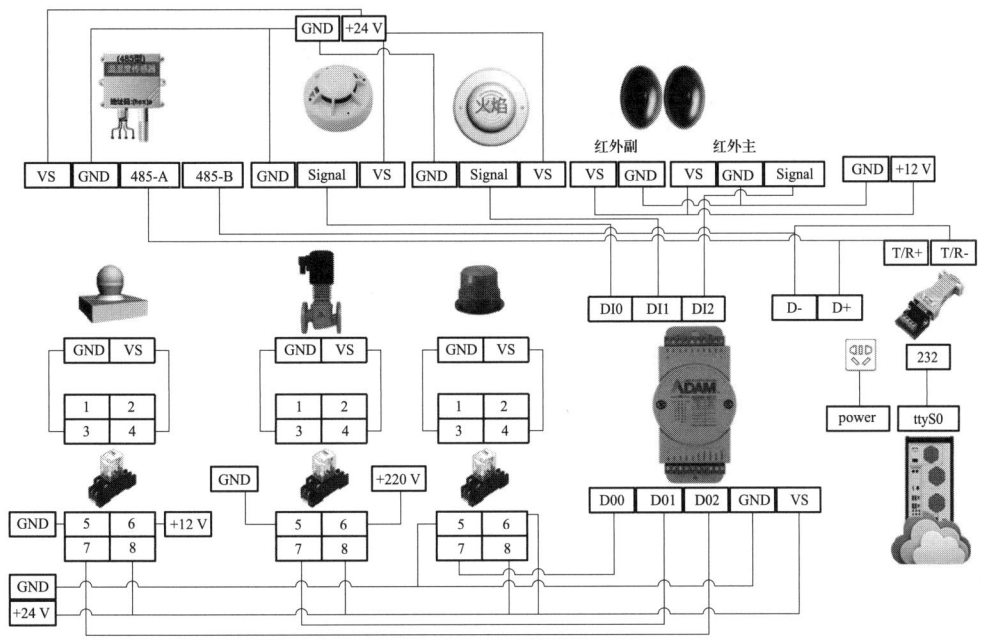

图 15-17　虚拟仿真接线效果图

## （二）设备配置

云终端作为智能展厅监控系统虚拟网关设备，需确认其连接配置是否正确以实现与 ThingsBoard 平台的对接。云终端的连接配置见表 15-13。

表 15-13　云终端连接配置

| 设备名称 | 服务地址 | 服务端口 |
| --- | --- | --- |
| 云终端 | mq.nlecloud.com | 8083 |

为了区分连接在同一端口下的不同设备，为设备配置不同的地址码。在智能展厅监控系统虚拟仿真接线中，ttyS0 端口下同时挂载了 ADAM4150 和 485 型温湿度传感器，其设备地址分别配置为 1 和 2，见表 15-14。

表 15-14　设备地址配置

| 设备名称 | 设备地址 |
| --- | --- |
| ADAM4150 | 1 |
| 485 温湿度 | 2 |

## 二、JSON 语法

JSON 是 JavaScript 语法的子集,用来进行文本信息的存储和交换,是轻量级的文本数据交换格式。JSON 语法应用于 ThingsBoard 连接器配置文件、仪表板部件设置、规则链节点等内容,以下对 JSON 语法进行简单的介绍。

### (一) JSON 数组

JSON 语法中,通常使用数组作为 JSON 对象,其语法规则如下:①数据是以键/值对(名称/值)的形式书写的;②数据之间由逗号分隔;③使用大括号保存对象;④使用中括号保存数组,数组中可包含多个对象。

JSON 语法要求数组值必须是合法的 JSON 数据类型,如数字、字符串、对象、数组、布尔值、NULL 等,如 {"unitId":"1","deviceName":"V_Infrared"}。JSON 语法使用大括号保存对象,对于 JSON 对象中的数组,对象属性的值也可以是一个数组,如某 JSON 对象 sensor={"sites":[{ "name":" 温度 ","info": [" 温度值 ":" 摄氏度 "]}, {"name":" 湿度 ","info": [" 湿度值 ":"%"]}]} 中,名称"sites"的值为数组,且该数组中名称"info"的值也为数组。

### (二) JSON.parse( )

通常,JSON 用来与服务器端进行数据交换,接收的服务器数据一般是字符串的形式,可通过 JSON.parse( ) 方法将这些数据转换成 JavaScript 对象。

JSON.parse( ) 语法如下:

```
JSON.parse(text[, reviver])
```

其中语法解释如下:

➢ text:必需参数,是一个有效的 JSON 字符串。

➢ reviver:可选参数,是一个转换结果的函数,为对象的每个成员调用此函数。

## 三、云终端配置

要将虚拟设备的数据上传到云平台,需在 ThingsBoard 上添加云终端,并编辑其南北向连接模块的配置文件,以实现南北向数据的同步。

### (一)添加虚拟网关设备

在 ThingsBoard 中,仿真设备需要通过虚拟网关设备"云终端"接入云平台。添加云终端的方法与添加物联网中心网关的方法一致,设备配置项见表 15-15。

表 15-15　　　　　　　　　　云终端配置项

| 名称 | Label | Transport type | Device profile | 是否网关 | 说明 |
|------|-------|----------------|----------------|----------|------|
| 云终端 | V_Gateway | Default | Ex_Gateway | 是 | 智能展厅监控系统虚拟网关设备 |

添加完成后将在设备列表中看到刚刚新建的云终端设备,如图 15-18 所示。

图 15-18　设备列表

### (二)ThingsBoard 物联网中心网关 docker 运行

启动虚拟机终端,使用 docker run 命令完成 tb-gateway 容器的创建与启动,执行如下命令:

```
docker run -it \
-v /dev/ttyS11:/dev/ttyUSB0 \
-v ~/.tb-gateway/logs:/thingsboard_gateway/logs \
-v ~/.tb-gateway/extensions:/thingsboard_gateway/extensions \
-v ~/.tb-gateway/config:/thingsboard_gateway/config \
--name tb-gateway \
--restart always \
swr.cn-east-3.myhuaweicloud.com/newland-edu/1x_virtual_platform/thingsboard-gateway-edu:1.1
```

上述命令运行完成后，使用"docker ps"命令将看到 tb-gateway 容器创建成功且其当前状态为"Up"，如图 15-19 所示。

```
dp-pro-18065091847-67f77fb8db-kxp46:~# docker ps
CONTAINER ID    IMAGE
                CREATED           STATUS          PORTS          NAMES                                                              COMMAND
a098fe197766    swr.cn-east-3.myhuaweicloud.com/newland-edu/1x_virtual_platform/thingsboard-gateway-edu:1.1    "/bin/sh
./start-gat…"   50 seconds ago    Up 9 seconds                   tb-gateway
f62ff461ccc2    swr.cn-east-3.myhuaweicloud.com/newland-edu/student/serial:2.0.0                               "python
./code/manag…" 22 minutes ago    Up 22 minutes                  serial
```

图 15-19　tb-gateway 容器状态

### （三）主配置文件编辑

通过 ThingsBoard 物联网中心网关的北向连接模块的主配置文件 tb_gateway.yaml 实现云终端与 ThingsBoard 的连接，需从 ThingsBoard 获取云终端的访问令牌，并在虚拟机终端中修改 tb_gateway.yaml 文件的"host（主机地址）""port（端口）""accessToken（网关访问令牌）"和"connectors（连接器）"。

使用 nano 命令打开并修改主配置文件：

```
nano .tb-gateway/config/tb_gateway.yaml
```

将 host 配置为 ThingsBoard 的 MQTT 服务端域名、将 port 配置为 MQTT 服务端端口号；accessToken 值从 ThingsBoard 中云终端设备的访问令牌复制，connectors 选择配置文件为 modbus_serial.json 的 Modbus Connector 连接器，具体配置见表 15-16。

表 15-16　tb_gateway.yaml 配置表

| host | port | accessToken | connectors |
|---|---|---|---|
| tb.nlecloud.com | 1883 | ThingsBoard 云终端设备访问令牌 | Modbus Connector（modbus_serial.json） |

### （四）连接器配置文件

通过 ThingsBoard 物联网中心网关的南向连接模块的连接器配置文件 modbus_serial.json 实现虚拟设备到云终端的连接，需添加连接器"Modbus Default Server"，并完成挂载设备的配置。

使用 nano 命令打开并修改连接器配置文件：

```
nano .tb-gateway/config/modbus_serial.json
```

本节云终端南向设备使用了 ADAM4150（亦称为 I/O 控制器）、烟雾、火焰探测、485 温湿度、红外对射、警示灯、喷淋和灯泡。ADAM4150 负责采集烟雾、火焰探测和红外对射的传感数据，以及控制警示灯、喷淋和灯泡，烟雾、火焰探测和红外对射分别接收烟雾、火焰和非法入侵状态。485 温湿度接收温度值和湿度值。

连接器及挂载设备的配置方法，见表 15–17。

表 15–17　　　　　　　　　　　　　连接器配置表

| 连接器名称 | 连接器设备类型 | 设备接入方式 | 串口名称 | 波特率 | 超时 |
|---|---|---|---|---|---|
| Modbus Default Server | serial | rtu | /dev/ttyUSB0 | 9 600 | 5 s |
| 一级设备 | 一级参数 | | | | |
| ADAM4150 | unitId：1　// 说明：设备地址为 1 | | | | |
| 烟雾 | deviceName：V_Smoke<br>timeseriesPollPeriod：10 000 ms　// 说明：轮询设备遥测数据的间隔<br>sendDataOnlyOnChange：false　// 说明：只有数据变化时才发送数据<br>timeseries：// 说明：遥测数据组<br>　tag：V_Smoke　// 说明：标识名称<br>　type：bits　// 说明：数据类型<br>　byteOrder：无　// 说明：BIG 表示高字节在前，LITTLE 表示低字节在前<br>　functionCode：1　// 说明：Modbus 功能码<br>　objectsCount：1　// 说明：需要的对象个数<br>　address：0（DI0）// 说明：设备的寄存器编号，此处表示 ADAM4150 端口号 | | | | |
| 二级设备 | 二级参数 | 二级设备 | 二级参数 | | |
| 火焰探测 | deviceName：V_Fire<br>timeseries：<br>　tag：V_Fire<br>　address：1 // 说明：接 DI1 口<br>其他参数参考烟雾设备 | 红外对射 | deviceName：V_Infrared<br>timeseries：<br>　tag：V_Infrared<br>　address：2 // 说明：接 DI2 口<br>其他参数参考烟雾设备 | | |

续表

| | | | |
|---|---|---|---|
| 警示灯 | deviceName：V_Warning<br>timeseries：// 说明：遥测数据组<br>    tag：V_Warning<br>    address：16 // 说明：接 DO0 口<br>rpc：// 说明：设备端 rpc 数组<br>    tag：setValue<br>    type：bits<br>    byteOrder：无<br>    functionCode：5 // 说明：Modbus 功能码<br>    objectsCount：1<br>    address：16 // 说明：接 DO0 口<br>其他参数参考烟雾设备 | | |
| 喷淋 | deviceName：V_Spray<br>timeseriesPollPeriod：10 000 ms<br>sendDataOnlyOnChange：false<br>timeseries：<br>    tag：V_Spray<br>    address：17 // 说明：接 DO1 口<br>rpc：<br>    address：17 // 说明：接 DO1 口<br>其他参数参考警示灯设备 | 灯泡 | deviceName：V_Bulb<br>timeseriesPollPeriod：10 000 ms<br>sendDataOnlyOnChange：false<br>timeseries：<br>    tag：V_Bulb<br>    address：18 // 说明：接 DO2 口<br>rpc：<br>    address：18 // 说明：接 DO2 口<br>其他参数参考警示灯设备 |

| 一级设备 | 一级参数 | | |
|---|---|---|---|
| 485 温湿度 | unitId：2 // 说明：设备地址为 2 | | |

| 二级设备 | 二级参数 | 二级设备 | 二级参数 |
|---|---|---|---|
| 温度传感器 | deviceName：V_Temperature<br>timeseries：<br>    tag：V_Temperature<br>    type：16unit // 说明：读无符号整数 16 bit<br>byteOrder：BIG<br>functionCode：3<br>objectsCount：1<br>address：1<br>其他参数参考烟雾 | 湿度传感器 | deviceName：V_Humidity<br>timeseries：<br>    tag：V_Humidity<br>    address：0<br>其他参数参考温度传感器 |

## （五）检查配置结果

设备添加成功后，应重启 tb-gateway 容器使配置生效，执行如下命令：

```
docker restart tb-gateway
```

tb-gateway 容器重启成功后，刷新设备界面可查看到云终端下挂载的所有设备，如图 15-20 所示。

图 15-20　ThingsBoard 设备列表

当设备列表与云终端下挂载的所有设备一一对应后，开启虚拟仿真的模拟实验，可通过查看最新遥测数据确认设备状态，需要留意的是，云终端配置的连接器和一级设备在 ThingsBoard 设备列表中不体现。

ThingsBoard 仅读取所有设备的名称和遥测值，建议进一步对设备的 Device profile 和 Label 进行配置，有助于用户清晰了解设备类型和用途，配置项可参考表 15-18。

表 15-18　设备配置项

| 名称 | Device profile | Label | 说明 |
| --- | --- | --- | --- |
| V_Smoke | Ex_Sensor | 烟雾 | 传感器，虚拟设备，挂载在 ADAM4150 下 |
| V_Fire | Ex_Sensor | 火焰探测 | 传感器，虚拟设备，挂载在 ADAM4150 下 |
| V_Infrared | Ex_Sensor | 红外对射 | 传感器，虚拟设备，挂载在 ADAM4150 下 |
| V_Warning | Ex_Actuator | 警示灯 | 执行器，虚拟设备，挂载在 ADAM4150 下 |

续表

| 名称 | Device profile | Label | 说明 |
|---|---|---|---|
| V_Spray | Ex_Actuator | 喷淋 | 执行器，虚拟设备，挂载在 ADAM4150 下 |
| V_Bulb | Ex_Actuator | 灯泡 | 执行器，虚拟设备，挂载在 ADAM4150 下 |
| V_Temperature | Ex_Sensor | 温度传感器 | 传感器，虚拟设备，挂载在 485 温湿度下 |
| V_Humidity | Ex_Sensor | 湿度传感器 | 传感器，虚拟设备，挂载在 485 温湿度下 |

### 四、仪表板查看

使用 ThingsBoard 仪表板提供的小部件处理来自虚拟设备的数据，为用户提供数据可视化、远程设备控制等功能。

#### （一）添加实体别名

打开仪表板"智能展厅监控系统"，进入编辑模式，为需要实现展示与控制的虚拟设备添加实体别名，从而可使用部件将其展示在仪表板上。实体别名的配置项见表 15–19。

表 15–19　　仪表板配置项

| 别名 | 过滤类型 | 类型 | 设备 |
|---|---|---|---|
| 烟雾 | 单个实体 | 设备 | V_Smoke |
| 火焰探测 | 单个实体 | 设备 | V_Fire |
| 红外对射 | 单个实体 | 设备 | V_Infrared |
| 警示灯 | 单个实体 | 设备 | V_Warning |
| 喷淋 | 单个实体 | 设备 | V_Spray |
| 灯泡 | 单个实体 | 设备 | V_Bulb |
| 温度传感器 | 单个实体 | 设备 | V_Temperature |
| 湿度传感器 | 单个实体 | 设备 | V_Humidity |

#### （二）添加部件并查看仪表板

添加仪表板部件并设置各部件的数据源，对于烟雾、火焰探测等 8 个虚拟终端设备给出了配置示例，部件类型见表 15–20。

表 15-20　　　　　　　　　　　　　　　部件类型

| 设备 | 部件包 | 部件名称 |
|---|---|---|
| 烟雾 | Cards | New Simple card |
| 火焰探测 | Cards | New Simple card |
| 红外对射 | Cards | Attributes card |
| 温度传感器 | Charts | Timeseries Bars |
| 湿度传感器 | Charts | Timeseries Bars |
| 警示灯 | Control widgets | Switch control |
| 喷淋 | Control widgets | Switch control |
| 灯泡 | Control widgets | Switch control |

在添加部件时，需添加设备部件的数据源，部件数据源配置见表 15-21。

表 15-21　　　　　　　　　　　　　　部件数据源配置

| 设备 | 类型 | 实体别名 | 时间序列 | 数据键配置 | 目标设备 |
|---|---|---|---|---|---|
| 烟雾 | 实体 | 烟雾 | V_Smoke | — | — |
| 火焰探测 | 实体 | 光照度传感器 | V_Fire | — | — |
| 红外对射 | 实体 | 红外对射 | V_Infrared | — | — |
| 温度传感器 | 实体 | 温度传感器 | V_Temperature | 使用数据后处理功能：return value/10; | — |
| 湿度传感器 | 实体 | 湿度传感器 | V_Humidity | 使用数据后处理功能：return value/10; | — |
| 警示灯 | — | — | — | — | 报警灯 |
| 喷淋 | — | — | — | — | 喷淋 |
| 灯泡 | — | — | — | — | 灯泡 |

部件添加成功后，可对部件显示进行个性化设置，将 4 个虚拟传感器终端设备对应部件的标题设置为温湿度传感器、烟雾、火焰探测和红外对射，将 3 个执行器终端设备对应部件的标题设置为警示灯、喷淋和灯泡。设置成功后的效果如图 15-21 所示。

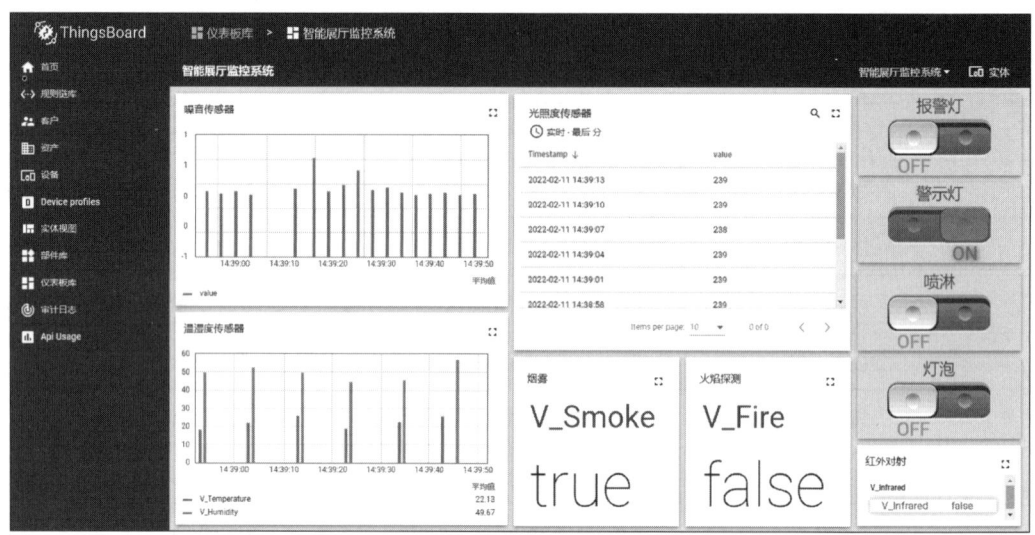

图 15-21 仪表板效果图

## 思考题

1. ThingsBoard 物联网中心网关的南北向连接器分别有哪些？

2. 配置物联网中心网关 TBClient 连接方式时，其 Token 值如何获得？

3. ThingsBoard 仪表板中有哪些部件类型？

4. 云终端的 ttyS0 端口下同时了挂载了 2 个 485 型设备，它们的设备地址该如何设置？

5. 为了实现云终端与 ThingsBoard 的连接，主配置文件 tb_gateway.yaml 的内容应如何修改？

6. 修改 tb-gateway 容器的主配置文件或连接器配置文件后，执行何种操作才能使配置生效？

# 第十六章
# 运行与维护

运行与维护是对软件系统、硬件设备的运行管理和维护，对物联网项目进行多角度、全方位的数据采集、设备管理、系统维护、故障解决等日常管理。软件运维主要包括对系统或平台的故障定位及处理、日志查看与分析等内容，硬件设备运行与维护主要包括设备报错或失灵、故障警报等内容。通过运行与维护，保障了物联网系统的正常运行，有利于物联网工程项目的正常实施，对物联网的发展起到了至关重要的作用。

# 第一节　软件系统运行与维护

本节主要以智能展厅监控系统项目为背景，通过列举常见的软件系统运行故障，以及软件日志排查故障的方法，使读者能够通过案例场景学习掌握软件系统运行与维护的方法。

**考核知识点及能力要求：**

- 了解软件故障解决的处理流程。
- 掌握虚拟机终端故障解决的方法。
- 掌握 ThingsBoard 平台日志的查看与分析方法。
- 掌握虚拟机终端 Docker 日志的查看与分析方法。

## 一、虚拟机终端故障解决

在运维期间，客服中心人员接到故障申报，使用虚拟机终端的信息人员提出报错信息为"Docker 镜像异常，重新拉取时报错"。客服中心人员通过售后管理系统提出申请，并派工单给售后人员。

### （一）故障现象收集

售后人员到达现场后应先检查服务器的网络状态，若网络正常，便查看虚拟机终端，并执行 docker run 命令，如图 16–1 所示。错误提示信息为"docker: Error response from daemon: Conflict. The container name "/tb–gateway" is already in use by container "a098fe197766be0d5748cb494d–b542c97ab846d2c7636280aa8a45bd8f3d5385". You have to remove ( or rename ) that container to be able to reuse that name."。

```
dp-pro-18065091847-67f77fb8db-kxp46:~# docker run -it \
> -v /dev/ttyS11:/dev/ttyUSB0 \
> -v ~/.tb-gateway/logs:/thingsboard_gateway/logs \
> -v ~/.tb-gateway/extensions:/thingsboard_gateway/extensions \
> -v ~/.tb-gateway/config:/thingsboard_gateway/config \
> --name tb-gateway \
> --restart always \
> swr.cn-east-3.myhuaweicloud.com/newland-edu/lx_virtual_platform/thingsboard-gateway-edu:1.1
docker: Error response from daemon: Conflict. The container name "/tb-gateway" is already in use by container "a098fe19776
6be0d5748cb494db542c97ab846d2c7636280aa8a45bd8f3d5385". You have to remove (or rename) that container to be able to reuse
that name.
See 'docker run --help'.
```

图 16-1 错误提示

### （二）故障原因查找与分析

售后人员分析错误信息，理解为容器名称为 tb-gateway 的容器已经使用，a098fe197766 开头的字符串为容器 ID。工程售后人员根据多年经验，分析出故障的原因如下，即 Docker 镜像仅需拉取一次，镜像的拉取指从 Docker 仓库（可以是公有的，也可以是私有的）拉取镜像到本地虚拟机终端，多于一次的拉取会出现错误。

### （三）故障排除

售后技术人员根据故障原因采用以下步骤进行故障排除：①使用"docker ps -a"命令查看 tb-gateway 容器状态；②使用"docker stop tb-gateway"命令停止容器；③使用"docker rm tb-gateway"命令删除容器；④使用"docker images"命令查看镜像 ID；⑤使用"docker rmi 784551e2e62c"命令删除镜像 ID；⑥镜像删除成功后再次使用"docker images"命令将看到虚拟机终端仅存留 swv.cn-east-3.myhuaweicloud.com/newland-edu/student/serial 镜像，如图 16-2 所示；⑦使用"docker run"命令进行 tb-gateway 容器的创建与启动；⑧再次使用"docker ps -a"命令查看 tb-gateway 容器的状态，当 tb-gateway 容器状态为 Up 说明创建容器成功即故障解决。

根据公司业务流程规范，售后人员将此次售后记入设备故障排查记录表，见表 16-1。

## 二、日志查看与分析

在软件系统运行与维护工作中，高效的日志管理工作对保持软件系统稳定运行和问题排查起到了重要的作用。通过 ThingsBoard 平台的审计日志，以及虚拟机终端的 Docker 日志，有助于对部署在 AIoT 云平台上的物联网系统实现高效的运行和维护工作。

```
dp-pro-18065091847-67f77fb8db-kxp46:~# docker images
REPOSITORY                                                                          TAG              IMAGE ID
     CREATED           SIZE
swr.cn-east-3.myhuaweicloud.com/newland-edu/student/serial                          2.0.0            196da250084b
     4 weeks ago       57.8MB
swr.cn-east-3.myhuaweicloud.com/newland-edu/1x_virtual_platform/thingsboard-gateway-edu   1.1        784551e2e62c
     15 months ago     322MB
dp-pro-18065091847-67f77fb8db-kxp46:~# docker rmi 784551e2e62c
Untagged: swr.cn-east-3.myhuaweicloud.com/newland-edu/1x_virtual_platform/thingsboard-gateway-edu:1.1
Untagged: swr.cn-east-3.myhuaweicloud.com/newland-edu/1x_virtual_platform/thingsboard-gateway-edu@sha256:ce63e750a55b44b37
44625c305269bc28bfdae528da3bf807270ebe55e4d8a69
Deleted: sha256:784551e2e62cd0df947a961bf0c074e6915b30af821d04d340a9d55d7e3590bf
Deleted: sha256:9752e7d291102f1e51bb5d49af52ae4b074af483791c70d7b0529ee31f28d056
Deleted: sha256:005101db85a52c3ab469720d702e0d257258727cbc9e9ddcd4d0ae3f872e4cf3
Deleted: sha256:8d98c63e45e541a14b74d95d4d2f7383d58ae3cf0829a1da0e5ea5861f32234c
Deleted: sha256:f03613a408cb4a9c1c00b2bbd49b4cbefbc5905a684c40b981044c9f6fdfa067
Deleted: sha256:d746030af5be5553b8db9bdf246b303753f75e8e2662ed25259197502b123987
Deleted: sha256:df2239cb1f9c40c1be208d861491ab0f936fdf177cb90b1942ca7a29cf95ebba
Deleted: sha256:3e823c60852da58a10c6668a8298b37c4afd4772035c4d60e95ec64fa919f4e3
Deleted: sha256:56f0a74a6d7ddf0529a1adeff8e9f405cc330a8033bda994e32b004b1e17b1d0
Deleted: sha256:347f5ffff808a003f6d61caceb60760677e5d3d888753e3df931defef66548fc
Deleted: sha256:5529d70a4cd757494d5c39d70fba109208de39be72464a2e227bd6f9fda7b6fa
Deleted: sha256:cb42413394c4059335228c137fe884ff3ab8946a014014309676c25e3ac86864
dp-pro-18065091847-67f77fb8db-kxp46:~# docker images
REPOSITORY                                                   TAG      IMAGE ID       CREATED       S
IZE
swr.cn-east-3.myhuaweicloud.com/newland-edu/student/serial   2.0.0    196da250084b   4 weeks ago   5
7.8MB
```

图 16-2　删除镜像

表 16-1　　　　　　　　　　　　设备故障排查记录表

| 序号 | 故障描述 | 故障原因及处理详情 | 排查时间 | 排查人员 |
|---|---|---|---|---|
| 1 | （1）故障现象：docker run 命令运行失败<br>（2）设备位置：数据中心 | 故障原因：镜像重复拉取<br>处理措施：删除原有镜像和容器，重新拉取 tb-gateway | 2021-11-21<br>15：00 | LA |

## （一）审计日志

审计日志为用户提供了跟踪资产、设备、仪表板、规则链等主要实体操作的日志信息查看功能。在审计日志界面可设置时间范围，设置的时间范围可指定为最近一段时间或特定时间段。

**1. 指定最近一段时间**

可选时间范围从 1 秒到 30 天，提供有秒、分、时、天等不同时长的选项，还可通过"最后—高级"选项实现更精确的时长设置，如图 16-3 所示。

**2. 指定特定时间段**

可通过设置日期和时间的起始点实现指定时间段的审计日志查看，时间精确到分，如图 16-4 所示。

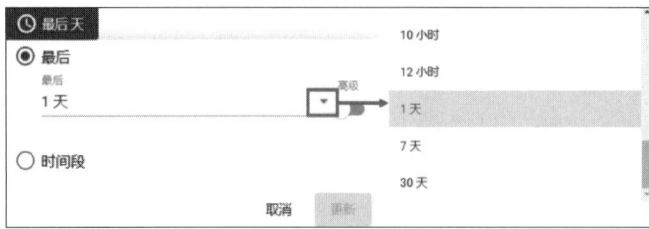

a) 最近一段时间范围设置　　　　　　　b) 最近一段时间范围高级设置

图 16-3　指定最近一段时间

图 16-4　指定特定时间段

以"将审计日志的时间范围设置为最近 3 天"为例。可参考以下步骤如图 16-5 所示：①单击左上角图标""；②通过"最后—高级"选项进行时间范围设置；③将时间设置为"3 天 0 时 0 分 0 秒"，并单击"更新"选项。

图 16-5　审计日志时间范围设置

审计日志时间范围更新后，可查看到最近 3 天内的实体操作日志，包括时间戳、实体类型、实体名称、用户、类型、状态和详情，如图 16-6 所示。

图 16–6　审计日志列表

以"2022-02-15 15：01：06"的日志为例。设备"V_Bulb"进行了"RPC 调用"的操作，操作状态为"失败"，单击详情列可查看到设备"V_Bulb"日志详情，如图 16–7 所示。该审计日志详情包含了活动数据和失败详情，设备 RPC 调用的活动数据有 entityId、oneWay、method 和 params，可查看到设备 ID、操作方式等；失败详情展示了 RPC 调用失败的报错信息为超时（TIMEOUT）。

图 16–7　审计日志详情

### （二）Docker 日志

AIoT 云平台提供的虚拟机终端已安装了 Docker 引擎，可使用容器命令查看容器在运行过程中产生的日志。常见的容器日志查询命令有"docker logs"和"docker attach"。

### 1. docker logs 命令

执行命令"docker logs 容器名称"可获取到自容器启动以来完整的日志,还可通过添加参数进行筛选显示特定日志,如 –t 设置显示时间戳、--since 显示指定开始时间的所有日志、--tail 设置显示最新容器日志的数量。

以"查看容器 tb-gaetway 的最新 2 条包含 ERROR 的日志信息"为例。在虚拟机终端执行如下命令:

```
docker logs tb-gateway |grep ERROR |tail -2
```

上述命令执行结果如图 16-8 所示,可得知容器 tb-gateway 的最新 2 条错误日志的时间戳,以及错误信息为未接收到响应。

```
dp-pro-18065091847-67f77fb8db-kxp46:~# docker logs tb-gateway |grep ERROR |tail -2
""2022-07-04 09:33:26" - ERROR - [bytes_modbus_uplink_converter.py] - bytes_modbus_uplink_converter - 82 - Modbus Error: [Input/Output] Modbus Error: [Invalid Message] No response received, expected at least 2 bytes (0 received)"
""2022-07-04 09:33:29" - ERROR - [tb_gateway_service.py] - tb_gateway_service - 209 - 'master'"
```

图 16-8　docker logs 命令执行结果

### 2. docker attach 命令

执行命令"docker attach 容器名称"可连接到正在运行中的容器,并实时跟踪容器的日志信息。

以"连接容器 tb-gateway 并实时跟踪日志信息"为例。在虚拟机终端执行如下命令:

```
docker attach tb-gateway
```

上述命令执行结果如图 16-9 所示,成功连接到已启动的容器 tb-gateway,并查看到实时日志信息。其中,ERROR 表示错误日志信息;INFO 表示正常日志信息,即 modbus_connector 的运行和释放的日志信息。

```
dp-pro-18065091847-67f77fb8db-kxp46:~# docker attach tb-gateway
""2022-07-04 09:36:13" - ERROR - [bytes_modbus_uplink_converter.py] - bytes_modbus_uplink_converter - 82 - Modbus Error: [Input/Output] Modbus Error: [Invalid Message] No response received, expected at least 2 bytes (0 received)"
NoneType: None
""2022-07-04 09:36:14" - INFO - [modbus_connector.py] - modbus_connector - 196 - ------11111------>run release"
""2022-07-04 09:36:14" - INFO - [modbus_connector.py] - modbus_connector - 130 - ------11111------>run"
```

图 16-9　docker attach 命令执行结果

技术人员进行日常巡检时，分别使用 docker logs 命令和 docker attach 命令查看容器 tb-gateway 的日志并进行实时跟踪。根据公司业务流程规范，技术人员将此次巡检结果记入巡检记录表，见表 16-2。

表 16-2　　　　　　　　　　　　　日志巡检记录表

| 序号 | 巡检内容 | 结果 | 异常记录 | 巡检时间 | 巡检人员 |
|---|---|---|---|---|---|
| 1 | 审计日志查看：查看最近 1 d 内的审计日志 | 正常 | — | 2022-7-4 09：30 | NA |
| 2 | （1）最新 2 条错误日志查看："docker logs tb-gateway\|grep ERROR\|tail -2" 命令<br>（2）容器 tb-gateway 日志实时跟踪："docker attach tb-gateway" 命令 | 异常 | 错误日志信息为"未接收到响应" | 2022-7-4 09：30 | NA |

# 第二节　硬件设备运行与维护

本节主要以智能展厅监控系统项目为背景，通过列举常见的硬件设备运行故障，包括物联网中心网关数据上报故障、DAM0404D 控制失灵故障与 ThingsBoard 邮件报警，使读者能够通过案例场景学习硬件设备运行与维护的方法。

**考核知识点及能力要求：**

- 了解硬件故障解决的处理流程。
- 掌握物联网中心网关数据上报故障解决的方法。

- 掌握 DAM0404D 控制失灵故障解决的方法。
- 掌握 ThingsBoard 邮件报警故障解决的方法。

### 一、物联网中心网关数据上报故障解决

在运维期间，客户通过电话向售后服务部门的客服中心人员报送"ThingsBoard 的仪表板看不到任何设备实时数据"问题，希望能够及时处理。客服中心人员通过售后服务解决方案等资料帮助客户初步排查网络故障，因通过电话无法解决问题，于是通过售后管理系统提出申请，并派工单给售后人员。

#### （一）故障现象收集

根据客服中心人员与客户沟通后给出的初步信息已排除网络故障，即连接至同一个无线路由器的 PC 能上网，但 ThingsBoard 没有数据，且不确定其他设备能否上网。售后人员初步判断问题可能在物联网中心网关或者无线路由器端口故障上，在到达故障现场后又通过现场设备状态初步收集以下信息：

➢ 无线路由器电源灯、LAN 口灯、WAN 口灯闪烁正常。

➢ 物联网中心网关电源灯、RJ-45 口灯闪烁正常。

➢ 在 PC 端使用 ping 命令测试与物联网中心网关的连通性正常。

➢ 在 PC 端打开浏览器并随意浏览网页正常。

售后人员根据现场设备状态得到进一步的结论：物联网中心网关能连通外网、无线路由器能连通外网并且局域网连接正常、所有设备供电正常。

#### （二）故障原因查找与分析

售后人员再次排除因网络故障导致 ThingsBoard 数据不能同步的可能性，通过排除法缩小故障范围，进一步圈定在物联网中心网关与 ThingsBoard 的连接上。根据技术解决方案中对设备的配置、数据流等说明，罗列出有可能在物联网中心网关与 ThingsBoard 连接异常的原因为：①物联网中心网关关于 MQTT 服务端域名、MQTT 服务端端口、Token 的配置疑似错误；②物联网中心网关连接模块疑似停止；③ ThingsBoard 关于物联网中心网关的访问令牌与物联网中心网关的 Token 配置疑似不一致；④ ThingsBoard 提供的 MQTT 服务端域名或 MQTT 服务端端口疑似有变动。

### (三)故障排除

售后人员根据疑似点有针对性地列出故障排除方法,依次执行如下操作进行排除:①重新复制 ThingsBoard 中物联网中心网关的访问令牌并粘贴至物联网中心网关的 Token 配置项;②查看物联网中心网关的 TBClient 连接模块状态是否为"正在运行",若为停止状态则重新启动;③确认 ThingsBoard 提供的 MQTT 服务端域名或 MQTT 服务端端口是否有发生变动;④根据最新的 MQTT 服务端域名和 MQTT 服务端端口号确认物联网中心网关连接模块的配置项。

根据故障排除操作最终确认,ThingsBoard 提供的 MQTT 服务端域名已发生变动,通过重新设置新的域名并刷新 ThingsBoard 设备列表后设备数据正常显示。根据公司业务流程规范,售后人员将此次售后记入设备故障排查记录表,见表 16-3。

表 16-3　　　　　　　　　　设备故障排查记录表

| 序号 | 故障描述 | 故障原因及处理详情 | 排查时间 | 排查人员 |
|---|---|---|---|---|
| 1 | (1)故障现象:ThingsBoard 的仪表板看不到任何设备实时数据。<br>(2)设备位置:1 号楼大厅显示屏 | 故障原因:ThingsBoard 提供的 MQTT 服务端域名已发生变动<br>处理措施:重新设置新的域名并刷新 ThingsBoard 设备列表 | 2021-11-21<br>15:00 | LA |

## 二、DAM0404D 控制失灵故障解决

在运维期间,客户提出"1 号楼第 3 层第 01 个报警灯控制失灵"问题,希望能够及时处理。售后人员根据安装时的施工图纸、设备清单等资料对客户进行了问询,并按照故障现象收集、故障原因查找与分析、故障排除、排除后观察等步骤解决故障。

### (一)故障现象收集

故障现象收集是排除故障的基础,售后人员在接到用户反馈后,查看发现故障现象的设备及其相关联的设备。有可能导致开关失灵的故障节点有报警灯、DAM0404D、物联网中心网关与云平台。鉴于客户仅提出开关失灵并未提出其他传感器也产生故障,

因此，售后人员优先排除物联网中心网关和云平台故障，仅针对报警灯与DAM0404D，售后人员希望客户提供更多的信息：

➢ DAM0404D是否接通电源？电源指示灯是否亮起？

➢ DAM0404D的线路是否有松动现象？

➢ DAM0404D的拨码是否发生改变？

客户根据售后人员的提示给出进一步的信息：DAM0404D指示灯亮着，线路都没有松动，拨码也没被动过。

（二）故障原因查找与分析

基于客户给出的信息，售后人员决定带上备品备件上门解决。鉴于客户给出的"DAM0404D指示灯亮着"以及现场观察到的现象，基本确认DAM0404D供电正常，初步分析故障原因有可能是DAM0404D通信异常或报警灯损坏。售后人员使用"替换法"更换了报警灯，发现故障并未得到解决，进一步将故障定位在DAM0404D通信异常。根据产品说明书、技术解决方案中对DAM0404D的配置、接线等说明，罗列出有可能导致DAM0404D通信异常的原因为：①DAM0404D的串行通信参数疑似修改过，如波特率、检验位、数据位、停止位等；②DAM0404D的设备地址疑似修改过，与拨码不一致；③DAM0404D的通信引脚或继电器引脚故障。

（三）故障排除

将故障定位在DAM0404D后即可使用调测软件，如串口调试助手或厂商提供的调测软件进行调试，如图16-10所示。依次执行如下操作以排除故障疑点：①打开端口，按照技术解决方案中参数配置方案查看接收区域信息是否正常，如果接收正确则通信参数设置正确；②查看设备地址，将其与技术解决方案中拨码说明比对，查看设备地址与拨码是否一致，如果一致则拨码正确；③打开所有DO口查看DAM0404D继电器指示灯是否全亮，如果全亮则通信引脚正常；④将多用表旋至蜂鸣挡，在所有DO口开启的情况下测试NO与COM口是否导通，如蜂鸣挡发出响声则继电器引脚完好。

售后人员在进行故障排查时，发现多用表旋至蜂鸣挡测试21引脚、22引脚（报警灯原接入引脚）时并未有响声，由此断定21引脚、22引脚故障，将报警灯接至18

引脚、19 引脚设备正常工作。根据公司业务流程规范，售后人员将此次售后记入设备故障排查记录表，见表 16-4。

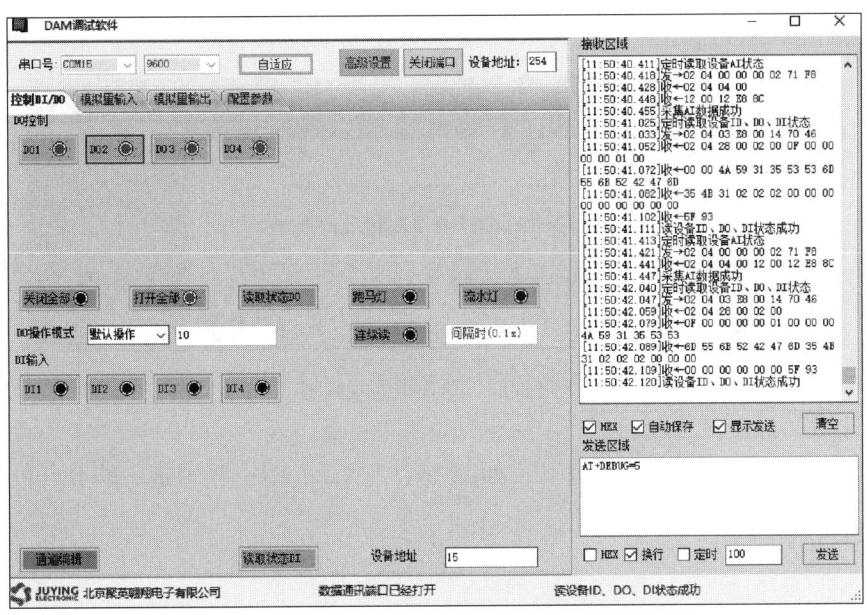

图 16-10　DAM0404D 调试界面

表 16-4　　　　　　　　　　　设备故障排查记录表

| 序号 | 故障描述 | 故障原因及处理详情 | 排查时间 | 排查人员 |
|---|---|---|---|---|
| 1 | （1）故障现象：DAM0404D 无法控制第 4 路继电器输出常开端，其余 3 路继电器正常。<br>（2）设备位置：1 号楼第 3 层第 01 个报警灯 | 故障原因：DAM0404D 第 4 路继电器引脚损坏<br>处理措施：将执行设备（报警灯）移至第 3 路继电器输出后正常 | 2021-12-21 15：00 | LA |

### 三、ThingsBoard 邮件报警

在运维期间，客户提出启用 ThingsBoard 平台使用电子邮件发送报警信息的功能，希望温度超出可接受范围时邮箱接收到邮件报警信息。

（一）温度报警规则链配置

在规则链库界面添加温度报警规则链 "Temperature Alarm & Send Email Rule

Chain"。单击右上角"+"图标，选择"导入规则"，将规则链文件"Temperature Alarm & Send Email Rule Chain.json"拖入弹出窗口中所示区域，单击"导入"，如图16-11所示。

图 16-11 导入报警规则链

导入完成后规则链将自动打开，如图 16-12 所示，双击规则链中的节点可对该节点的配置进行修改。

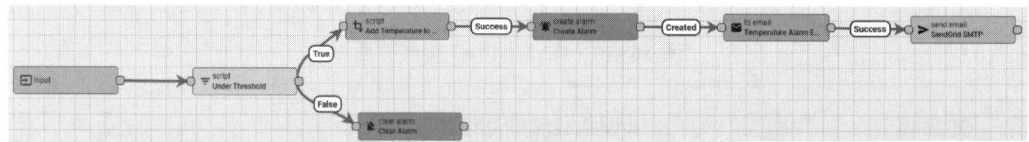

图 16-12 Temperature Alarm & Send Email Rule Chain

修改 Temperature Alarm Email 节点配置项，见表 16-5。

表 16-5 Temperature Alarm Email 节点配置项

| From Template | To Template |
| --- | --- |
| 发件人邮箱 | 收件人邮箱 |

修改完成后单击右上角"√"图标保存配置。修改 SendGrid SMTP 节点配置项，见表 16-6。

表 16-6 SendGrid SMTP 节点配置项

| Use system SMTP settings | SMTP host * | SMTP port * | Username | Password |
| --- | --- | --- | --- | --- |
| 否 | SMTP 服务器地址 | SMTP 服务器端口 | 发件人邮箱 | 发件人邮箱授权码 |

SMTP 服务器地址和端口可在邮箱协议设置处查看，修改完成后单击右上角"√"图标保存配置。需要说明的是，发件人与收件人可设置为相同地址，电子邮件的 SMTP 服务需开启，且 Password 为发件人电子邮箱的授权码。

最后，单击"Temperature Alarm & Send Email Rule Chain"规则链界面右下角"√"图标保存该规则链。

### （二）根规则链配置

将报警规则链"Temperature Alarm & Send Email Rule Chain"加入根规则链"Root Rule Chain"中，可参考以下步骤如图 16-13 所示：①在规则链库界面单击"Root Rule Chain"右侧的"<...>"图标打开根规则链；②将规则链节点"rule chain"拖放至"save timeseries"附近，并在弹出的"添加规则节点"窗口中选择"Temperature Alarm & Send Email Rule Chain"规则链，单击"添加"；③从"save timeseries"节点输出端引出一条链接至"rule chain"节点输入端，在弹出的窗口中选择链接标签为"Success"，单击"添加"；④单击右下角"√"图标保存。

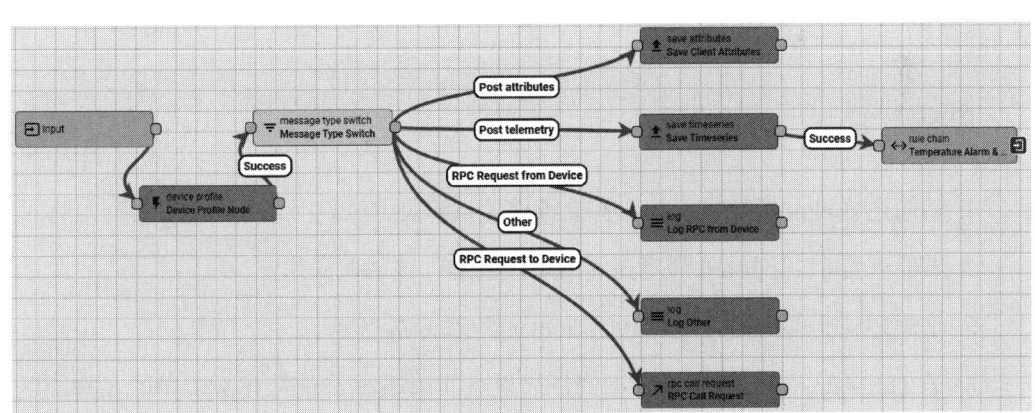

图 16-13 Root Rule Chain

### （三）遥测数据上传与报警邮件查收

通过设置不同温度值可查看到，当温度超出可接受范围时，收件人电子邮件将接收到温度超标报警邮件。

设置温湿度传感器温度值为定值"30 ℃"，在 ThingsBoard 设备遥测界面可查看到 V_Temperature 值为 300（即 30 ℃）。查看收件人电子邮箱，接收到一封报警邮件，提示设备 V_Temperature 检测到当前温度为 26 ℃ 且超过可接受范围，如图 16-14 所示。

图 16-14 温度超标报警邮件

售后人员进行运维工作时，需要及时查收温度超标的报警邮件。根据公司业务流程规范，售后人员将此次查收结果记入报警邮件记录表，见表 16-7。

表 16-7　　　　　　　　　　　报警邮件记录表

| 序号 | 报警设备 | 报警温度值 | 邮件内容 | 检查时间 | 检查人员 |
|---|---|---|---|---|---|
| 1 | V_Temperature | 26 ℃ | Device V_Temperature has unacceptable temperature: 26 | 2022-2-21 18:00 | NA |

**思考题**

1. 请简述 docker 镜像重复拉取的故障排除与解决方法。

2. 若要查看 Thingsboard 最近一周的审计日志，该如何操作？

3. 请简述"docker logs"和"docker attach"命令的区别。

4. 若 ThingsBoard 的仪表板看不到任何设备实时数据，请简述故障排除与解决的方法。

5. 在智能展厅监控系统中，若出现报警灯控制失灵的故障，请分析可能的故障点有哪些？

6. 若要将 ThingsBoard 邮件报警的条件设置为"当温度值低于 10 ℃ 或高于 30 ℃ 时发送报警邮件"，应如何修改规则链？

# 参考文献

［1］陈继欣，邓立. 传感网应用开发（高级）［M］. 北京：机械工业出版社，2020.

［2］汤永利等. 信息安全管理［M］. 北京：电子工业出版社，2017.

［3］陈忠文，麦永浩. 信息安全标准与法律法规［M］. 3版. 武汉：武汉大学出版社，2017.

［4］刘运席. 网络安全管理［M］. 北京：电子工业出版社，2017.

［5］薛丽敏. 信息安全理论与技术［M］. 北京：国防工业出版社，2014.

［6］尹红，傅清平. 软件技术文档的编制方法［J］. 计算机与现代化，2003（11）：14-15，23.

［7］连诗路. 产品经理进化论［M］. 北京：电子工业出版社，2017.

［8］温玲玉. 商业沟通［M］. 太原：中国经济出版社，2012.

［9］赵曙明，赵宜萱. 人员培训与开发：理论、方法、实务［M］. 北京：人民邮电出版社，2016.

［10］胡欣，袁秋菊. 培训与开发［M］. 重庆：重庆大学出版社，2017.

［11］萝卜，冰雕. IT售前工程师修炼之道［M］. 北京：清华大学出版社，2005.

［12］张红国. 5G专网技术解决方案探讨［J］. 科技探索与应用，2020（32）：202-203.

［13］伊丹丹，杨林. SaaS平台技术解决方案探索［J］. 科技视界，2020（6）：

207–212.

［14］［美］辛西娅·斯奈德·迪奥尼西奥. 活用 PMBOK 指南：项目管理实战工具［M］. 6 版. 赵弘，刘露明，译. 北京：电子工业出版社，2018.

［15］杨树林. 软件实训系统设计原理及实现技术研究［M］. 北京：电子工业出版社，2017.

［16］陈丽，［英］邓肯·西德维尔. 简明远程教材编写指南（图文本）［M］. 廖夏荫，译. 北京：中央广播电视大学出版社，2014.

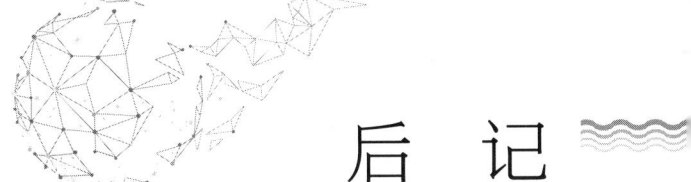

# 后　记

2022年1月12日，国务院正式发布《"十四五"数字经济发展规划》（以下简称《规划》）。根据《规划》，到2025年，数字经济迈向全面扩展期，数字经济核心产业增加值占GDP比重达到10%。而作为未来数字经济重要底座支撑的物联网新型基础设施建设，《规划》也做了重点布局。伴随国家政策大力支持以及技术逐渐成熟，物联网产业发展的驱动力愈发强劲，发展势头越来越好。据IoT Analytics统计数据显示，2025年中国物联网连接数将增长至309亿。可以预见在"十四五"期间，我国物联网领域会迎来新时代、新态势、新征程。

在"十四五"规划中，物联网被划定为7大数字经济重点产业之一。我国的物联网产业链及市场发展拥有广阔的发展前景，产业正处于蓬勃发展的阶段，需要大量的专业人才提供支撑。

人力资源社会保障部、国家市场监督管理总局、国家统计局在2019年4月正式发布13个新职业，这是自2015年版国家职业分类大典颁布以来发布的首批新职业。这批新职业主要集中在高新技术领域，既有时下热门的物联网工程技术人员、云计算工程技术人员、电子竞技员等，也有适应传统行业变化需求的工业机器人系统操作员、农业经理人等。

以《人力资源社会保障部办公厅　市场监管总局办公厅　统计局办公室关于发布人工智能工程技术人员等职业信息的通知》（人社厅发〔2019〕48号）为依据，在充分考虑科技进步、社会经济发展和产业结构变化对物联网工程技术人员专业要求的基础上，以客观反映物联网技术发展水平对其从业人员的专业能力要求为目标，根据《物联网工程技术人员国家职业技术技能标准（2021年版）》（以下简称《标准》）对物联网工程技术人员职业功能、工作内容、专业能力要求和相关知识要求的描述，人力资源社会保障部专业技术人员管理司指导工业和信息化部教育与考试中心，组织有关专家开展了物联网工程技术人员培训教程（以下简称教程）的编写工作，用于全国专业技术人员新职业培训。

物联网工程技术人员是从事物联网架构、平台、芯片、传感器、智能标签等技术的研究和开发，并加以利用、管理、维护和服务的工程技术人员。其共分为三个专业技术等级，分别为初级、中级、高级。其中，初级、中级分为三个职业方向：物联网嵌入式开发方向、物联网应用开发方向、物联网系统集成与管理方向；高级不分职业方向。

与此相对应，教程也分为初级、中级、高级，分别对应其专业能力考核要求。另外，本系列教程单独设置《物联网工程技术人员——物联网基础知识》，对应其理论知识考核要求。《物联网工程技术人员——物联网基础知识》一书涵盖《标准》中从事本职业人员所需具备的基础知识和基本技能，是开展新职业技术技能培训的必备用书。

在使用本系列教程开展培训时，应当结合培训目标与受众人员的实际水平和专业方向，选用合适的教程。在物联网工程技术人员培训中涉及的基础知识是初级、中级、高级工程技术人员都需要掌握的；初级、中级物联网工程技术人员培训中，可以根据培训目标与受众人员实际，选用物联网嵌入式开发、物联网应用开发、物联网系统集成与管理三个职业方向培训教程的一至三本。培训考核合格后，获得相应证书。

初级教程包含《物联网工程技术人员（初级）——物联网嵌入式开发》《物联网工程技术人员（初级）——物联网应用开发》《物联网工程技术人员（初级）——物联网系统集成与管理》。《物联网工程技术人员（初级）——物联网嵌入式开发》一书内容对应《标准》中物联网初级工程技术人员嵌入式开发职业方向应该具备的专业能力要求；《物联网工程技术人员（初级）——物联网应用开发》一书内容对应《标准》中物联网初级工程技术人员应用开发职业方向应该具备的专业能力要求；《物联网工程技术人员（初级）——物联网系统集成与管理》一书内容对应《标准》中物联网初级工程技术人员系统集成与管理职业方向应该具备的专业能力要求。

本教程读者为大学专科学历（或高等职业学校毕业）以上，具有较强的学习能力、计算能力、表达能力及分析、推理和判断能力，参加全国专业技术人员新职业培训的人员。

物联网工程技术人员需按照《标准》的职业要求参加有关课程培训，完成规定学时，取得学时证明。初级 128 标准学时，中级 128 标准学时，高级 160 标准学时。

本教程编写过程中，得到了人力资源社会保障部、工业和信息化部相关部门的正确领导，得到了一些大学、科研院所、企业的专家学者的大力帮助和指导，同时参考了多方面的文献，吸收了许多专家学者的研究成果，在此表示由衷感谢。

由于编者水平、经验与时间所限，本书的不足与疏漏之处在所难免，恳请广大读者批评与指正。

本书编委会